Hadoop
应用实战

谭磊 范磊◎编著

清华大学出版社
北京

内 容 简 介

本书全面地讲述了 Hadoop 相关领域的重要知识和最新的技术及应用。书中首先介绍了数据挖掘的基础知识、Hadoop 的基本框架和相关信息，然后系统地描述了如何在各类行业中用好 Hadoop 来做数据挖掘。

本书面向的主要读者人群是想了解 Hadoop 与大数据的技术人员，无论他们是在互联网企业，还是在传统企业；无论他们从事的是技术或者运维工作，专业做数据分析，还是企业的策略官、市场官和运营官，都能从本书中找到各自所需要的内容。

本书可以帮助读者开阔眼界和找到方法，让他们知道如何分析实际商业场景和业务问题，构建基于 Hadoop 的大数据系统，通过使用数据运营，对公司业务运营带来直接的效益。当然对于学生、教师和有志于从业大数据运营的人员来说，也是一本实用的教材。

图书在版编目(CIP)数据

Hadoop 应用实战/谭磊，范磊编著. —北京：清华大学出版社，2017
ISBN 978-7-302-45927-9

Ⅰ. ①H… Ⅱ. ①谭… ②范… Ⅲ. ①数据处理软件 Ⅳ. ①TP274

中国版本图书馆 CIP 数据核字(2016)第 307729 号

责任编辑：韩宜波
装帧设计：杨玉兰
责任校对：吴春华
责任印制：沈　露
出版发行：清华大学出版社
　　　　　网　　址：http://www.tup.com.cn, http://www.wqbook.com
　　　　　地　　址：北京清华大学学研大厦 A 座　　　邮　　编：100084
　　　　　社 总 机：010-62770175　　　　　　　　　邮　　购：010-62786544
　　　　　投稿与读者服务：010-62776969, c-service@tup.tsinghua.edu.cn
　　　　　质量反馈：010-62772015, zhiliang@tup.tsinghua.edu.cn
印 装 者：北京嘉实印刷有限公司
经　　销：全国新华书店
开　　本：185mm×260mm　　印　张：18.75　　字　数：453 千字
版　　次：2017 年 1 月第 1 版　　　　　　　印　次：2017 年 1 月第 1 次印刷
印　　数：1～3000
定　　价：48.00 元

产品编号：069613-01

序 »

从 1993 年起步开始，到今天顺丰的业务已经覆盖了国内绝大多数省市，以及香港、澳门及台湾等地区，事实上已经成为中国速递行业的领导者。为了给客户们提供更优质的服务，顺丰在技术和大数据领域不断投入巨资以加强公司的基础设施建设，提高设备和系统的科技含量，以最全的网络、最快的速度、最优的服务打造产业核心竞争优势，把顺丰塑造成优秀的民族品牌，让顺丰成为"最值得信赖和尊重的速运公司"。

随着时代的发展，在各种商业氛围营造的购物狂欢节层出不穷时，不只"快递"成为千家万户必不可少的生活服务配置，"大数据"技术也逐渐渗透到人们的生活中。正是因为有大数据技术的支撑，顺丰的海量快递才得以有条不紊的进行：用户的需求被及时响应、快递从一个节点交付到下一个节点、合理数量的快递员被分布在每一个区域、每一条运输线路上的班次和车辆都恰到好处。

大数据技术为快递事业的发展奠定了坚实的基础，而且会发挥出越来越大的作用。现在在顺丰和整个快递领域，其实还有很多问题尚未很好地解决，随着业务的高速增长和业务模式的不断创新，新的需求不断被提出，但很多需求与今天的系统架构并不兼容，我们需要有完善的数据系统来帮助我们梳理和规范化标准流程，完善周边的配套系统，甚至构建大数据生态圈，而这也是在未来的若干年中顺丰为什么还要在数据领域作大规模投资的原因。

这本书的作者范磊和谭磊都是我复旦大学的校友，很高兴看到他们可以深入研究这项对快递行业的发展有着举足轻重作用的技术，预祝这本书的成功。

顺丰集团 CTO 田民

好久不见

时光如白驹过隙，和范磊同学的交情要回溯到近 30 年前。当时我和他各自在上海的一所中学读书，我们俩都勉强算是学霸，所以在语文、数学、英语、物理、化学、计算机，甚至天文地理等各种辅导班和竞赛场上都会遇见。麻烦的事情是"范磊"和"谭磊"的发音在很多沪籍老师的嘴里特别像，所以经常出现老师点他的名字我喊"到"或者向我提问而结果是他来回答的事情。 一来二回就熟络了。

所以当我们在复旦大学计算机系的宿舍中又见面的时候，我们相对说了一句"侬啊来啦"。

还记得当时我住的是复旦东区 14 号楼 501 室，范磊住的是 505 室。后来从某个理科院校来了个新的党委书记，把我们从东区搬了出来，又把复旦所有的女生都搬进了东区，让我们只能和东区独有的生煎包子阴阳两隔了。

在复旦的四年是值得怀念的青葱岁月，今天回想起来，眼前浮现出的是东区门口晚自习结束后人头攒动的蛋饼摊和三号楼门前的那条时常有林徽因式的美女走过的林荫路。

在之后的职场，我去了 Microsoft 作研发，范磊同学去了 Intel，所以也有人打趣说我们两个各自在挖 WinTel 联盟的墙角。年纪小的同学可能只知道 Apple、Google 和 Facebook，而在 20 世纪 90 年代中到 21 世纪初，微软和英特尔是两个无可匹敌的巨无霸，行业地位可比今天的这几个公司高多了，而微软的 Windows+Intel 的 x86 架构是所向披靡的，合起来称为 WinTel。

离开微软之后，在 2010 年我回到中国，范磊同学过不久也离开了 Intel 公司，和孙元浩同学一起联合创办了星环科技，专注于研发基于 Hadoop 的商业化平台产品。

我们各自在互联网的圈子里打拼，也都做了一些事情。可能是因为复旦的学子们在离开象牙塔之后关注更多的是传统领域，所以我们在各自的业务合作中倒是挺少遇到其他的同学。而巧的是，我们俩不约而同地看中了"大数据"这个领域，范磊同学注重的是底层技术，而我更在意的是大数据技术在各个领域的实际应用。所以当这次清华大学出版社的编辑提出让我和范磊同学合作一本书的时候，我们立刻就答应了。本书算是我们 30 年后的又一次合作吧。

谭 磊

作者序 »

星环科技的大数据之路

第一次了解 Hadoop 技术是 2010 年在 Intel 的时候，孙元浩告诉我这种技术的存在。当时就觉得这个技术非常有前途，而元浩卓越的技术判断力和前瞻性预测促成了星环科技的诞生。至今我们已经在 Hadoop 这个技术平台上工作了近 6 年。

所以当看到老同学谭先生接连出版了几本前瞻性的书籍(很牛，读者有兴趣可以去看下)，包括区块链和大数据的，我就说要不我们联合出本 Hadoop 的书吧。虽然 Hadoop 的书早就有，但很多是技术编程方面的，我们可以从应用和行业的角度去谈这个技术，而星环在过去 3 年中积累的几百个用例也可以提供些"干货"，让读者能从另一个角度去了解 Hadoop，或者说更深入地去了解市场本身对这种技术的需求。

谭同学在微软工作十几年，一直处于软件技术的前沿，而回国后交游广阔，时刻走在行业尖端人才之列，信息丰富、知识广阔，相信这本书中深入浅出的技术介绍、囊括各个包括互联网巨头在内的产品和案例介绍，能给我们的读者一个全面的 Hadoop 体验。

Hadoop 作为一个基于分布式文件系统的框架，经过几年的发展，已经占据大数据底层技术的主舞台，或者可以称为事实标准。Hadoop 将会成为所有企业的数据池，而数据就是未来的石油，Hadoop 和其上的相关技术也在高速迭代中，包括 Spark、Stream、Graph Computing，Data Warehousing 已经或者会成为未来几年客户最需要的技术。我们也从一开始的创业公司成长为 Gartner 唯一认可的一家中国的发行商。

从一开始的运营商的详单应用开始，到后来的银行类的用户画像、风险控制、数据仓库、公关安全类的视频卡口系统，一路过来，我们都是坚持以客户的应用为导向。而每成功整合一个应用，也相应带来业务和市场的拓展。所以实战才是检验技术的唯一标准，用例的多少决定了技术的生命力。互联网业务可以在一夜之间爆炸性增长，但在政府和企业领域，业务慎重，环境复杂，如何将 Hadoop 技术安全高效地落地需要足够的时间，也需要国内厂商和开发商的共同合作，互相促进，使 Hadoop 技术真正为大数据产业添砖加瓦。我们在 2015 年成立了 Hadoop 技术应用推广联盟，也就是寄希望于和产业伙伴合作来解决应用问题。

限于篇幅，本书的案例只是我们过去几年所做项目的一小部分，市场上新的应用和模式也在不断地涌现，如果您是 Hadoop 的初学者，可以从本书中了解到基本的知识，知道 Hadoop 是什么，可以干什么。如果您是 Hadoop 用户，相信您一定深有体会，也希望这些介绍和案例能给您带来些启发。

Hadoop 市场正在朝高速成长期迈进，相信我们很有可能在未来的市场中和我们的读者有这样或者那样的相遇，希望这本书能成为一个契机，一起来开拓新的大数据应用。

范 磊

区块链和 Hadoop

我们是从 2015 年开始关注区块链技术的。自互联网诞生之日起，发明一种脱离政府和银行监管，匿名并且便利的互联网货币，一直都是极客社区中的一个热门课题。P2P 是 Peer-to-Peer，或者 Person-to-Person 的缩写，原意为个人对个人，这里说的 P2P 不是借贷，而是其他的任何点对点之间的关系。区块链就是 P2P 上的一项技术。

我们认为，作为一项颠覆式的创新技术，如何使区块链与商业应用相结合才是靠谱的事儿。归根到底，区块链技术是一种数据存储和分享的机制，正如大数据技术一样，其本身只是一种手段，而重要的是在技术之上的商业逻辑和商业应用。

本书中有很多案例，不过读者可能不会看到太多的POC(Proof of Concept，概念证明)，而是实际的应用。在我们看来，如果只是作概念证明是没有任何意义的，因为概念证明和实际系统运营的差距还是很巨大的，在概念证明中实现的系统往往并没有什么实际的用途，并不能应用于实际场景。

在今天，互联网和大数据的发展与经济发展和商业应用紧密联系，我们认为"一切不以实际应用为目的的技术都是耍流氓"。大数据和区块链的真正应用和能够最终被人们所接受需要有靠谱的落地，而不是宣讲或者会议所能做到的。

Looker公司的CEO Frank Bien 曾经说过，Data is moving from something you use outside the workstream to becoming a part of the business app itself(数据从你在工作流程之外使用的东西变成了日常商业行为的一部分)。在今天，数据不再是少数的数据分析师研究的东西，而是公司里所有的人都需要天天接触的。

正如我们选择大数据底层的Hadoop系统上不同的供应商，我们要比较的是实际系统的效率和性价比，看谁能真正做出实际的商业应用来。

区块链是一项很好的底层技术，不过对于任何一个应用场景，都还需要很多配套的工具和服务。就像我们在作大数据的解决方案时，锁定了Hadoop技术一样。Hadoop固然很强大，但只用Hadoop本身是无法解决任何大数据问题的，必须借助Hadoop生态系统中的各种其他工具。

和区块链技术相配套的服务和工具包括：

(1) 工作流引擎；

(2) 大数据引擎；

(3) 数据抽取、查询工具；

(4) 报表工具；

(5) 数据分析工具；

(6) 高速访问区块链数据库的工具。

早期在美国研究区块链领域的小伙伴们都多多少少有些自由主义倾向，他们中的有些人，比如做音乐版权区块链系统的Bryce Weiner，对数据挖掘的观念有些排斥，或者至少是不太感冒的，因为他们可能认为数据挖掘和侵犯个人隐私好像是可以画等号的。

其实当然并非如此。我们认为，区块链技术要和大数据相结合才能够相得益彰，区块链技术只有和大数据完美地结合在一起，才能够充分发挥它的全部优势。大数据领域在过去的5年中有很多创新技术出现，而区块链技术和大数据相结合，在未来的这一两年中会是我们研究的一个重点。

如果有同学对这两个概念相结合有浓厚的兴趣，欢迎和我们作深度的探讨和交流。

前 言»

前言，大数据的价值在于商业应用

从 2006 年雅虎等团队开始研发 Hadoop 技术至今已整整 10 年。在这 10 年中技术发展迅速，Hadoop 上的生态系统逐渐扩大，各个行业的用户都在基于这一新的技术来开发各种应用，还有很多企业将原先基于传统 IT 系统的应用逐步向 Hadoop 上迁移。

根据 Interquest Group 作的 2016 年报告，排名第一的技术工种就是 Data Scientist(数据科学家)。今天有大数据技术能力的同学们在找工作的时候是炙手可热的，而他们需要掌握的一项关键技能就是 Hadoop。

我们相信，Hadoop 会成为企业数据中心的核心，而范磊和孙元浩同学的星环科技，其核心产品也逐渐定位成企业核心的 Data Hub(数据集散地)。Hadoop 经过这 10 年的发展，在 2016 年开始进入一个战略转折点。这意味着新的技术开始逐渐取代和超越老的技术，并在各个行业迅速发展。在未来的若干年之内，取代过程还会不断加速。

我们认为，Hadoop 技术能成功的最根本原因在于它是把传统的集中式运算有效地转化成分布式计算的一种有效手段。集中计算演变成分布式是一个必然趋势，当然并不是说一定只有 Hadoop 才是这个演进的唯一手段，不过它至少是可选的一个不错的手段。

本书中有很多说法和内容是由星环科技的 CTO 孙元浩同学独家赞助的。而在解释一些实际场景中相对棘手的问题时，为了简单起见，直接借用了星环科技之前的一些处理问题的方法和思路。

感谢我的好朋友金官丁同学(网上化名 mysqlops)提供的帮助。感谢腾讯的邱跃鹏和赵建春同学，感谢迅雷的刘智聪同学，感谢金山的朱桦同学和杨亮同学，感谢百度的朱观胤同学。我们还要特别感谢蔡可可、胡一刀、张泽澄、唐继瑞、李晶、谭彬同学为本书做的大量资料收集和整理工作以及唐继瑞为本书设计的章徽。

讲述大数据和 Hadoop 相关概念的书已经有很多了，本书更多想做的不是新闻和概念的堆砌、示例代码的详解，或者是某一项技术的再一次陈述，而是从实际场景出发，为读者们讲述应用中的 Hadoop 应该是怎样的。

本书主要特点：

(1) 全面实用地论述了从实际应用中提取出的数据挖掘和 Hadoop 相关概念和技术。

(2) 用实际案例为用户介绍 Hadoop，而不只是停留在理论层面。

(3) 详解 Hadoop 相关领域最新的技术和商业应用大数据应用的动态变化。

按照刘智聪同学的说法,现在的 Hadoop 系统已经是基建了,几乎所有非实时的系统都可以在 Hadoop 上实现。而当 Hadoop 生态系统上出现 Spark 和 Storm 之后,就算是实时系统,在很多时候也是可以轻松实现的。

作为在 IT 和互联网行业沉浮了 20 年的老兵,我们觉得写这样一本书来讲实战应用是非常有必要的,因为我们一直在思考:

(1) 大数据服务应该是怎样的?

(2) 大数据究竟能够为我们做什么?

(3) 大数据在做实际应用的时候会碰到什么样的问题?

(4) 大数据应用的这些问题究竟应该是怎样解决的?

(5) 怎样以最好的方式把最新的大数据技术应用到商业系统上去?

(6) 大数据应用做到极致的时候应该是怎样的?

Gartner 认为,到 2020 年,信息将被用于重新创造、数字化或消除 80% 的业务流程和产品。而我们认为,技术终究是为商业来服务的,一项技术的生命力究竟如何,取决于它在真实社会和经济场景中所发挥出的价值。

随着近年来大数据技术的高速演变,我们预计未来 3 年数据库以及数据仓库技术会发生巨大的变化。正如 Gartner 所预计的,我们的大部分企业客户会把数据仓库从以前的传统数据仓库转移到逻辑数据仓库中,Hadoop 在其中会扮演非常重要的角色,很多企业应用也已经开始把 Hadoop 作为数据仓库的重要组成部分。

数据平台市场每年创造的价值巨大,但大部分都被 Oracle、IBM、Teradata 等国外巨头瓜分,星环科技算是唯一的可以与这些国外巨头一争高下的国内大数据厂家,我们希望能够有更多的国内同行投入到基于 Hadoop 的数据仓库平台的研发之中,打造出大数据时代的杰出数据库和数据仓库产品,摆脱国外巨头们对这个行业的垄断,帮助中国科技在企业服务领域实现质的突破。

本书不是为了讲述教科书式的概念,而是为了告诉大家 Hadoop 究竟能够为我们的企业做些什么。我们会从一些真实靠谱的案例出发,讲述在各种场景下如何应用 Hadoop。

我们尽量把这本书写得浅显易懂,所以并不需要读者有太多大数据的知识或者拥有编程语言的经验。当然,如果读者有过 Java 或者类似编程语言的经验,对于深入理解本书的一些内容是有帮助的。

因为我们的能力所限,而且本书所覆盖的案例来自各个不同的领域,在陈述或者描述中可能出现一些错误或者遗漏,欢迎读者指出,或者也可以把你想读到的某些场景下的 Hadoop 应用反馈给我们。

本书中所有的案例均是实际案例,如果读者觉得有虚构成分,纯属偶然。

编 者

目录

Contents

目录

Contents

第 1 章

大数据概念的老调重弹

在本章中，我们为您解答下面这些大家关心的问题：

❖ 大数据究竟是什么？

❖ 数据能为我们做些什么？

❖ 大家都在说的"用户画像"究竟是什么？

❖ 大数据的 3V 指的是什么？

❖ 数据分析和数据挖掘的差别在哪里？

❖ 我们在实际的应用场景中会用到哪些数据挖掘算法？

❖ 数据仓库的概念是什么？

❖ 国内和国外的数据仓库应用有哪些区别？

❖ 本书究竟包含哪些内容？

各位高手已经写了很多关于"大数据"的书了，不过为了和后面我们要介绍的 Hadoop 作呼应，我们还是需要在这里简单描述一下我们眼中的大数据。

当我们看到 Hadoop 这个词的时候，经常会伴随着"大数据"的概念。确实如此，如果数据量不够大，不够复杂，使用 Hadoop 系统是不能为用户带来高价值的。

从 2011 年开始，大数据作为一项技术进入人们的视野，至今已经超过 5 年，而 Hadoop 的诞生是 10 年前的事情了。Hadoop 发展最快的就是过去的这 5 年，和大数据技术的快速发展是同步的。在过去的 5 年中，大数据技术被各个行业所使用，而出现在各个不同应用场景上实际应用的系统就是 Hadoop。

那么究竟什么是大数据呢？虽然我们这本书的重点是 Hadoop 的应用，而不是大数据或者数据挖掘本身，但我们在后面的篇幅中会看到的实际情况是，一半以上的实际应用案例都是和大数据或者数据挖掘相关的。

在第 1 章中我们用尽量精简的篇幅为大家介绍大数据和数据挖掘的概念。对于想要了解更多大数据概念的同学，如果对笔者的文笔还看得过眼的话，欢迎阅读拙作《New Internet：大数据挖掘》。虽然这本书是早在 2012 年写的，但是书中的观点和概念即使在今天依然是不过时的。

1.1 互联网和物联网上的数据

"十三五"时期是一个大数据时代，国务院在正式印发的《促进大数据发展行动纲要》中指出，要加快政府数据开放共享，推动资源整合。

传统企业也好，新兴的互联网企业也罢，凡是想要做精细化管理的企业，对数据都是非常关注的，因而在新出现的各种技术中，对"大数据"这一项有相当多的偏好和关注。今天的企业 CIO 和 CTO，如果不说自己也在作一些"大数据"的研究和应用项目，都感觉自己好像落伍了。

在互联网上奉行的开放和透明的理念，应用到精细化管理和工业管理上也是一样的，而这里我们说的开放和透明，就是基于数字的。

1.1.1 互联网上越来越多的数据被存储

随着互联网和移动互联网的发展，越来越多的数据被存储和使用，这是毋庸置疑的。

移动互联网上数据的特殊性首先在于它能够锁定一个特定用户，其次在于它能够获取用户的地理位置信息，再次在于移动互联网上的时空信息等多样化的数据种类。从而导致移动互联网上的数据数量会比传统互联网更大，形式也比传统互联网更加丰富，也有更高的价值。

在今天，数据的产生无论是数量、速度还是类型上都发生了很大的变化。下面我们看一个对比。

New York Times 是世界上最老牌的报纸之一，他们把从创立之初的 1851 年到 1980 年的

所有存档都扫描并转化成 PDF 格式，一共才有 4TB 的数据。而今天一家普通的线上媒体每个月采集的包括高清照片、视频在内的素材，其数据量都可以轻松超过这个数字。

图 1-1 来自 Mary Meeker 的《2016 年互联网趋势报告》。

正如 Mary Meeker 在报告中所说，数据在今天越来越重要，下一波技术浪潮会是充分利用今天畅通的互联网渠道和存储来收集、整合、关联及翻译所有的这些数据，从而对人们的生活和企业的有效运作产生价值。

图 1-1　各种应用和设备在产生各种各样的数据

与传统互联网数据不同的是，在移动互联网数据中，文字以外的其他信息占到更多的比例。从数据的属性上来讲，移动互联网上的数据比传统互联网更加复杂，其中一个原因是这些数据包含了大量的时间和空间信息，也就是说我们需要把数据挖掘延伸到时空数据领域(spatio-temporal data mining)。因为多了一个维度，时空数据挖掘的复杂度比一般的数据挖掘又深了一层，虽然说研究方法和算法还是类似的。

在各种不同场景中产生的各种数据，其应用方式是不同的。有些数据会被存储起来，用作业务分析和流程管控，而有些数据则需要被实时或者准时监控、分析和处理。

那么各家公司的数据量究竟有多大呢？

图 1-2 中列出的是 2016 年 Tintri 公司走访了数百家有数据中心的公司作出的数据统计。从图中我们可以看到，已经有 24.4%的公司的数据量在 1PB 以上，而只有 32%的公司的数据量在 100TB 以下。

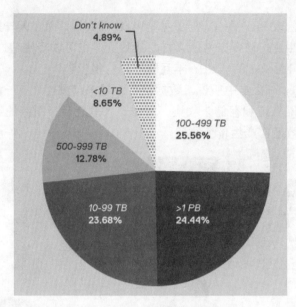

图 1-2　数据中心存储数据量的对比

注：请读者注意这里调查的是"有数据中心的公司"，所以数据量比较大是显然的。不过没有数据中心的公司也一样需要存储和处理和自己相关的数据。

如图 1-3 所示，各家公司存储的数据量基本上在 1TB～1EB(1 000 000 TB)，而这个量级恰恰是 Hadoop 系统最能发挥优势的量级。

图 1-3　公司数据量级示意图

1.1.2　物联网带来更多的数据

"互联网+"和"工业 4.0"的概念也为我们添加了更多的数据。工业机床、工业控制设备、RFID 阅读器、传感器网络、GPS 跟踪设备等这些设备每天、每小时甚至每分每秒都在产生新的数据。

我们可以认为互联网其实是一个连接人的网络，采集的数据大部分都是人的行为的数据，如人的交易数据、人的上网记录，而物联网(Internet of Things，IOT)采集的数据更多来自机器和设备。

物联网为我们提供了感知物理世界的接口和手段。遍布于各处的传感器，就如同人的眼耳鼻舌，是大数据系统的输入端。

在过去的 10 年中很多新科技的发展对物联网的发展起到很大的作用，比如：

(1)　PV6；

(2) 传感器技术；

(3) PV6；

(4) 带宽价格；

(5) 全面免费的 WiFi 覆盖；

(6) 性价比更好的 CPU。

不过，对于物联网来说最重要的技术还是大数据，如图 1-4 所示。

根据 Gartner 的数据，在 2016 年已经有 64 亿个设备连接到互联网上，而且每天还在新增 550 万个设备，或者说每秒增加 63 个新设备。

和互联网数据相比，物联网数据的第一个差异是数据量更大。如果比较这两个数据源，我们发现它们的数据量会差一个量级。全世界人口可能是 60 亿，但已经有上百亿的设备，如果我们将这些设备产生的数据都采集到的话，其数量会比来自互联网的数据更大，所以这会对数据系统架构产生一个新的、大的挑战。

第二个差异是，物联网数据并发度非常高，而且数据一旦产生需要立刻处理。比如我们有一个真实的客户案例，客户目前有一千万个传感器，每秒有一千万次的数据发送量，这可能就已经超过很多互联网公司的数据量，所以它对底层数据架构的并发要求非常高。

第三个差异在于互联网数据可能是人的行为数据，主要用来分析，可以作一些营销；但是物联网数据更多的是用于发现一些自然规律，因为这里面使用到了大量的技术运算，也会用到大量复杂的物理和数学的方法。

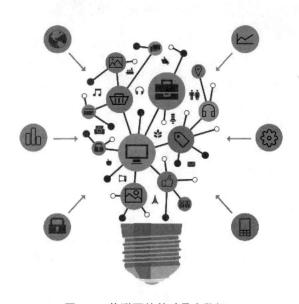

图 1-4　物联网的基础是大数据

1.2　数据能为我们做的事

IBM 的研究报告说明，表现比较优异的公司和表现相对没那么好的公司之间最大的差距往往在于对数据的使用。对数据应用比较好的公司主要做对了下面的几件事。

(1) 用大数据分析来吸引、发展和维护用户；

(2) 用数据来优化流程；

(3) 把所有可能产生的数据都收集起来；

(4) 在可以应用数据作决策的地方都不作主观判断；

(5) 快速获取信息；

(6) 快速作出决策。

总而言之，这些表现比较优异的公司是基于数据作管理(data-driven decision making)，而且往往会引领他们所在的领域和行业。

数据具体可以有哪些应用呢？

(1) 数据长期的保存。因为有些数据需要实时分析，有些需要线下分析，还有一些目前可能用不到，不过在未来可能会有用。

(2) 欺诈分析和预防。这不仅仅是在金融领域，还可以在任何与用户交互的地方。

(3) 社交网络和人、企业等的关系分析。

(4) 产品和市场的分析、设计和优化。

(5) 根据物联网上采集的数据作数据分析，并作实时响应。

上述的这些应用在本书中都有具体的案例。

1.2.1 用户画像和任何企业都需要关注的数据

当我们在和任何一家企业讨论基于数据的管理时，首要的基础就是数据。我们来看看企业中都有哪些数据。

(1) 网站和移动应用程序流量分析；

(2) 产品和服务销售分析；

(3) 市场调查分析；

(4) 设备和机器监控和数据分析；

(5) 人力资源员工数据分析；

(6) (潜在)竞争对手市场分析；

(7) 互联网口碑分析。

我们在这里只是简单地列举了一些数据点，而实际情况是企业任何一个部门、任何一个员工、任何一台设备或者任何一个市场活动都会持续不断地产生各种各样的数据。对这些数据进行分析和挖掘，是企业转向基于数据管理的关键。

我们经常听到的一个词是"用户画像"，如图 1-5 所示，那么"用户画像"究竟是什么呢？

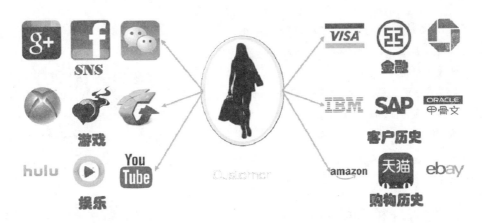

图 1-5　用户画像

我们认为用户画像其实就是关于这个用户的各种数据的整合。当我们获取了图 1-5 中的各种数据，而且这些数据还能确保真实的时候，我们可能会比用户本人更加了解他自己。

(1) 社交网络上的各种信息；

(2) 游戏中的各种数据；

(3) 用户所关注的娱乐内容；

(4) 用户的信用、借贷和消费记录；

(5) 用户在电商网站上的购买和浏览记录；

(6) 用户在原有传统数据库中的数据等。

我们在本书后面的章节中会多次提到"画像"的概念，读者可以在我们写的实际案例中更多了解究竟什么是"画像"。

1.2.2　大数据的 3V、4V 和 N 个 V

最早是 IBM 提出了大数据领域的"3V"概念，即大量化(Volume)、多样化(Variety)和快速化(Velocity)。3V 是大数据时代的显著特征，正是这些特征给今天的企业带来了巨大的挑战。

业内也有学者和从业者提出了其他关于大数据的 V，比如：

(1) 数据的价值(Value)；

(2) 数据的可验证性(Verification)；

(3) 数据的可变性(Variability)；

(4) 数据的真实性(Veracity)；

(5) 数据的邻近性(Vicinity)。

可验证性(Verification)指的是数据需要经过验证，因为数据量大了之后，带来的一个后果必然是数据质量的良莠不齐，以及因不同级别用户介入而产生的数据安全问题。可变性(Variability)主要指的是数据格式的可变性，着重于非关系型数据。真实性(Veracity)指的是因为数据来自不同的源头，而有些来源的数据(比如 Facebook 上的评论和 Twitter 上的跟帖)

其本身的可信度是需要考虑的。邻近性(Vicinity)和大数据的存储相关，处理数据的程序和服务器需要能够就近获取资源，不然会造成大量的浪费和效率的降低。

专家和学者们会将上述的某一个或者几个 V 与 Volume、Variety、Velocity 合在一起，并称为 4V 或者 5V、6V，至于选用的是哪一个 V，则要看他们想要推送的理念、产品和服务与哪一个或者哪几个 V 最接近。

在这 N 个 V 中，我们认为最值得关注的当然是数据的价值(value)。所有的大数据应用如果不落到价值体现上，是没有意义的。以商业应用为核心，这是我们在本书中从头到尾都在讲述的概念。

1.2.3　从数据分析到数据挖掘

什么是数据挖掘呢？古人云"物以类聚，人以群分"，这句话其实描述的就是数据挖掘中的一类算法——聚类算法。

要看一个人是怎样的，只需要看他周围都有什么样的朋友；而从数据挖掘的角度来说，聚类算法要预测一个对象的特征，只需要看它周围对象的特征。

大数据挖掘在本书中的定义是在海量数据的基础上进行数据挖掘的过程，也就是对数据进行处理和研究，并从数据中提取有用信息和发现知识的过程。

对数据进行分析和处理，那么数据分析和数据挖掘之间有什么区别呢？

从本质上来说，数据分析和数据挖掘都是为了从收集来的数据中提取有用信息，发现知识，而对数据加以详细研究和概括总结的过程。在不少场景中，数据分析和数据挖掘这两个概念是可以互换的，而它们之间最大的区别是数据本身的不同，这主要表现在以下两个方面。

(1) 数据量的不同。数据分析的数据对象通常是存储在数据库或者文件中，而数据挖掘对应的数据对象一般是在分布式数据库或者数据仓库中。在今天，一个数据分析应用的对象数量级会是在 MB 或是 GB，而数据挖掘的应用数据动辄 TB，甚至 PB。

(2) 数据类型的不同。数据分析处理的对象一般是文本或者纯数字，而数据挖掘的对象不仅仅是文本，还有音频、视频和图片数据；数据挖掘面对的不仅仅是规范化数据，还有半规范化数据和不规范数据。

从某种意义上来讲，数据分析和数据挖掘之间的区别就像淘金客和矿山主，不同点在于淘金客只在一条小溪上工作，甚至几十个人共享一条小溪，通常只能通过手工作业用沙漏从沙里淘金；而矿山主则占有整座巨大的矿山，由于矿山拥有成分复杂的矿石和数量繁多的伴生矿物，这时候矿山主就不能仅仅依靠手工作业，而需要建立一个以机器为劳动力的现代化工业企业，才能做到最大限度和效率的产出。

数据挖掘与传统的数据分析(如查询、报表、联机应用分析等)的本质区别在于数据挖掘往往是在没有明确假设的前提下去挖掘信息、发现知识。数据挖掘所得出的信息通常具有先前未知性、有效性和可实用性三个特征，如图 1-6 所示。而从本质上讲，数据分析主要是一个假设检验的过程，是一个严重依赖于数据分析师手工作业的过程。数据分析就像是我们在淘金，如果有高水平的淘金客，我们就能淘出金子。

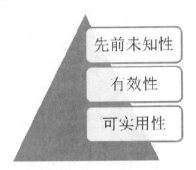

图 1-6　数据挖掘所得信息的三个特征

数据挖掘或者大数据挖掘，是传统手工业式的数据分析的现代大工业形式。数据挖掘建立在拥有大量数据，并且能够让机器方便读取的数据仓库之上，采用机器学习的算法，是自动挖掘知识的过程。

当然这并不意味着数据分析会完全被数据挖掘所取代。就像现代大工业只是取代了手工生产的组织形式，而手工生产中的方法、技能等都被现代大工业吸收进来，重新赋予了意义。同样地，大数据挖掘也需要数据分析的算法和思路，只是用新的方法组织施行。而如今这一过程也才刚刚开始。

数据挖掘并不是一门崭新的科学，而是综合了统计分析、机器学习、人工智能、数据库等诸多方面的研究成果的边缘学科。其与专家系统、知识管理等研究方向的不同之处在于，数据挖掘更侧重于企业应用。

在 2015 年年初，PWC 普华永道发布了一份针对 77 国逾 1300 位 CEO 的调查。结果显示，在推动数字技术发展、提高组织能力方面，提高客户参与度的移动技术排在第一位，而数据挖掘分析占有第二重要的战略地位。同时，这些 CEO 还认为，提供更好的客户体验并提高业务效率也是数据分析最为重要的一项能力。

笔者认为，数据逐渐成为最大的一类交易商品。在互联网上，继"入口为王""流量为王"和"应用为王"之后，下一个概念理所当然应该是"数据为王"。在今天，大数据已经像公用设施一样，有数据提供方、管理方、运营商、第三方服务商和监管方，而且数据交易的流程也在被完善。

数据的供应、交易和处理将会形成一个新的大产业链，而 Hadoop 将是一把利器。

1.2.4　大数据处理的三个维度

当我们在讨论大数据的时候，需要更多关注的是对大数据的处理。如果我们只是把数据存储在那里，而没有充分使用它们，那么这是没有意义的。

面对大数据，NetApp 公司作过一个值得借鉴的分析，如图 1-7 所示。

从图 1-7 中我们可以看到，大数据处理要分成三个维度。

(1) Content，在内容上，我们要有安全的无限数据存储；

(2) Brandwidth，在速度上，我们要能做快速的数据密集性处理；

(3) Analytics，在分析层面，我们要能处理超大的数据集。

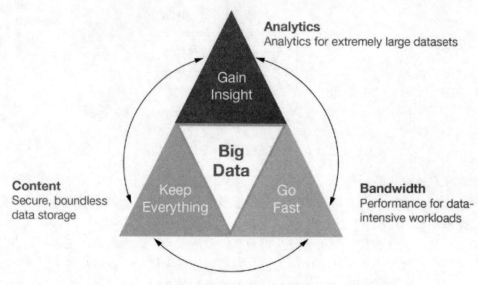

图 1-7 大数据处理的三个维度

其实，就前文所讲的 3V 来说，Content 对应的是 Volume，Bandwidth 对应的是 Velocity，而 Analytics 对应的是其中两项：Variety 和 Volume。

简而言之，数据挖掘(Data Mining) 是有组织、有目的地收集数据，通过分析数据，使之成为信息，从而从大量数据中寻找潜在规律以形成规则或知识的技术。

图 1-8 表明数据分析是一个循环的流程。

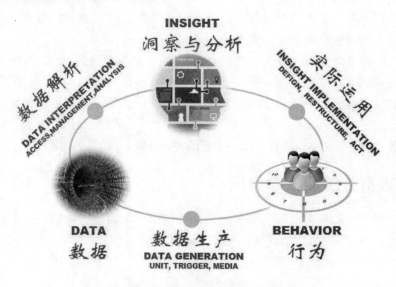

图 1-8 数据分析的最终价值在于洞察和分析

(1)　用户和市场行为产生大量的数据。

(2)　数据在经过解析之后产生洞察和分析。

(3)　数据要产生价值就需要把洞察应用到用户和市场行为上。

(4)　优化了的用户和市场行为又产生了大量的数据，循环再一次开始。

我们经常听到的"大数据挖掘"其实包含了"大数据"和"数据挖掘"两个不同的概念，前者说的是数据的规模，而后者说的是数据的使用。

基于大数据的服务创新有很大的想象空间。我们认为，讨论大数据挖掘是否"大"本身没多大意义，是否能充分把数据利用起来才是关键。

1.3　数据挖掘中的一些基本概念

在本节中，我们讨论一下在数据挖掘领域中常见的一些基本概念，基本覆盖了本书所讲述的各种案例中所涉及的算法和概念。

1.3.1　分类算法

在数据挖掘领域，有大量基于海量数据的分类问题。

分类算法的应用非常广泛，只要是涉及把客户、人群、地区、商品等按照不同属性区分开的很多场景，都可以使用分类算法。例如，我们可以通过客户分类构造一个分类模型来对银行贷款进行风险评估，通过人群分类来评估酒店或饭店如何定价，通过商品分类来考虑市场整体营销策略等。

当前的市场营销行为中，很重要的一个特点是强调目标客户细分，无论是银行对贷款风险的评估还是营销中目标客户(或市场)的细分，其实都属于分类算法中客户类别分析的范畴。而客户类别分析的功能则是采用数据挖掘中的分类技术，将客户分成不同的类别，以便于提高企业的决策效率和准确度。例如，设计呼叫中心时，可以将客户分为呼叫频繁的客户、偶然大量呼叫的客户、稳定呼叫的客户和其他客户，以帮助呼叫中心寻找出这些不同种类客户的分布特征。

通常，我们先把数据分成训练集(Training Set) 和测试集(Testing Set)，通过对训练集的训练，生成一个或多个分类器(classifier)；将这些分类器应用到测试集中，就可以对分类器的性能和准确性作出评判。如果效果不佳，那么可以重新选择训练集，或者调整训练模式，直到分类器的性能和准确性达到要求为止。最后将选出的分类器应用到未经分类的新数据中，就可以对新数据的类别作出预测了。

> **场景：　汽车 4S 店通过数据挖掘找到新的客户**

案例阐述：

A 公司是一家汽车 4S 店，拥有完备的客户历史消费数据库，现公司准备举办一次高端品牌汽车的促销活动。为配合这次促销活动，公司计划为潜在客户(主要是新客户)寄去一份精美的汽车销售材料并附带一份小礼品。由于资源有限，公司仅有 1000 份材料和礼品的预算额度。

表述问题：

这里的新客户是指在店中留下过详细资料但又没有消费记录的客户。这次促销活动的要求是转化收到这 1000 份材料和礼品的新客户，让尽量多的新客户能够最终成为 4S 店的消费客户。

解决问题：

公司首先找出与这次促销活动类似的已经举办过的促销活动的历史消费数据，将这些历史数据集中的促销结果分成正反两类，正类用来表示可以最终消费的客户。通过历史数据的训练我们可以得出一个分类器，如果用的是决策树，我们还能够得出一个类似 if-then 的规则，而这个规则就能够揭示参加促销活动并最终消费的客户的主要特征。由于分类结果最后可以表示成概率形式，因此，用经过测试集测试过的分类器对新客户进行分类，将得到的正类客户的概率由大到小排序，这样就可以生成一个客户列表，营销人员按着这个表由上至下数出前 1000 个客户并向他们寄出材料和礼品即可。

1.3.2　聚类算法

所谓聚类，就是类或簇(Cluster)的聚合，这里的类指的是一个数据对象的集合。

和分类一样，聚类的目的也是把所有的对象分成不同的群组，但它和分类算法的最大不同在于采用聚类算法划分对象之前，我们并不知道要把数据分成几组，也不知道依赖哪些变量来划分。

聚类有时也称分段，是指将具有相同特征的对象归结为一组，将特征平均，以形成一个"特征矢量"或"矢心"。聚类系统通常能够把相似的对象通过静态分类的方法分成不同的组别或者更多的子集(subset)，这样使同一个子集中的成员对象都有相似的属性。聚类被一些提供商用来直接形成不同访客群组或者客户群组特征的报告。聚类算法是数据挖掘的核心技术之一，而除了其本身的算法应用之外，聚类分析也可以作为数据挖掘算法中其他分析算法的一个预处理步骤。

图 1-9 所示是聚类算法的一种展示。图中的 Cluster1 和 Cluster2 分别代表聚类算法计算出的两类样本。"+"表示 Cluster1，"o"表示 Cluster2。

在商业上，聚类可以帮助市场分析人员从消费者数据库中区分出不同的消费群体，并且概括出每一类消费者的消费模式或者消费习惯。它作为数据挖掘中的一个模块，可以作为一个单独的工具以发现数据库中分布的一些深层次的信息，也可以对某一个特定的类作进一步的分析并概括出每一类数据的特点。

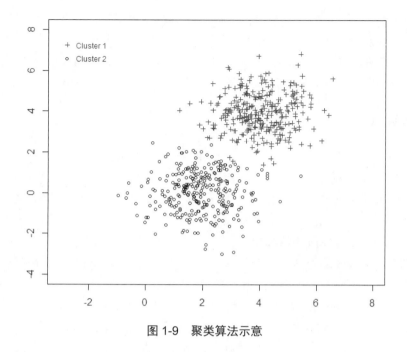

图 1-9 聚类算法示意

比如，下面几个场景比较适合应用聚类算法，同时又有相应的商业应用。

(1) 哪些特定症状的聚集可能预示什么特定的疾病？

(2) 租同一类型车的是哪一类客户？

(3) 网络游戏上增加什么样的功能可以吸引哪些人来？

(4) 哪些客户是我们想要长期保留的客户？

1.3.3 关联算法

所谓关联，反映的是一个事件和其他事件之间依赖或关联的知识。

如果两项或多项属性之间存在关联，那么其中一项的属性值就可以依据其他属性值进行预测。简单来说，关联规则可以用这样的方式来表示：A==>B，其中 A 被称为前提或者左部(LHS)，而 B 被称为结果或者右部(RHS)。如果我们要描述关于尿不湿和啤酒的关联规则(买尿不湿的人也会买啤酒)，那么我们可以这样表示：

买尿不湿==>买啤酒

数据关联是数据库中存在的一类重要的可被发现的知识。若两个或多个变量的取值之间存在某种规律性，就称为关联。关联可分为简单关联、时序关联、因果关联等。关联分析的目的是找出数据库中隐藏的关联网。有时并不知道数据库中数据的关联函数，即使知道也是不确定的，因此关联分析生成的规则带有置信度。

关联规则挖掘可发现大量数据中项集之间有趣的关联或相关联系，它在数据挖掘中是一个重要的课题，最近几年已被业界广泛研究。关联规则挖掘的一个典型例子是购物篮分析。关联规则研究有助于发现交易数据库中不同商品(项)之间的联系，找出顾客购买行为模式，如购买了某一商品对购买其他商品的影响。分析结果可以应用于商品货架布局、货存安排以及根据购买模式对用户进行分类。

关联规则算法在市场交叉销售(cross selling)、向上销售(up selling)、商场布置、产品定价、促销安排、医疗诊断、基因科学研究等领域都有大量的实际应用。

1.3.4　序列算法

数据挖掘中的序列挖掘指的是从一个序列(sequence)数据中找出统计规律。

如果序列中可能出现的单元是一个有限的集合，那么这个集合可以称作 Alphabet(字母表)，而对此类序列作挖掘的算法可以称为 string mining(字符串挖掘)。比如生物遗传学中所有的 DNA 基因序列都是由 A、G、C 和 T 四个字母组成的氨基酸形成的，不同的排列是生物信息学(Bioinformatics)所研究的课题，而该学科采用的不少数据挖掘算法都是序列算法。

时间序列(time series)处理的数据是在不同时间点上收集到的数据，是序列算法中重要的一种。这种序列反映了某一事物、现象等随时间的变化状态或程度。通常在时间序列算法中要求时间段是相同间隔的。如我国国内生产总值从 1949 年到 2009 年的变化、Facebook 股价从 2016 年 4 月 1 日到 5 月 12 日的变化都是时间序列数据。

时间序列数据可作年度数据、季度数据、月度数据等细分，其中很有代表性的季度时间序列模型就是因为其数据具有四季一样的变化规律，虽然变化周期不尽相同，但是整体的变化趋势都是按照周期变化的。

时间序列通常会在连续的时间流中截取一个时间段，然后让该时间段在整个时间轴上滑动，从而获得需要的训练数据集。比如金融分析师会根据前面 29 天的货币汇率估计第 30 天货币汇率的变化；电子商务企业会根据前面 99 天的销售情况估计第 100 天和第 101 天的销售数据；网站联盟会根据前面 13 个月的点击率和收入情况估计第 14 个月的总体点击率和收入情况等。

1.3.5　估测和预测

估测(Estimation)和预测(Prediction)是数据挖掘比较常用的应用。估测应用是用来猜测现在的未知值，而预测应用是预测未来的某一个未知值。估测和预测在很多时候可以使用同样的算法。估测通常用来为一个存在但是未知的数值填空，而预测的数值对象发生在将来，往往目前并不存在。

举例来说，如果我们不知道某人的收入，可以通过与收入密切相关的量来估测，然后找到具有类似特征的其他人，利用他们的收入来估测未知者的收入和信用值。另外，以某人的未来收入为例来谈预测，我们可以根据历史数据来分析收入和各种变量的关系以及时间序列的变化，从而预测某人在未来某个时间点的具体收入会是多少。

估测和预测在很多时候也可以联合应用。比如我们可以根据购买模式来估测一个家庭的孩子个数和家庭人口结构；或者根据购买模式估测一个家庭的收入，然后预测这个家庭将来最需要的产品和数量，以及需要这些产品的时间点。

对估测和预测所作的数据分析可以称作预测分析(Predictive Analysis)，而因为预测分析应用非常普遍，现在已被不少商业客户和数据挖掘行业的从业人员当作数据挖掘的同义词。

我们在数据分析中经常听到的回归分析(Regression Analysis)就是用来作估测和预测的分析方法。所谓回归分析，简称回归，指的是预测多个变量之间相互关系的技术，而这门技术在数据挖掘中的应用是非常广泛的。分类算法和序列算法都可以运用到回归的技术。

1.3.6　A/B Test

当我们在选择数据模型和算法的时候，A/B Test 是一个非常重要的工具。[①]

A/B Test 又称为对比试验，用来比较两个(或多个)策略的优劣。常见于两个(或多个)网页设计、分析模型、推荐算法、解决方案难以抉择之时，以一种先验的方式，由用户反馈来进行检验或抉择。根据验证对象，对比试验包括基于前端(Front-end AB test)和基于后端(Back-end AB test)两种。

一般情况下，用户在一次浏览中，会从客户端(Client)发起一个请求，这个请求被传到服务器(Server)，服务器的后台程序根据计算，得出要给用户返回什么内容(Data)，同时向数据仓库(Data Warehouse)添加一条打点信息，记录本次访问的相关信息。数据仓库收集到足够的数据之后，就可以开始进行分析(Analytics)，最终生成分析结果与分析报告。

在比较算法和模型的时候，我们用"分流"的方法。在 A/B Test 中，分流指通过一定的随机策略，将等量的访问 IP 分配给不同策略。

常见的分流方式有两种：①在全量中抽样出两份小流量，分别走新策略分支和旧策略分支，通过对比这两份流量下各指标的差异，来评估出新策略的优劣，进而决定新策略是否全流量运行。此方式适用于访问日 IP 较大的场景。②直接在全量层面进行上述过程，适用于访问日 IP 较小的场景。需要注意的是，访问日 IP 很小的情况下(如日 IP 不足 100)，测试结果会因偶然因素而导致分流结果误差很大，此时不适用于 A/B 检验。

场景：　电商用 A/B Test 选择推荐策略

某电商平台首页有出站连接 34 个，首页内链 53 个，Baidu、Google、Sogou 等搜索引擎记录数均超过 30 000 条。Web 端(包括桌面与移动端)和移动 APP 端日访问总数达数十万，主要来源包括百度等搜索引擎、第三方外链、Web 端访问、客户端访问等。

该电商平台基于星环科技的 TDH 打造了 Hadoop 大数据平台，由 Transwarp Discover 打造了全新的推荐系统。

在该新的推荐策略上线之后，在全流量上线之前，要评新策略的优劣，此时就用到 A/B Test，以验证其有效性。

推荐算法是典型的后端应用，故本次测试属于典型的后端检验。测试过程中，采用了最为常见的单层流量切分作为流量打散依据，新旧分支每日随机抽样各分配 1000 独立 IP，

---

① 如果你对 A/B Test 在电商细分领域的应用感兴趣，可以阅读笔者之前翻译的《测出转化率：营销优化的科学与艺术》一书。

连续观察 10 日。

主要对比的指标包括平均访问时长、注册转化率、购买转化率、每用户平均收入等。其中访问时长通过 Transwarp Stream SQL 实现,其他指标通过从数据仓库的相关记录中获取。最终所有指标取每个分支 10 000 个 IP 的平均值。

主要测试指标中:

(1) 平均访问时长指某一 IP 从入站到出站的时间差;

(2) 注册转化率指"观察到的新注册用户数/观察总数×100%";

(3) 购买转化率指"发生消费行为的用户数/观察总数×100%";

(4) 每用户平均收入指"观察用户消费总额/观察用户总数"。

最终的测试结果如图 1-10 所示。

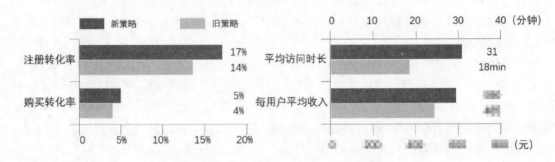

图 1-10　推荐策略对比示意

访问时长由原来的18分钟增加至31分钟,注册转化率和购买转化率分别提高3%和1%,最终每用户平均收入增加超过 1/5。

测试结束不久,新的推荐系统正式上线,在全流量运行中,新的推荐系统表现优异,甚至出乎该电商预料。该电商关注的主要业务与经营指标都有了明显改善,一对一精准营销和智能化推荐获得了大量用户的正面反馈,平台整体收益也有了显著提高。

1.4　数据仓库

数据仓库(Data Warehouse),顾名思义,是一个数据的仓库。而作为仓库,就一定有存放、组织、归类货物和准备货物的功能。所以数据仓库其实就是一个存放、组织、归类数据,并把数据准备好提供给客户使用的地方。

目前企业级的数据库和应用往往都建立在传统的关系型数据库上,然而面对动辄上亿以至百亿条数据的查询分析,传统方式越来越力不从心。

数据仓库是 Hadoop 的一个重要应用领域,所以我们在后面专门讲述 Hadoop 和数据仓库,如图 1-11 所示。

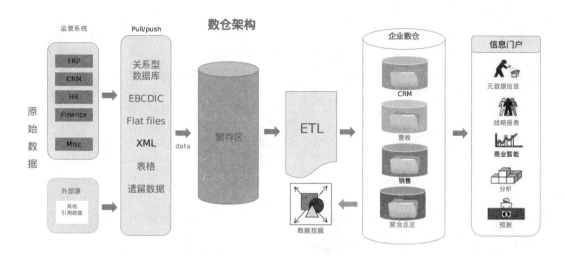

图 1-11　数据仓库架构

1.4.1　数据仓库是解决大数据存储的基础设施

在大数据的场景下，数据存储是首先需要解决的问题。著名的数据仓库专家 W.H. Inmon 曾给出如下的概念描述：数据仓库(Data Warehouse)是一个面向主题的(Subject Oriented)、集成的(Integrated)、相对稳定的(Non-Volatile)、反映历史变化(Time Variant)的数据集合，用于支持管理决策。

对于 Inmon 提出的数据仓库的概念，我们可以从两个层次予以理解。

(1) 数据仓库主要用于支持决策，面向分析型数据处理，它不同于普通企业今天现有的操作型数据库。

(2) 数据仓库可以对多个异构的数据源有效集成，集成后按照主题进行重组，并包含历史数据，而且存放在数据仓库中的数据一般不再修改。

数据仓库系统是一个信息整合平台，从业务处理系统上获得数据，通常以星形模型或雪花模型进行数据组织，并为用户提供各种手段从数据中获取信息和知识。

在面向海量数据的应用系统中，数据仓库是不可或缺的基础设施。

图 1-12 所示的数据的流程大概是这样的：

(1) 我们所需要的数据可能来自很多不同的数据源(Sources)；

(2) 经过提取之后，数据进入工作台(Staging)；

(3) 数据在经过清洗之后进入可操作的数据存储(Operational data store)；

(4) 经过转换的数据才最终进入数据仓库中；

(5) 数据的呈现方式可能是可视化报告或者其他。

Gartner 对于数据仓库的解释是：数据仓库不仅是个单一的数据库，它是整套的数据管理系统，包含很多的辅助工具、一些设计理念和管理方法等。

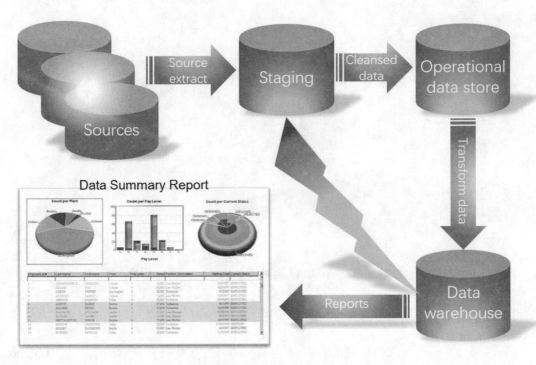

图 1-12　数据仓库概念

1.4.2　4 种不同类型的数据仓库

根据企业构建数据仓库的主要应用场景不同，可以将数据仓库分为以下 4 种类型，每一种类型的数据仓库系统都有不同的技术指标与要求。

1. 传统数据仓库

企业中需要处理的数据可以简单分成内部数据和外部数据，内部数据通常也分为两类。

(1) OLTP(On-Line Transaction Processing)交易系统上的数据联机事务处理系统，也称为面向交易的处理系统。

(2) OLAP(On-Line Analytical Processing) 分析系统上的数据，联机分析处理。

企业会把这些数据全部集中起来，经过转换放到数据库中，这些数据库通常是 Teradata、Oracle、DB2 等传统数据库。然后在这上面进行数据加工，建立各种主题模型，再提供报表分析业务。一般来说，数据的处理和加工是通过离线的批处理来完成的，通过各种应用模型实现具体的报表加工。

2. 实时处理数据仓库

随着业务的发展，一些企业客户需要对实时的数据做商业分析，比如零售行业需要根据实时的销售数据来调整库存和生产计划，风电企业需要通过处理实时的传感器数据来排查故障以保障电力的生产等。

这类行业用户对数据的实时性要求很高，传统的离线批处理方式不能满足其需求，因此他们需要构建实时处理的数据仓库。数据可以通过各种方式完成采集，然后数据仓库可以在指定的时间窗口内进行数据处理、事件触发和统计分析等工作，再将数据存入数据仓库以满足其他业务的需求。

因此，实时数据仓库增强了对实时性数据的处理能力，也要求系统的架构在技术层面上需要一个革命性的调整。

3. 关联发现数据仓库

在大部分场景下，企业都不知道数据的内部关联规则，而需要通过数据挖掘的方式找出数据之间的关联关系、隐藏的联系和模式等，从而挖掘出数据的价值。

很多行业的新业务都有这方面的需求，如金融行业的风险控制、反欺诈等业务。上下文无关联的数据仓库一般需要在架构设计上支持数据挖掘能力，并提供通用的算法接口来操作数据。

4. 数据集市

数据集市一般是满足某一类功能需求的数据仓库的简单模式，往往由一些业务部门构建，也可以构建在企业数据仓库上。一般来说，数据集市数据源比较少，但往往对数据分析的延时有很高的要求，并需要和各种报表工具有很好的对接。

1.4.3　国内外数据仓库的不同使用方式

我们来看一些统计数据：

图 1-13 中的数据是 Wikibon 的分析师在美国市场对 Hadoop 新技术的应用场景所作的统计。他们采访了上千名 Hadoop 的用户，其中有 60%的用户使用 Hadoop 技术来作数据仓库，有 25%的用户是按照交互式 BI 在 Hadoop 之上用报表工具、可视化工具来作交互式分析数据报表。同时有 6%的用户在用 HBase、Cassandra 数据库做 OLAP 的简单轻量级 Key-Value 查询；有 4%的用户使用 MongoDB、CoucHBase 等文档式数据库进行文档存储；还有 5%的用户使用流处理来作实时数据研判，由此构成一个完整的 100%的应用分类。当然这里不排除可能还有一些其他的应用被漏掉了。

图 1-14 是星环科技对中国市场几百个企业用户使用 Hadoop 新技术的情况进行的统计。从这个统计数据中可以发现，中国市场与美国市场还是有些差异的。分析结果显示，有 56%的客户采用 Hadoop 作数据仓库，比如用于取代关系型数据库来提供完整的数据仓库支持，来建构各种主题模型的数据仓库等，这个数字也包括了单纯用于 ODS[①]、ETL[②]和数据清洗

---

① ODS 是 Operational Data Store 的首字母缩写，操作数据存储。
② ETL 是 Extract Transform Load 的首字母缩写，是指数据的提取、转换、加载，是数据仓库领域的常用术语。

的数据仓库应用。而在中国只有 8%的用户在做交互式 BI，且自主 BI 这一块在国内也刚开始兴起。

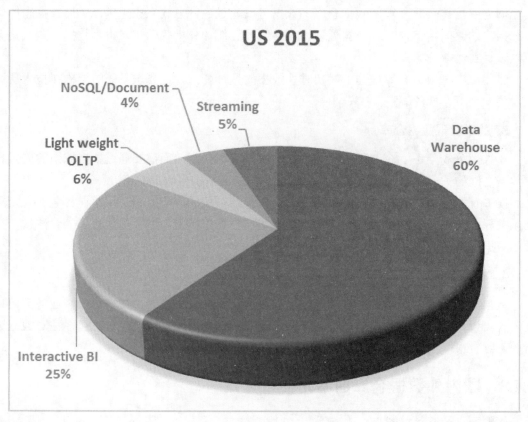

图 1-13　国外数据仓库使用图

　　中国市场和美国市场相比，最显著不一样的地方是中国有 24%的客户用 Hadoop 来作轻量级查询。图中的百分比指的是客户数量占比而并没有按照客户集群规模(构成的集群节点数量)的权重来进行计算。这个有趣的现象说明，实际上 Hadoop 在中国的应用还是相对比较简单。

　　而据我们的调研发现，中国 Hadoop 整体客户的数据量跟美国同类型客户的数据量相比要大一个数量级(10 倍左右)。因为简单的查询对中国的客户来说是有巨大的困难的，所以我们可以看到有 24%的客户在用 Hyperbase(HBase)组件作简单查询，还有 2%的客户在采用 Hadoop 产品进行文档的搜索和图检索。另外还有个很大的不同在于，有 10%的用户在用 Hadoop 作流处理。从图中我们还可以发现，我国制造业传感器的网络建设速度要比美国快，我们在这个领域的用户群比例明显超过了美国相应的市场比例。

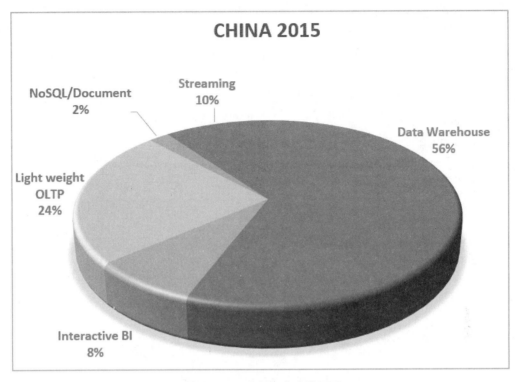

图 1-14　国内数据仓库使用图

1.5　不包含在本书中的内容

数据挖掘算法本身是很复杂的概念，而 Hadoop 系统上层出不穷的各种组件也都需要花费大量的篇幅来解释。

与其他介绍 Hadoop 技术和系统的书不同，本书的目的不是用来作大数据的教科书，因而重点不在数据挖掘算法和 Hadoop 技术本身，而是 Hadoop 在各种行业中的实际应用。

如果要把 Hadoop 系统的原理、上面各种部件的特性以及如何基于 Hadoop 作系统开发解释清楚，需要的篇幅不是一本书能够覆盖的，而且除了 Hadoop 核心系统之外，HBase、Pig、Hive、Sqoop、Yarn、Flume、Parquet、Crunch 等子系统也都需要将其一一解释清楚，而其中有些概念甚至需要使用很大的篇幅，乃至一本完整的书，比如 Spark 系统就有多本关于它的著作。

我们来看一下在本书中没有包含的，不过又值得不同类型的用户花时间去阅读的内容。针对不同的读者，需要选读的内容也是不一样的。比如工作偏向于运维的，那么就需要去阅读 Hadoop 以及各个组件的操作指南。

本书中不包含的内容：

(1)　大数据概念和相关的宏伟蓝图；

(2)　数据挖掘的具体算法和实现；

(3) Hadoop 的操作指南和手册；

(4) Hadoop 上核心组件 HDFS、HBase、MapReduce 的详解和操作指南；

(5) Hadoop 上其他组件 Pig、Hive、Sqoop、Yarn、Flume、Parquet 和 Crunch 等的详解和操作指南；

(6) Hadoop 各种相关系统的源代码详解；

(7) Hadoop 编程指南；

(8) Hadoop 各种相关系统的部署指南。

对上述内容有兴趣的同学，可参见我们在附录中列出的文献和网站信息。

其实在中国的互联网领域，更多需要的是原创和真正能为读者带来价值的内容。互联网产品是这样，书也是这样，读者们并不需要读到一本又一本依样画葫芦的书。

1.6　这本书都讲些啥

本书引用了大量的实际案例，有些地方我们用了企业和机构的原名，而还有一些，为了保护商业隐私，把真实的名字隐去了。另外，为了不泄露商业机密，案例中的数据有些是经过处理的，和真实数据会有一定差别，但是这些修改并不会影响案例的实际效果和场景的意义。

第 1 章尽量用精简的篇幅介绍大数据和数据挖掘的概念，介绍了与数据挖掘有关的常用算法以及数据仓库的基本概念。

第 2 章介绍了 Hadoop 的由来。我们从 Google 的三篇跨时代的论文出发，介绍 Hadoop 是怎样产生的。

第 3 章介绍了 Hadoop 系统上的各种组件。如果读者对 Hadoop 生态系统已经很了解，那么可以略过这一章。

第 4 章介绍了 Hadoop 系统为大数据生态系统带来的价值。我们首先讨论的是企业和机构在今天面对的挑战和遇到的问题，解释新的 IT 架构的需求；然后介绍 Hadoop 能够解决的问题。在解释了去 IOE 的概念之后，最后描述 7 种最常见的 Hadoop 项目类型。

第 5 章为读者作一个"Hadoop 速成"的培训，用尽量简洁的方式介绍如何搭建 Hadoop 系统、系统大致的运行方式和典型配置，如何进行 Hadoop 编程以及如何在云上运行 Hadoop 系统。在最后，为读者列出了和 Hadoop 相关的各种信息，便于读者自己去学习。

第 6 章的重点是介绍 Hadoop 在数据仓库上的应用。首先介绍大数据时代分布式数据系统的要求和特点，之后剖析传统数据仓库存在的瓶颈，然后解释为什么 Hadoop 是解决数据仓库瓶颈的方法，最后介绍基于 Hadoop 和 Spark 的数据仓库解决方案，而类似的方案在后面几章的案例中也会用到的。

第 7 章介绍了 3 种适合 Hadoop 系统的应用场景：存储密集型、网络密集型和运算密集型。最后比较开源的和商用的平台，向读者解释应该选用怎样的商用 Hadoop 系统。

第 8～11 章是本书的重点，主要介绍 Hadoop 在各种场景下的应用。第 8 章介绍的是

Hadoop 在互联网公司中的应用。我们在腾讯、金山、百度和迅雷的兄弟们为我们提供了他们使用 Hadoop 的实际案例，帮助读者了解这些大的互联网公司都是怎样应用 Hadoop 系统的。第 9～11 章介绍了 Hadoop 在不同行业上的应用。例如在第 9 章中的运营商案例中，Hadoop 大数据技术高效的内存计算可以做到 30 亿次的扫描/秒/核，1250 万次的聚合/秒/核，150 万次的插入/秒，250TB/小时的数据处理，1 亿表单/小时的处理速度，大大提高了运营商海量数据的处理分析效率。

第 12 章介绍实时系统是如何通过 Hadoop 来实现的。随着数据量的不断提升，无论对于企业还是个人来说，其不断积累的冷数据会越来越多。在第 12 章的 12.2 节，会为大家介绍如何对冷数据做专门的处理。

第 13 章主要讨论 Hadoop 平台上风险点的预估和应对机制，分析平台可能存在的风险点以及对应的处理机制。只要在有数据的系统中，就会有被侵犯和越权访问的可能性存在，在第 13 章中我们还会给大家介绍 Hadoop 系统安全和隐私性以及如何处理的问题。

第 14 章介绍 Hadoop 的未来发展方向以及大数据和区块链技术可能有的关系。

附录 A 中列举的是在本书中出现过的中英文专业词汇。

本书在写作过程中参考了一些中英文文献和网站，这些文献和参考网站会在附录 B 和附录 C 中列举出来。

附录 D 中列举的是在 HDFS 上用户可能用到的大部分命令行。

附录 E 中列举了本书中出现过的所有案例，有兴趣的同学可以按图索骥，进行细读。

最后，我们来看相对于不同的读者哪些章节是最有价值的。下面我们列出不同的读者最需要关注的章节，这并不意味着其他的章节是不需要关注的，而是相对来说这些章节需要更仔细地阅读。

如果你是	你最需要关注的章节
数据分析师	第 1、3、4、9、10、11 章
程序员	第 1、2、3、4、5、6、7 章
系统管理员	第 1、3、4、6、13 章
数据库管理员	第 1、2、3、4、6 章
想要了解 Hadoop 的基本知识	第 1、2、3、4、5、6、7 章
大数据学习者	第 1、2、3、4、6、7 章
行业解决方案提供者	第 1、3、4、6、7、8、9、10、11、12 章

第 2 章

Hadoop 的前世今生

在本章中，我们为读者们讲述：

❖ Hadoop 是怎么诞生的？

❖ Google 公司发表的引导 Hadoop 产生的三篇论文是什么？

❖ 谁是 Hadoop 的最初缔造者？

❖ 今天的 Hadoop 生态系统是怎样的？

❖ 在 Hadoop 发展过程中发生过哪些大事儿？

本章我们将为大家介绍 Hadoop 的起源及其现状。

我们先从 Google 的三篇跨时代的论文说起，然后解释 Google 公司的 GFS 文件系统和 BigTable 数据库是如何演变成 Hadoop 上的 HDFS 和 HBase 的。

2.1 Google 的计算框架

要说起 Hadoop，我们必然要提到 Google。Google 是最早提出云计算概念的公司，也是大数据时代的先行者之一。Google 旗下的 Google 搜索、Google 地图、gmail 邮箱、Picasa 图像存储和 YouTube 视频(被 Google 收购的视频网站领袖)分享等诸多基于互联网的产品服务都是建立在海量数据之上，由 Google 的大数据计算框架所支撑。

面对大数据，Google 采用了分布式存储和并行计算方法，构建了 GFS 文件系统、MapReduce 计算模型和 BigTable 非关系型数据库组成的基础平台，用来支撑自家的产品和服务。

GFS、MapReduce、BigTable 可以称为 Google(早期)基础平台的三个支柱。

2.1.1 Google 公司的三篇论文

我们来看图 2-1。

图 2-1　Hadoop 起源于 Google 公司发表的三篇论文

从图 2-1 中我们看到：

(1) 从 Google 文件系统衍生出了 Hadoop HDFS；

(2) 从 Google 的 MapReduce 框架衍生出了 Hadoop MapReduce；

(3) 从 Google 的 BigTable 衍生出了 Apache HBase。

而 HDFS、MapReduce 框架和 HBase 恰恰是 Hadoop 的三个核心组件。

对于有钻研精神的同学，我们建议可以去读读 Google 的三篇研究文章。这三篇文章是 Google 的 GFS、MapReduce 和 BigTable 系统的基础，而且最终成就了 Hadoop。

(1) http://research.google.com/archive/gfs.html，关于 GFS 的论文：The Google File System，Google 文件系统。

(2) http://research.google.com/archive/MapReduce.html，关于 MapReduce 框架的论文：MapReduce: Simplified Data Processing on Large Clusters，MapReduce：在大规模集群上的简单化数据处理。

(3) http://research.google.com/archive/bigtable.html，关于 BigTable 的论文：BigTable: A Distributed Storage System for Structured Data，BigTable：结构化数据的分布式存储系统。

虽然 Google 公司没有公开这三个系统的源代码，但是通过这三篇论文，我们基本能够知道所有的执行细节。

而 Doug Cutting 正是从这三篇论文出发，搭建了最初的 Hadoop 系统。

2.1.2　GFS 文件系统

谷歌的创始人 Larry Page 在斯坦福大学时设计和实现了称为 BigFiles 的文件系统，用于存储下载的网页。在 Google 公司成立之后，面对服务器数量的不断增多和数据量不断增长的情况，谷歌工程师在 BigFiles 成果上研制出了 GFS(Google File System)文件系统，其结构如图 2-2 所示。该文件系统解决了大数据在廉价硬件上的分布式存储问题，和早期计算机系统的文件系统相比，有不少新颖之处。

GFS 文件系统认为组件失效不再是意外，而是一种系统必须接受的正常现象。Google 为了降低成本没有采用超级计算机或者高性能的计算机，而是把所有产品和服务建立在大量廉价服务器甚至由普通 PC 组成的集群之上，由集群代替超级计算机提供存储和计算能力。由于 Google 构成集群的单台服务器性能一般，可靠性差且经常出问题，Google 工程师以此为基础假设，在系统的整体处理能力和容错性上精心设计，使 GFS 文件系统具有数据冗余和容错机制，可以自动应对单台服务器宕机和数据丢失风险。

其次，GFS 文件系统是专为大文件存储而设计的，对大文件读写操作的参数和通道进行了优化。存储在 GFS 上的数据文件通常都很大，一般在 100MB 以上，几个 GB 甚至几十 GB 的文件也很常见，GFS 把大文件分块存储，文件块(File Chunk)固定大小为 64MB，这也和由大量小文件组成的传统文件系统环境非常不同。

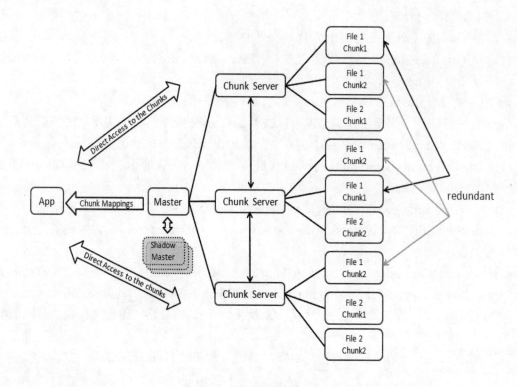

图 2-2　谷歌文件系统结构示意

GFS 作的假设是：

(1)　对大文件最频繁的两项操作是顺序读取和在文件末尾追加新数据；

(2)　数据一旦写入改写的需求极少；

(3)　文件随机写的操作几乎不存在；

(4)　如果需要执行随机写的操作，整个大文件需要重新生成。

GFS 由单一主服务器(Master)和众多存储服务器(Chunk Server)组成，主服务器上存储的是文件的名字空间等元数据，而存储服务器存放具体数据。所有的数据都有多份冗余，以文件块(chunk)的形式在多台存储器上存放。

2.1.3　MapReduce 的模型和框架

当我们有大量数据需要处理的时候，对某一个单独的服务器进行性能的提升其方式毕竟是有限的，除了添加内存和提升 CPU 的主频之外没有太多良策。于是大家就想到了并行计算，通过增加新的服务器的方式让整体的服务器处理速度加快。

在互联网时代数据量的不断增长迫使越来越多的程序采用并行计算来处理问题，然而开发并行计算程序难度不小。一些传统应用，如网页爬取、Web 请求的日志分析等，要实现其并行算法，必须解决数据分发、错误处理、负载均衡等一系列问题，相关的代码不仅异常复杂而且难以维护。

Google 的研究人员发现，大量并行计算应用可以由 Map(映射)和 Reduce(简化)两个过程组成的程序模型描述，只要开发人员完成 Map 和 Reduce 两个过程，其余程序可以标准化处理。于是 Google 的工程师在 GFS 基础上实现了称为 MapReduce 的计算框架，封装了并行计算的复杂性，使普通的开发人员也能较容易地写出并行计算程序。

简而言之，MapReduce 就是一种编程模型，用于大规模数据集(大于 1TB)的并行运算，能够极大地方便不会分布式并行编程的编程人员，将自己的程序运行在分布式系统上。

MapReduce[①]程序模型和计算框架在谷歌内部应用非常广泛，Google 利用 MapReduce 实现了分布排序、分布 Grep、Web 连接图反转、Web 访问日志分析、反向索引构建、文档聚类、机器学习、基于统计的机器翻译等众多程序和功能，MapReduce 还成为 Google 的索引更新方式。实践证明，MapReduce 框架的效率和功能都是不错的。

2.1.4　BigTable 数据库

大数据对传统关系型数据库(Relational DataBase Management System，RDBMS)造成了很大的冲击，关系型数据库并发能力无法处理每秒上万次的读写请求，而且关系型数据库在存储了上亿条记录时，查询效率非常低。最重要的一点是关系型数据库很难横向扩展，当数据量大时无法通过简单添加服务器的方法提高其性能和负载能力，而且在对数据库进行升级扩展时又必须停机和进行数据迁移。

Google 设计和实现了一个名为 BigTable 的数据库，这是一个专门为管理大规模结构化数据而设计的分布式存储数据库。BigTable 放宽了数据事务要求，因为 Google 的大多数 Web 应用程序并不要求严格的数据库事务，对读一致性要求很低，一些场合甚至对写一致性要求也不高。很多 Web 应用程序设计时采用单表主键查询及简单条件分页查询，避免了多表关联查询，所以 BigTable 弱化了 SQL 功能，有利于存储和性能的提升。

在 BigTable 产品研发出来之后，Google 公司把 BigTable 部署在上千台服务器上，可以可靠地处理 PB 级数据，支撑包括谷歌地图(Google Earth)、谷歌分析(Google Analytics)、谷歌金融(Google Finance)等 60 多个应用。受 BigTable 启发，Cassandra 和 HBase 等各个非关系型数据库延续着 BigTable 设计思路迅速发展起来。

BigTable 的表(Table)在本质上是一个 key-value(键-值)对映射，由行键、列键、时间戳三维定位一条字符记录值。其中行是表的第一级索引，列是表的第二级索引，时间戳是第三级，每行拥有的列不受限制，可以每一行都不相同。如果多个列是属于同一族类的，可以用一个列族来表示这些列，表达方式为 Family：Qualifier，每个列族都有同样的 Family 值。可以用这样的公式表示 BigTable 表中的数据：

```
(row:string,column:string,time:int64)→string
```

图 2-3 是 Google 论文中的一个示例，描述一张网页在 BigTable 中是如何存储的。

---

① 和 GFS 一样，在 Google，MapReduce 也已经被新的技术所替代。Google 开发了名为 Caffeine(咖啡因)的类数据库系统取代了 MapReduce 框架。关于 Caffeine，本书就不展开阐述了。

29

图中 www.cnn.com 是表的行键，以 URL 逆向排列然后按字母顺序存储，即最后一段 com 出现在最前面，而第一段 www 出现在最后，所以 www.cnn.com 对应的存储是 com.cn.www。contents 是一个列键，对应的是网页内容；而 anchor 是一个列族，包含了 cnnsi.com 和 my.look.ca 两个反向链接的列键。contents 列下存放 t3、t5、t6 三个时间点的页面内容，cnnsi.com 和 my.look.ca 列下只存放一份链接值，因为链接值并不因为时间而变化。

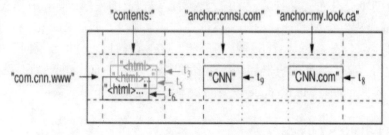

图 2-3　谷歌网页存储示意

在 Jeffrey Dean 提出 MapReduce 计算理念之后，MapReduce 的想法被技术圈子的很多人认可。但是，Google 并没有公开太多关于 MapReduce 实现的细节。

2.2　Hadoop 的诞生

在 2004 年，顺着谷歌论文的思路，Doug Cutting 用 Java 语言"克隆"了一套开源分布式文件系统，取名为 Hadoop。

在 2006 年 1 月，Doug Cutting 加入雅虎公司，而雅虎公司为他提供了一个专门的团队和资源将 Hadoop 发展成一个可在网络上正式运行的完善系统。在 2006 年 2 月，Apache Hadoop 项目正式启动。

发展到现在，Hadoop 已经成为 Apache 基金会的一个顶级开源项目。Apache 基金会是一个以支持开源软件为目的的组织，它的官方网址是 http://www.apache.org/。在第 3 章中我们介绍的所有项目几乎都是 Apache 基金会的子项目。

HDFS、HBase 和 MapReduce 是 Hadoop 的三个核心组件，分别来源于 Google 公司的 GFS 文件系统、MapReduce 和 BigTable。

2.2.1　从 GFS 到 HDFS

HDFS (Hadoop File System)是 Hadoop 系统中的底层文件系统，就像文件系统是操作系统的核心部件一样[1]，HDFS 也是 Hadoop 系统上最核心的部件。和传统的文件系统不同，HDFS 的目的不是让你对文件进行随意的操作，而是"一次写入，无数次读取"。

---

[1] 还记得当年在学校里学习"操作系统"课程的时候，我们的作业之一就是编写一个文件系统。

基于这个思想，HDFS 和普通的文件系统相比，其差异如下。

(1)　文件量相对不大，不过单文件会比较大(平均文件大小在 500MB 以上)。

(2)　文件中间的内容不可以被篡改，只能添加在尾部。

(3)　只能对文件进行创建、删除、重命名、修改属性以及在尾部添加等操作。

在 HDFS 上有两个基本概念：

(1)　Block，数据块；

(2)　Replication Factor，复制因子。

HDFS 上的所有文件都被切成 block，该词在原来的 Google 系统中被称为 Chunk，指的是"数据块"。

在 HDFS 上，复制因子的数值表示 Hadoop 系统中每个 block 会有的备份数字。复制因子越大，每个数据块在系统中的备份的数量越大，因而也会相对越安全；不过，复制因子越大，系统的冗余度也就越大，资源的浪费也会相对比较大。

2.2.2　Hadoop 的基础计算框架 MapReduce

简单来说，MapReduce 改变了以往把数据集中在一起的计算方式，而是把计算作为一项任务推送到存放的数据之上。MapReduce 框架运用了计算机算法中最常用的一个概念 Divide and Conquer(分而治之)，也就是把一个大的问题切割成多个小问题，处理完成之后，再把答案汇总到一起。

MapReduce 框架的应用有一个前提，就是所有的数据节点之间有高速的网络连接。在 MapReduce 框架中，我们尽量把数据存储在计算节点上，这样访问本地数据会快很多。而就近存储数据，或者说数据本地化(data locality)也是 MapReduce 框架的一大特性。[①]

对于 Map 和 Reduce 这两个步骤来说：

(1)　Map(映射)所做的就是把一个问题域中所有的数据在一个或多个节点中转化成 Key-value(键-值)对，然后对这些 Key-value 对进行 Map 操作，生成零个或多个新的 Key-Value 对，最后按 Key 值排序，同样的 Key 值被排到一起，合并生成一个新的 Key-value 列表。

(2)　Reduce(简化)做的是收集工作，把 Map 步骤中生成的新的 Key-value 列表按照 Key 值放到一个或多个子节点中用编写的 Reduce 操作处理，归并后合成一个列表，得到最终的输出结果。

换成公式的话，MapReduce 可以这样表示：

```
Map(k1,v1) → list(k2,v2)
Reduce(k2, list (v2)) → list(v3)
```

输入的是(k1,v1)代表的 Key-value 对列表，而输出的是 v3 列表。

图 2-4 是 MapReduce 的功能示意图。

---

①　其实对于一个数据集群来说，网络带宽资源是一个珍贵资源。如果在计算过程中需要把大量数据从不同机器上到处复制或者移动，会极大地降低整体的工作效率。

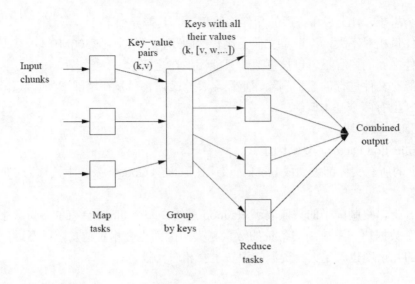

图 2-4　MapReduce 示意

MapReduce 的步骤如下。

(1)　Map，工作节点对本地的数据应用 map()函数(程序)。

(2)　Shuffle，根据 map()的结果重新分配数据组。

(3)　Reduce，所有节点同时处理所有的数据组。

下面我们再看图 2-5，展示的数据主要分为三类，用 1、2、3 来标注。通过 Map 和 Shuffle 阶段，各个类别的数据被分别处理，然后再合并。

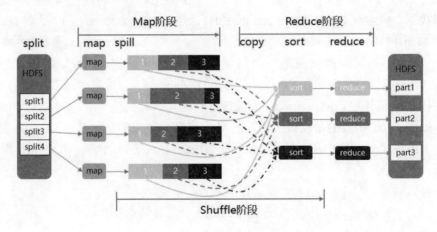

图 2-5　Map、Shuffle、Reduce 示意

在图 2-5 中，Hadoop 会把 MapReduce 的输入数据划分成同等长度的小数据块，称作 split(输入分片)。

Shuffle 的英文含义是洗牌，而在 MapReduce 过程中 Shuffle 指的是把数据从 Map 的输出导入到负责 Reduce 的程序的过程。

2.2.3　从 BigTable 到 HBase

在 Hadoop 系统的框架中，HBase 是一个核心组件，它是 Hadoop 可以快速实时访问超大规模数据集的关键应用。

在 2.1 节中我们介绍过 Google 的 BigTable，而 HBase 其实就是 BigTable 在 Hadoop 系统上的一个实现版本。

借鉴 Google 对 BigTable 的定义，HBase 会有下面这些特点。

(1) 永久保存的(Persistent)。就这点来说，HBase 和其他数据库系统没有什么区别。

(2) 分布式的(Distributed)。HBase 的实现接住了 HDFS，也就是说所有的数据是分开存储在不同的数据节点上的。

(3) 稀疏的(Sparse)。比如说对应于某一个顾客可能有 120 个数据点，不过系统中大部分的顾客数据只有其中的一小部分，大部分的字段是空白或者缺失的。

(4) 多维度排序的匹配图(multidimensional sorted map)。HBase 其实就是一个 key-value 的集合，整个集合是基于 key 排序的，而每一个 value 可能有不同的数值，且每一个 value 都有不同的时间戳与其对应。

2.3　Hadoop 的今天

Tom White 写的 *The Definite Guide for Hadoop* (Hadoop 权威指南)一书(副标题是"Storage and Analysis at internet scale"(互联网规模的存储和分析))对 Hadoop 系统进行了很好的总结，因为 Hadoop 提供的就是一个易用、可靠、可扩展的大规模数据存储和分析系统。

确实，在 Hadoop 系统出现之前，没有一个很好的技术能够系统化地作好大规模的存储和数据分析。

在今天，Hadoop 已经不再是一个软件工具，而是一个生态系统。

2015 年的 Forrester 报告创造了一个新的词 Hadooponomics——基于 Hadoop 的经济，他们认为 Hadoop 不再是一个"可选的技术"，而是一个"必选的技术"。当我们在应用大数据的时候，考虑的不再是是否应用 Hadoop，而是选择用开源的还是哪家供应商的 Hadoop 平台。

Forrester 报告中指出：

(1) Hadoop 会被企业普遍接受；

(2) Hadoop 会被广泛应用在各个行业；

(3) 与 Hadoop 相关的从业者人数会增加，原本的 Java 工程师很多都会转向 Hadoop 系统上的开发；

(4) 大型的软件开发商如 Oracle、SAP、Microsoft 等都会支持 Hadoop 系统。

图 2-6 所示为互联网女皇 Mary Meeker 在 2016 年互联网报告中关于数据发展的情况。

在图中，我们看到在第二波"数据爆炸和混乱"中，大数据时代最有代表性的基础设

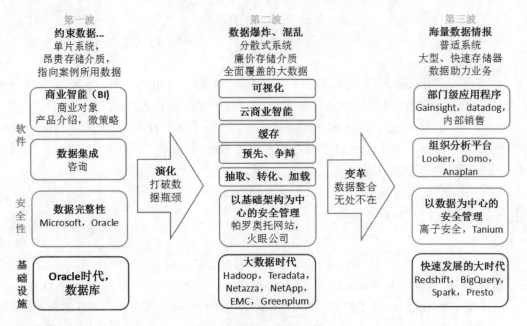

施是：

(1) Hadoop；

(2) Teradata；

(3) Netazza；

(4) NetApp；

(5) EMC；

(6) Greenplum。

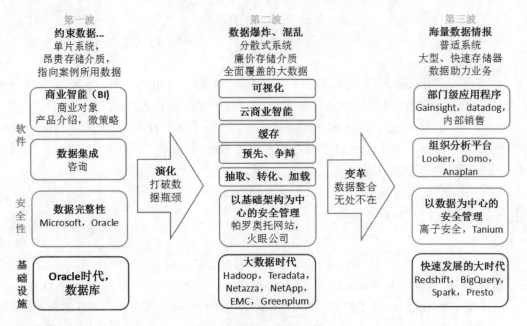

图 2-6　数据发展的示意

而在第三波"海量数据情报"中，其最有代表性的基础设施是：

(1) Redshift；

(2) BigQuery；

(3) Spark；

(4) Presto。

Spark 是 Hadoop 系统上的一个组件，使用它可以让基于 Hadoop 的大数据系统更加有效率，这个系统我们会在第 3 章向读者们介绍。

经过这些年的发展，Hadoop 已经是一个成熟的分布式系统。从 2009 年到 2011 年 1 月，Facebook, LinkedIn, eBay 和 IBM 共同为 Hadoop 系统贡献了超过 200 000 行代码。

目前而言，主流的不收费的 Hadoop 版本主要有以下几个，分别是：

(1) Apache(最原始的开源版本，所有发行版都是基于这个版本进行改进的)；

(2) Cloudera 版本(Cloudera's Distribution Including Apache Hadoop，CDH)；

(3) Hortonworks 版本(Hortonworks Data Platform，HDP)。

在本书中，我们提到的 CDH 和 HDP 分别指的就是 Cloudera 和 Hortonworks 的 Hadoop 版本。

除了这些免费的版本之外，还有不少商用的 Hadoop 版本，其中绝大部分是国外的厂商，而我们在本书的案例中提到最多的 TDH 指的是星环科技的 Hadoop 商用版本(Transwarp Data Hub)。①

对于一家企业来说，选择 Hadoop 系统并不是一个结果，而只是一个新的历程的开端。我们在本书中为读者所展示的并不是为了就事论事地推荐 Hadoop，而是为了深入探讨如何解决某一个领域或者某一个企业的问题。在第 7 章会为读者介绍我们究竟应该怎样选择所用的 Hadoop 系统。

2.4　Hadoop 大事记

我们来看 Hadoop 技术发展的时间轴，如图 2-7 所示。

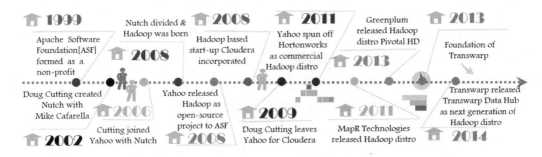

图 2-7　Hadoop 发展的时间轴

Hadoop 的发展历程中发生过的一些里程碑式事件如下。

2003 年 10 月，Google 发布关于 GFS 的研究论文。

2004 年，Doug Cutting 实现了 HDFS 和 MapReduce 的雏形。

2006 年 1 月，Hadoop 系统从 Nutch 系统上派生出来。

2006 年 2 月，MapReduce 从 Apache Nutch 系统上迁移出来加入 Hadoop 系统中。

2006 年 4 月，Hadoop 0.1.0 正式发布。

2006 年 4 月，在一个实验中，Hadoop 在 188 个节点上用 47.9 小时对 1.8TB 数据进行了排序。

2006 年 5 月，Yahoo 配置了拥有 300 台计算机的 Hadoop 集群。

2006 年 10 月，Yahoo 的 Hadoop 集群扩展到 600 台计算机。

2007 年 4 月，Yahoo 正式运营两个 1000 台计算机的 Hadoop 集群。

---

① 星环科技取名于科幻小说《三体》中的星环集团公司，建立在木星的星环上(位于木星的第二个拉格朗日点)；这家公司聚集了人类最优秀的一批科学家，建造成太阳系的第一艘光速飞船(星环号)。星环科技的产品名叫 Transwarp Data Hub。Transwarp 取自《星际迷航》中超光速飞船的曲率引擎。

2007 年 10 月，HBase 第一次被加入 Hadoop 正式版本中。

2007 年 10 月，Yahoo 实验室把 Pig 系统贡献给 ASF。

2008 年 2 月，Yahoo 把搜索引擎的核心——网页索引迁移到 Hadoop 系统之上，这个集群中有超过 10 000 台的计算机。

2008 年 4 月，Yahoo 的一个有 910 个节点的 Hadoop 集群在 209s 对 1TB 的数据进行了排序，成为最快的 TB 级数据排序工具。

2008 年 10 月，提供 Hadoop 系统的大数据服务公司 Cloudera 正式成立。

2009 年 3 月，Yahoo 内部的 Hadoop 集群数量达到 17 个，共有 24 000 台计算机。

2009 年 7 月，Hadoop Core 系统被重命名为 Hadoop Common。

2009 年 7 月，提供 Hadoop 服务的大数据公司 MapR 正式成立。

2009 年 7 月，HDFS 和 MapReduce 从 Hadoop 系统中分离出来，成为单独的子项目。

2010 年 1 月，Hadoop 添加对身份认证 Kerberos 系统的支持。

2010 年 5 月，HBase 从 Hadoop 系统中分离出来，成为单独的 ASF 子项目。

2010 年 6 月，Facebook 运行 2300 个 Hadoop 集群，存储 40PB 的数据。

2010 年 9 月，Hive 和 Pig 从 Hadoop 系统中分离出来，成为单独的 ASF 子项目。

2011 年 1 月，Zookeeper 从 Hadoop 系统中分离出来，成为单独的 ASF 子项目。

2011 年 6 月，大数据技术公司 Hortonworks 在 Rob Bearden 的带领下从 Yahoo 正式剥离出来。

2012 年 11 月，Apache Hadoop 1.0 版本正式发布。

2013 年，专注于 Hadoop 商用系统的星环科技正式成立。

2013 年 3 月，YARN 在 Yahoo 的生产环境中被正式启用。

2014 年 2 月，Matei Zaharia 主导开发的 Spark 成为 ASF 的顶级开源项目。

2014 年 8 月，Spark 1.0 版本正式发布。

2015 年 6 月，在 Apache Hadoop2.6 发表的 7 个月之后，Apache Hadoop 2.7 版本正式发布。

和大数据与 Hadoop 相关的产品和事件层出不穷，让人目不暇接，由于篇幅所限，其他很多的产品和事件发布在此就不一一列举了。

第 3 章

等同于大数据的 Hadoop

在本章中，我们为读者们介绍：

❖ Hadoop 的核心理念是什么？

❖ Hadoop 的核心基础框架上包含哪些组件？

❖ Hadoop 的生态系统中还有哪些有用的组件？

❖ Spark 有什么用？

❖ Spark 和 Hadoop 系统有什么关联？

Hadoop 可以处理结构化数据，同时也可以很好地处理非结构化或者半结构化数据。在今天，Hadoop 已经成为存储、处理和分析大数据的标准平台。当人们说要搭建大数据平台时，很多时候默认的就是搭建 Hadoop 平台。

本章介绍的是 Hadoop 核心系统上的各个组件，以及系统上相关的其他各种组件。由于本书的重点在于 Hadoop 技术的实际应用，而不是讲解 Hadoop 技术，所以因篇幅关系，我们并不会在本章中描述所有的 Hadoop 组件。

在本章的最后，我们会为读者介绍 Spark 系统。

3.1　Hadoop 理念

标准的 Hadoop 系统存储的数据是 NoSQL 模式的。关于 NoSQL 模式，我们会在第 6 章专门讲述。用一句话来说，其实 Hadoop 可以存储以下任何类型的内容。

(1) 结构化数据；

(2) 半结构化数据，比如日志文档；

(3) 完全没有结构的内容，比如文本文件；

(4) 二进制内容，比如音频、视频等。

Hadoop 系统有以下特点，如图 3-1 所示。

(1) 可靠性高。

(2) 可扩展性好。

(3) 性价比高。

(4) 灵活。

图 3-1　Hadoop 系统的特性

3.2　Hadoop 核心基础架构

Hadoop 系统上有很多不同的组件，在本节中我们讨论的是对 Hadoop 起到重要作用的核心组件。

3.2.1　Namenode 和 Datanode

Namenode 又称为 MasterNode，主节点； Datanode 又称为 SlaveNode，从属节点。合在一起，Namenode 和 Datanode 之间有 Master 和 Slave 的关系，或者说从属关系[①]。

对于 Namenode 和 Datanode 节点还有各种不同的说法，比如"管理节点"和"工作节点"等，都说明数据节点是不可以脱离主节点单独存在的。

在 Datanode 上，有一个后台的同名进程(Datanode)，用以管理数据节点上所有的数据块。通过这个进程，数据节点会定期和主节点通信，汇报本地数据的状况。

在 Hadoop 系统进行设计的时候，对数据节点作了以下的假设。

(1) 数据节点主要用来作存储，额外的开销越小越好；

(2) 对于普通的硬盘来说，任何硬盘都可能会失败；

(3) 文件和数据块的任何一个副本都是完全一致的。

因为数据节点上采用的一般是普通硬盘，那么每块硬盘失效的概率大概是每年 4%～5%。如果我们的系统上有 100 个数据节点，而每一个数据节点都有 12 块硬盘，那么平均每周都会需要更换至少一块硬盘。

正是因为这些假设，默认 Hadoop 系统上每个文件和数据块都有三个副本，而当中间任何的一个副本出现问题的时候，系统都会把对文件和数据块的访问切换到其他的副本上，并会重新设置使得文件和数据块都保持有三个副本。

对于 Hadoop 的用户来说，他们并不需要了解数据存储的细节，也不需要知道文件的各个数据块是存储在哪些数据节点上的，他们只需要对文件进行操作，对应的拆分和多个副本的存储是由系统自动完成的。

和 Datanode 一样，Namenode 节点上也有一个同名的后台进程(Namenode)，而所有的文件匹配信息则保存在一个名为 fsimage 的文件中，所有新的操作修改保存在一个名为 edits 的文件中。edits 文件中的内容会定期写入 fsimage 文件中。

把 fsimage 和 edits 文件中的信息综合起来，我们就可以知道所有的数据文件和对应的数据块的具体位置，而这些信息都会保存在 Namenode 节点的内存中。

主节点和数据节点之间的通信协议如下。

① 在计算机领域，Master 和 Slave 是常用的关系词，用来表示主导和跟随的状态。在数据库领域、网络节点上都经常用到。

(1) 每隔 3s，数据节点都会发送心跳(heartbeat)信息①给 Namenode 节点，所以 Namenode 永远都会实时知道哪些数据节点是在线的；

(2) 每隔 6h，数据节点会发送完整的数据块报告给 Namenode，所以 Namenode 会知道系统上各个文件和相关数据块的准确位置。

这里的 3s 和 6h 都可以配置，这两个数值是默认值。

文件和数据存储在数据节点的信息是保存在主节点上的，所以对于众多数据节点来说，主节点就像是一个指挥中心或者地址黄页。换句话说，只有主节点才能准确指引用户对每个文件的访问。

那么 Namenode 节点一旦失效该怎么办？我们会在第 13 章中专门讨论 Namenode 节点的高可用性问题。

最后我们来看一下文件是如何写入系统中的，如图 3-2 所示。

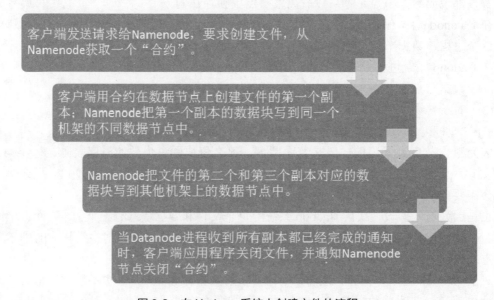

图 3-2　在 Hadoop 系统上创建文件的流程

图 3-2 中提到的"合约"是 Namenode 上的一个小工具，确保文件和副本能够被安全创建。

因为在一个 Hadoop 系统上只有 Namenode 节点才知道数据文件是如何存储的，所以所有的读请求都是发送给 Namenode 节点，由它来进行分配的。

3.2.2　Hadoop 底层的文件系统 HDFS

在 HDFS 上，存储的内容可以是任何格式，而描述文件内容的是宏数据或称元数据(MetaData)，也就是说，存储在 HDFS 上的内容是由结构化或者非结构化的文件与宏数据共

---

① 在网络上，心跳(heartbeat)也是一个常用的说法。就像人有心跳一样，服务器也要有心跳，如果心跳信息缺失了，就说明这台服务器可能失效了，需要作处理。

同组成的，如图 3-3 所示。

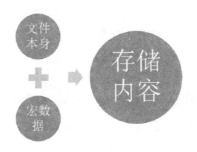

图 3-3　HDFS 上的存储内容

为了便于存储和管理，HDFS 上的文件都被切割成固定大小的数据块，如图 3-4 所示。

图 3-4　HDFS 上一个文件的切分

图 3-4 中 HDFS 上所有的文件都被切成固定大小 128MB 的数据块(block)，只有最后一个数据块的大小是变化的。而当新的数据写入使得数据块大小超过系统设定值之后，新的数据块会产生。而系统的默认值是 64MB。

注意： 数据块大小是系统配置的。我们在这里设置的 128MB 是根据对应的场景而来的。在不同的场景中，数据块的大小设置是不一样的。对于通用场景，128MB 一般是可以的，如果整体数据量比较大，这个设定值可能还要提升。

我们下面来看在 HDFS 上的数据备份方案，如图 3-5 所示。

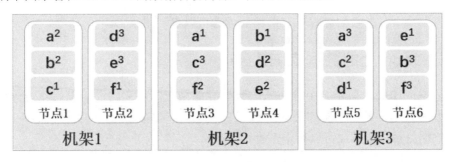

图 3-5　HDFS 上数据块节点的分布

图 3-5 中所有的数据块被分解到不同的数据节点上，a、b、c、d 数据块能够组合成一个完整的数据文件，这些数据块被分解到不同的机架和数据节点上，所以任何数据节点甚至机架的失效都不会影响数据文件的完整性。而这正是 Hadoop 系统设计的主要目标之一，

假设条件是任何的硬盘、计算机和网络设备都可能出错。

当磁盘或者数据节点发生错误之后，HDFS 会发现这个问题，并且把原本在这个磁盘或者数据节点上的副本重新分配到其他的数据节点上。

注意：HDFS 并不是一个普通的文件系统，它只能在文件的最后添加数据，而不能搜索到文件的中间去添加内容。

在 Hadoop 上对文件系统的操作都是通过 Hadoop 命令来完成的。命令的格式如下：

```
Hadoop [--config confdir] [COMMAND] [GENERIC_OPTIONS][COMMAND_OPTIONS]
```

命令说明：

使用-config confdir 选项的时候，默认的配置文件目录(默认在$Hadoop_HOME/conf)会被替换。

和 Linux 系统类似，HDFS 一共提供三类权限模式。

(1) 只读权限(r)；

(2) 写入权限(w)；

(3) 可执行权限(x)。

一般情况下，如果只涉及读取文件，那么只读权限是足够的。

如果要看 HDFS 上支持的所有命令，可以使用以下的命令行：

```
Hadoop dfs -file_cmd
```

不用考虑 HDFS 的具体实现，Hadoop 可以很方便地通过 shell 命令行来完成文件系统的操作。操作方式就是调用 Hadoop 命令并加上 "dfs" 参数。比如，可以用下面的命令行来构建一个目录，并查看其中包含的文件内容：

```
Hadoop dfs -mkdir/data/weblogs/20160517/data/weblogs/20160517
Hadoop dfs -ls/data/weblogs
```

这里，mkdir 和 ls 都是对文件系统直接的操作，前者是创建文件夹，而后者是查看文件夹中的文件。

至于每条命令行参数的详解，有兴趣的读者可以参阅附录 D。

3.2.3　Hadoop 上的数据库 HBase

简单来说，HBase 就是一个分布式的数据存储系统，而它的设计思想就是一个字——"大"，因为 HBase 源于 Google 公司的 BigTable，主要体现在以下三个方面。

(1) 数据量可以很大，可以有很多行。

(2) 数据维度可以很多，可以有很多列。

(3) HBase 可以在很多台服务器上运行。

读者们可能观察到，在上述的描述中，我们用的是 "很多" 这个词，而不是一个具体的数字，因为数量究竟大到什么地步也是在变化的。在我们看到的实例中，数量在十亿条以上的数据已经不罕见了，数据维度也可以轻松到达几千个，同时在上千台服务器上运行

HBase 的实例也很常见了。

和普通的数据库不同，HBase 是一个面向列的数据库，而正是这个原因，HBase 不能直接支持 SQL 语句。

和传统数据库相比，HBase 的不同之处在于：

(1)　是 NoSQL 数据库[①]，不是传统数据库；

(2)　不遵从 ACID 原则[②]；

(3)　跨表格的 Join 操作是不被支持的；

(4)　数据可能有重复；

(5)　没有真正意义上的索引，所以也不会出现索引膨胀的问题；

(6)　可以用普通的硬件，不需要用专业的数据库服务器，HBase 的容错性会解决节点的时效性问题。

HBase 并没有试图解决所有在数据库层面出现的问题，只是用来解决海量数据的存储，和业务相关的应用是在 HBase 之上的。那么对于应用程序开发者来说，他们只需要集中处理实际的业务逻辑，而并不需要关心数据库的具体实现。

我们来看一个存储有顾客信息的 HBase 表格，见表 3-1。

表 3-1　HBase 表格内容示例

RowKey (行键)	CustomerName(用户名)	ContactInfo(联系方式)
00011	'FN': 1428859182496:'Ben', 'LN': 1428859182858:'Tan', 'MN': 1428859183001:'Wu', 'MN': 1428859182915:'W'	'EA': 1428859183030:'ben.tan@abc.com', 'MA': 1428859183073:'1 Hadoop Lane, WA 11111'
00012	FN': 1428859173109:'Austin', 'LN': 1428859183444:'Power',	'MA': 1428859185577:'2 HBase Ave, CA 22222'
00013	FN': 1428859183103:'Jane', 'LN': 1428859183163:'Doe',	'MA': 1428859185577:'3 HDFS St, NY 33333',
00014	FN': 1428859563103:'Cody', 'LN': 1428885983163:'Tan',	'EA': 1428859188273:'cody.tan@abc.com',

在表 3-1 中的数据有三列，第一列是 RowKey(行键)，第二列是 CustomerName(用户名)，第三列是 ContactInfo(联系方式)，其内容是以 Column Qualifier:Version:Value 这样的方式存放的，Column Qualifier 是列说明，Version 是版本号，Value 是最终的数值。

说明一下，因为 Column Qualifier 列说明也是存储在 HBase 里占用存储空间的，所以我们一般会用缩写而不是完整的词汇。在表 3-1 中，我们用缩写来表示每一列：

---

① 关于 NoSQL 数据库，请参见第 6 章的内容。

② ACID 是图灵奖获得者 Jim Gray 提出的概念。关于 ACID，请参见第 6 章。

(1) 'FN'是 First Name 的缩写，名；

(2) 'LN'是 Last Name 的缩写，姓；

(3) 'MN'是 Middle Name 的缩写，中间名字；

(4) 'MA'是 Mailing Address 的缩写，邮寄地址；

(5) 'EA'是 Email Address 的缩写，邮件地址。

比如 'FN': 1428854563103:'Cody' 说明顾客的名字是 Cody，而对应的版本号是 1428854563103。

表中 00011 行 MN 出现了两次：

```
'MN': 1428859183001:'Wu',
'MN': 1428859182915:'W'
```

表示 MN 在两个不同的版本中对应于不同的数值，这里的版本号其实是从 1970 年 1 月 1 日世界标准时间之后经历过的系统时间(以微秒计数)。

每一行的键(key)是所有数据中最关键的，因为选择一个好的键可以帮助我们优化数据库存储和查询。

在 HBase 的官方参考书中(http://HBase.apache.org/book.html#schema.casestudies)有专门的篇幅来介绍在 HBase 上如何设计键(key)，其中有些关于日志采集、客户订单的案例是很实用的。

在第 6 章我们还会专门就 NoSQL 和数据仓库的内容展开更加详细的讨论。

3.3 Hadoop 上的各种其他组件

Hadoop 是一个年轻的系统，所以一直有爱好者和程序员们为完善 Hadoop 系统而开发出各种新的组件。在本节中，我们为大家介绍的这些 Hadoop 组件都有可能独立成为一个有价值的开源产品，就像 Hadoop 从 Nutch 项目中独立出来一样。

我们对每个组件的介绍，其篇幅都是比较短的，而其实每一篇继续展开后都可以再做成一本新的书。本节是为了让读者对这些概念不陌生，当后面介绍实际应用的时候大概知道这些组件的功能。

我们并没有把 Hadoop 上所有可用的组件都列出来，尽管还有很多组件也是很重要的。有兴趣的同学可以查阅附录 C 中提供的网站，对 Oozie、Sqoop、Ambari、Avro 和 Zookeeper 等其他 Hadoop 组件的功能和使用方式进行了解。

3.3.1 资源分配系统 YARN

YARN(Yet Another Resource Negotiator)是 Hadoop 上的一个重要的组件，意思是"又一个资源调配器"，它的主要用途就是让其他数据处理引擎能够在 Hadoop 上顺畅运行。

和 YARN 的名字所表示的一样，我们可以把 YARN 理解成一个资源分配器(Resource Manager)，它可以分配的内容包括内存和 CPU 时间，未来还可能包括网络带宽等其他资源。

我们看看如图 3-6 所示 YARN 执行路线。

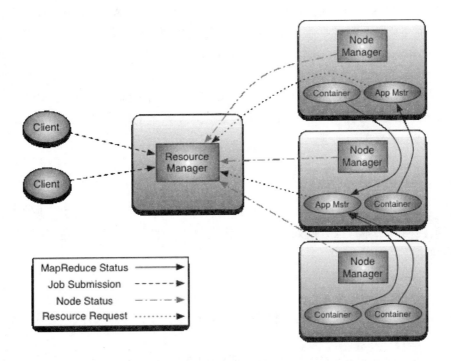

图 3-6　YARN 执行路线

在 Hadoop 上使用 YARN 的步骤如下。

(1) 应用程序向 YARN 提出申请。

(2) YARN 请求 Namenode 上的 Node Manager 创建一个 Application Master 实例。

(3) 新的 Application Master 在 YARN 上注册。

(4) Application Master 访问 Namenode，得到应用程序需要的文件、数据块的名字和具体位置，计算出运行整个应用程序需要的处理资源。

(5) Application Master 从 YARN 上申请所需的资源。

(6) YARN 接受资源申请，把这个申请加入申请队列中。

(7) 当 Application Master 申请的资源可以被使用的时候，YARN 批准 Application Master 实例在指定的数据节点上运行。

(8) Application Master 向 Namenode 节点发送一个 CLC(Container Launch Context，容器启动上下文)，CLC 中包含了应用程序运行所需要的环境变量、安全认证、运行时需要的本地资源以及命令行参数等。

(9) Namenode 节点接受申请，并创建一个容器(container)。

(10) 当容器的进程开始运行的时候，应用程序就开始运行了。

(11) YARN 在应用程序整个运行过程中要保证所有的资源都是可用的，而且如果优先级有变化，YARN 会随时中断应用程序的运行。

(12) 当所有的任务都完成之后，Application Master 把结果发送给应用程序，并解除其在 YARN 上的注册。

如果在 YARN 上运行的是一个 MapReduce 任务,那么 Application Master 会在所有的 map 任务都完成之后,再申请 reduce 任务所需要的资源来处理 map 任务产生的中间结果。

在 YARN 上可以运行的不只是 MapReduce,可以是为 Hadoop 设计的任何程序,比如 Apache Storm。

技术的变化是非常快的,在我们写这本书的过程中,Hadoop 生态圈又发生了变化,Mesos 和 Kubernetes 逐渐占据优势,YARN 被边缘化,有兴趣的同学,可以参见我们在附录中列出来的网站了解相关的细节。

3.3.2 灵活的编程语言 pig

SQL 语言是一种描述性的语言,而这对程序员来说功能是不够的。他们更加希望能够在作查询的同时还做一些数据处理工作,甚至改动一些数据,于是 pig 组件应运而生。pig 是下面两个产品的组合。

(1) 类似 SQL 的描述性查询语言;

(2) 过程性的编程语言。

那么这个组件为什么会叫 pig(猪)这么有趣的一个名字呢?在 Apache 基金会的 pig 项目主页上,是这么说的。

(1) Pigs Eat Anything(猪会吃任何东西)。也就是说 pig 组件可以用来处理任何数据,无论是结构化、非结构化还是嵌套的数据。

(2) Pigs Live Anywhere(猪可以住在任何地方),也就是说 pig 组件虽然是因 Hadoop 而生,但它却可以在任何框架中使用。

(3) Pigs Are Domestic Animals(猪是家养的动物),也就是说 pig 组件的易用性非常好。

(4) Pigs Fly(猪会飞),这个说法很有意思,即 pig 的程序员不想让 pig 组件有太多的负担,不然就飞不起来了。

pig 有两个组成部分。

(1) pig 上的编程语言,Pig latin(pig 拉丁语)。

(2) 能够翻译 Pig latin 的编译器:把用 Pig latin 写的代码转换成可执行的代码。

pig 支持 4 种类型的函数。

(1) 计算函数(Eval)。比如用来计算平均值的 AVG 函数、计算一个数据包中最小项的 MIN 函数等。

(2) 过滤函数(Filter)。用来消除在运算中不需要的行,比如检查数据包是否为空的 IsEmpty 函数。

(3) 加载函数(Load)。用来加载来自外部存储的数据,比如加载纯文本格式的 TextLoader 函数。

(4) 存储函数(Store)。用来把内容存储到外部存储,比如把关系存储到二进制文件的 BinStorage 函数。

pig 和 SQL 对比,它的优势在于可以轻松处理大规模数据集,而且处理方式要灵活得多。

在 pig 上有 4 种基本数据格式。

(1)　Atom。和数据库中的 Field(字段)基本是一致的, 可以是任何字符串或者数字。

(2)　Tuple。一系列 Atom 组成的记录,和数据库中的 Record(记录)基本一致。

(3)　Bag。一些 Tuple 的集合,在集合中的记录都是唯一性的。

(4)　Map。一些 Key-Value 组的集合。

我们用图 3-7、图 3-8 来看这些数据格式具体形式。

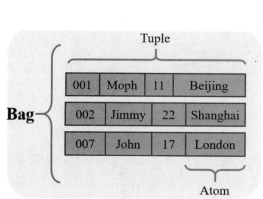

图 3-7　pig 上的一种数据组织方式

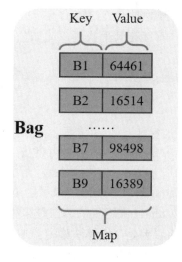

图 3-8　pig 上的 Map 数据组织方式

我们最后看一下来自 intellipaat.com 的一段简单 pig 程序:

```
Lines=LOAD 'input/Hadoop.log' AS (line: chararray);
Words = FOREACH Lines GENERATE FLATTEN (TOKENIZE (line)) AS word;
Groups = GROUP Words BY word;
Counts = FOREACH Groups GENERATE group, COUNT (Words);
Results = ORDER Words BY Counts DESC;
Top5 = LIMIT Results 5;
STORE Top5 INTO /output/top5words;
```

就算不作注释,这段代码的可读性也是非常好的。这段代码做的事情就是把 Hadoop.log 中所有的单词作一个统计,并输出出现频率最高的 5 个单词。

我们从 pig 的名字就可以看出,pig 程序的开发团队是一个很有趣的团队,而他们设计的 Pig latin 编程语言也很好地保持了三个特性。

(1)　KISS(Keep It Simple Stupid),保持简单的原则。

(2)　pig 程序很聪明。因为猪是很聪明的动物,所以 Pig latin 的编译器能够很有效地作好优化,这样程序员们就能够专注于他们自己的主要任务。

(3)　pig 程序是可扩展的,所以程序员们可以添加特有功能来处理他们自己独特的商业问题。

3.3.3 数据挖掘工具 Mahout

在 Hadoop 上，让统计模型作独立的 MapReduce 计算不是一件容易的事情，因为：

(1) 一般的统计模型计算都是串行的，后面的计算会基于之前的结果；

(2) 如果通过创建"线程"来作并行计算，线程之间可能需要数据的共享；

(3) 大部分统计学专家并不了解 MapReduce 模型的细节。

所幸的是，Hadoop 上有专门的组件来帮助用户解决这些问题。Mahout 就是这样的一个 Apache 开源项目，它提供了基于 Java 语言的分布式数据挖掘算法程序库，一些通用的数据挖掘算法都能在其上找到，比如分类算法、聚类算法、协同过滤算法、关联规则分析等。

Mahout 对这些算法在 Hadoop 上运行作了优化，不过它同时也可以在 Hadoop 环境之外独立运行。

Mahout 最终的输出结果可以是 JSON 和 CSV 格式，也可以是其他定义的格式。

在 Mahout 上运行的算法越来越多，不过可能依然不能满足某一个用户的特定需要，而最主要的原因是，把算法移植到 Hadoop 平台上并不是一件轻松的活儿。这时，可能需要引入另外一个工具：R 语言。

3.3.4 专注于数据挖掘的 R 语言

人们对 R 语言的描述有很多，通常的定义为：一个能够自由有效地用于统计计算和绘图的语言和环境，又或者是用于统计分析、数据挖掘等各个数据领域的应用软件。在外界对 R 语言的众多介绍和定义中，笔者比较喜欢 Google 首席经济学家 Hal Varian 对它的描述：R 语言的美妙之处在于您能用它做各种各样的事情，这归功 R 上可以免费使用的程序包，所以有了 R，您可以真正站在巨人的肩膀上。

R 是由统计学家设计的，所以它处处都打上了统计工具的烙印，即为了更好地方便没有计算机编程基础又渴望对数据进行分析挖掘的统计学者，R 语言拥有完整体系的数据分析工具，而且为数据分析结果的显示提供了强大的图形功能。

R 语言汇集了面向对象语言(Objected Oriented Language)和数学语言的特点。它的基本语法结构主要有以下内容。

(1) 标准的和基于各种设备的输入输出；

(2) 面向对象编程方式和数学编程方式；

(3) 分布式计算结构；

(4) 引用程序包；

(5) 数学和统计学各种函数，包括基本数学函数、模拟和随机数产生函数、基本统计函数和概率分布函数；

(6) 机器语言学习功能；

(7) 信号处理功能；

(8) 统计学建模和测试功能；

(9) 静态和动态的图形展示。

读者可以到 R 语言的镜像站下载最新版本的 R 来体验它强大的功能：http://cran.r-project.org/。这里的 cran 是 Comprehensive R Archive Network(R 综合典藏网)的英文首字母缩写，它除了收藏了 R 的执行文件下载版、源代码和说明文件，也收录了各种用户撰写的软件包。到目前为止，全球有超过一百个 CRAN 镜像站，提供了数千个软件包，而且几乎所有通用的数据挖掘算法都有对应的软件包。

不过，R 语言和 Hadoop 的结合也不是那么容易的。在 R 语言的早期版本中，要求所有的数据都加载到同一台计算机的内存中才能运行，所以能够处理的数据规模是有限制的。

在过去的几年中，R 语言的支持者们一直在努力把 R 语言和 Hadoop 结合在一起，这样就能充分利用 Hadoop 的可扩展性和 R 语言的数据挖掘能力。RHive、RHadoop、Revolution R 以及 IBM 的 BigInsights Big R 都是这样的尝试。

3.3.5　数据仓库工具 Hive

Hive 是蜂巢的意思，而我们这里说的 Hive 是 Hadoop 上的数据仓库工具。

Hive 的作用就是提供数据整合、查询和分析的功能，它能提供简单的 SQL 查询功能，可以将 SQL 语句转换为 MapReduce 任务进行运行。

Hive 系统提供了类似 SQL 的查询语言 HiveQL，其语法和 MySQL 的语法基本一致，比如下面的命令可以新建一个表：

```
CREATE TABLE animals(animal STRING, weight INT, length INT)
ROW FORMAT DELIMITED
    FIELDS TERMINATED BY '\t';
```

需要注意的是，这条命令中的 ROW FORMAT 子句，它是 HiveQL 定义的，说明数据文件是由制表符"\t"分隔开的文本所构成的。

Hive 上的核心部件主要如下。

UI：用户界面，Hive 提供命令行界面(Command Line Interface)和图形界面(Graphical User Interface)。

Driver：驾驶部件，这个部件提供 JDBC/ODBC 的接口。

Compiler：编译器，这个部件解析 Query，作语义分析，最终生成执行计划。

Metastore：宏存储，这个部件保存了数据仓库中不同表格和分区的结构信息。

Execution Engine：执行引擎，这个部件负责执行 Compiler 生成的执行计划，这个计划其实是不同阶段的 DAG(有向图)。

Hive 的执行流程如图 3-9 所示。

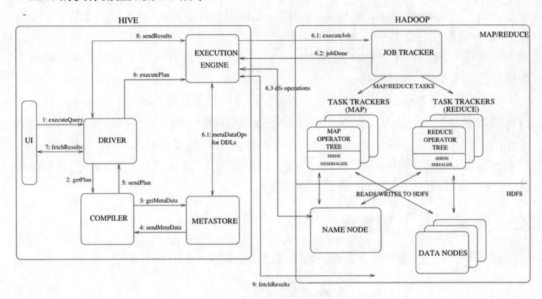

图 3-9　Hive 的执行流程

图 3-9 中 Hive 的执行流程具体如下。

(1)　UI 调用 Driver 上的接口开始作 Query(查询)。

(2)　Driver 为 Query 创建一个 Session Handle(会话手柄)，并把 Query 发送给 Compiler(编译器)，生成一个执行计划。

(3)　Compiler 向 Metastore(宏存储)请求宏数据。

(4)　Metastore 返回宏数据给 Compiler。

(5)　Compiler 把生成的执行计划返回给 Driver。

(6)　Driver 把执行计划提交给 Execution Engine(执行引擎) 。

(7)　UI 向 Driver 申请结果。

(8)　Driver 从 Execution Engine 获取结果。

(9)　Execution Engine 从 Hadoop 系统上获取结果。

前面介绍过，Hadoop 上原生的数据库系统 HBase 是不支持 Join 操作的，而在 Hive 系统中，Join 操作是可以实现的。

3.3.6 数据采集系统 Flume

Flume 是 Apache 旗下的一款高可靠、高扩展、容易管理、支持客户扩展的开源数据采集系统。Flume 使用 JRuby 来构建，所以也依赖 Java 运行环境。

Flume 可以有效地收集、整合大量的数据。对于数据流，Flume 用一个很简单灵活的架构来处理，如图 3-10 所示。

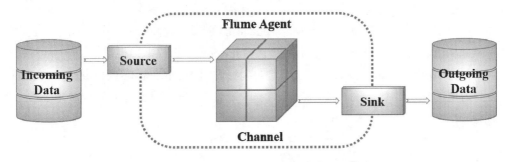

图 3-10 Flume 数据流向

图 3-10 中从数据来源(Incoming Data)到数据流出(Outgoing Data)，每一个 Flume 的中间节点都有三个组成部分。

(1) Source，数据源，负责接收数据，并把数据写入管道。

(2) Channel，管道，负责缓存从数据源到下水道的中间数据。

(3) Sink，下水道，负责从管道中获取数据并且分发给下一个接收数据的节点，可能是下一个 Flume 节点，也可能是最终的目的地。

读者可以到 Flume 的官网上了解更多的细节：https://flume.apache.org/。

对于非结构化的文件，Flume 不如 Kafka 容易处理，所以在本书的案例中，Kafka 出现的概率会高一些。

3.4 Spark 和 Hadoop

随着 Hadoop 在各个领域中的应用，大家逐渐发现了 MapReduce 框架存在的局限性，于是就有很多程序员探讨如何设计出一些新的框架来。

在这些新的框架中，脱颖而出的就是 Spark。

3.4.1 闪电侠出现了

在前面介绍的 MapReduce 计算引擎满足健壮稳定性和高可扩展性的特点，但是其处理能力在有些场景下无法有效满足企业的功能和性能需求。

Spark 最早是在 2009 年由加州伯克利分校的研究人员开发出来的，之后其代码被贡献给阿帕奇基金会 ASF。到 2015 年，Spark 系统拥有超过 1000 名贡献者，使得 Spark 成为最活跃的开源大数据项目之一。它的处理能力和扩展性都不错。相比之下，其他一些 SQL on Hadoop 方案如 Flink 等，目前还处在发展的早期，不适合商用；有些对应的其他方案存在可扩展性的问题，在数据量很大的情况下(如 100TB 级别)无法通过硬件资源的增加来解决，只能处理特定数据量级别的需求。

Spark 是针对 MapReduce 存在的问题，想要取而代之的一个新的开源项目。Spark 不同于 MapReduce 的最大特点是中间输出结果可以保存在内存中，从而不再需要读写 HDFS，因此 Spark 能更好地适用于数据挖掘与机器学习等需要迭代的算法。

在 Spark 出现之后，很多原本基于 MapReduce 的算法都逐渐转向 Spark 引擎。比如在 2014 年，Mahout 就宣布不再接受任何新的基于 MapReduce 的数据挖掘算法。

Spark 官方网站(http://spark.apache.org/)上的副标题是 Lightning-fast cluster computing，意思是快似闪电的集群计算，同时我们看官网上的一张 Hadoop 和 Spark 的速度对比图，如图 3-11 所示。

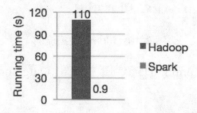

图 3-11　Hadoop 和 Spark 的速度对比

据 Spark 官方宣称：

(1)　Spark 在内存运行的速度是 MapReduce 框架的 100 倍；

(2)　Spark 在硬盘上运行的速度是 MapReduce 框架的 10 倍以上。

当然，今天 Spark 在稳定性和健壮性方面还存在问题，还需要在应用中逐步解决。

3.4.2　大数据领域的 Taylor Swift

在 2015 年的一次大数据领域的调研之后，大家惊呼 "Spark 已经成为大数据领域的 Taylor Swift"，如图 3-12 所示

因为 Taylor Swift 是历史上唯一一位拥有 3 张周百万销量专辑的知名歌手，这说明 Spark 在 2015 年已经成为大数据领域的超级巨星。

到今天，Spark 在各个领域都得到了广泛的应用。据我们所知，腾讯、新浪等互联网公司都已经在实际场景中用 Spark 来作数据流处理。

我们可以认为 Spark 是对 Hadoop 的有效补充，因为在

图 3-12　Taylor Swift

Hadoop 系统上，是可以直接运行 Spark 的。Spark 和 Hadoop 的匹配度是很高的，大数据从业者们完全不必要为了应用 Spark 而放弃 Hadoop。Spark 可以读取 Hadoop 上的任何数据。

从技术选择的角度考虑，Spark 引擎如果能够有效地解决稳定性和健壮性问题，则会成为分布式计算引擎的一个不错选择。

关于 Spark 的稳定性问题，系统的使用者们一直都颇有微词。对比于开源的 Spark，星环科技自主研发的 Spark 引擎已经有效地解决了稳定性方面的问题，而且这个引擎已经在 100 多个商业项目中投产应用，用实际证明了选择 Spark 进行产品化是一个行之有效的方法。

3.4.3 Spark 的架构

Spark 是一个类似于 MapReduce 的分布式计算框架，其核心是弹性分布式数据集，提供了比 MapReduce 更丰富的模型，可以快速在内存中对数据集进行多次迭代，以支持复杂的数据挖掘算法和图形计算算法。

Spark 借助于新的计算容错思想，通过定义弹性分布式数据集(Resilient Distributed Dataset, RDD)来实现容错。RDD 是一种数据结构的抽象，它封装了计算和数据依赖，数据可以依赖于外部数据或者其他 RDD，RDD 本身不拥有数据集，它只记录数据衍变关系的谱系，通过这种谱系实现数据的复杂计算变换。在发生错误后，通过追溯谱系重新计算完成容错。如果计算的衍变谱系比较复杂，系统支持 checkpoint 来避免高代价的重计算发生。图 3-13 为 RDD 的 lineage 关系图，每个椭圆表示一个 RDD，椭圆内的每个圆圈表示该 RDD 的一个 Partition。

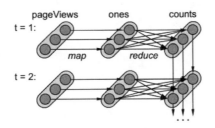

图 3-13 Spark 上 RDD 的 lineage 关系

图 3-14 是 Spark 的创始人 Matei Zaharia 所描述的 Spark 架构。

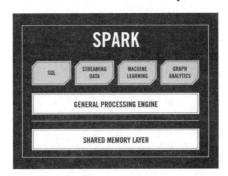

图 3-14 Spark 的创始人 Matei Zaharia 所描述的 Spark 结构图

Spark 支持的语言包括 Java、Scala、Python、R 语言和 SQL。在 Spark 上做应用非常简单，例如，在 KDnuggets 上用 Python 和 RDD 来计算字数(word count)，代码如下。

```
# Open textFile for Spark Context RDD
text_file = spark.textFile("hdfs://...")

# Execute word count
text_file.flatMap(lambda line: line.split())
    .map(lambda word: (word, 1))
    .reduceByKey(lambda a, b: a+b)
```

图 3-15 所示是 Spark 可以调用的库。

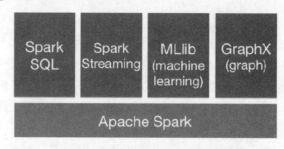

图 3-15 Spark 可以调用的不同库

我们可以把 Spark SQL 理解成在 Spark 系统上的 Hive。在 Spark SQL 上，可以同时访问不同的数据源，如 Hive、Avro、Parquet、ORC、JSON 和 JDBC 等。比如：

```
context.jsonFile("s3n://...")
    .registerTempTable("json")
results = context.sql(
    """SELECT *
    FROM people
    JOIN json ...""")
```

MLib 是 Spark 上机器学习的库，相当于 Hadoop 系统上的 Mahout。在 Hadoop 的系统上，我们可以直接运行 Spark 和 MLib。

Spark 1.6 中引入了 Dataset(数据集)概念，使编程更加简单。我们来看 Person(人)在系统中是怎样定义的：

```
// Define a case class that represents our type-specific Scala JVM Object
case class Person (email: String, iq: Long, name: String)

// Read JSON file and convert to Dataset using the case class
val ds = spark.read.json("...").as[Person]
```

3.4.4 Spark 和流处理

Spark Streaming 是一种构建在 Spark 上的实时计算框架，它扩展了 Spark 处理大规模流式数据的能力。

Spark Streaming 对 Spark 核心 API 进行了相应的扩展，支持高吞吐、低延迟、可扩展的数据流处理。Spark Streaming 其实相当于在 Spark 系统之上实现了 Apache Storm。

Spark Streaming 的基本原理如图 3-16 所示。Spark Streaming 把实时输入数据流以时间片 Δt 为单位切分成块，再把每块数据作为一个 RDD (Resilient Distributed Datasets，弹性分布式数据集)，并使用 RDD 操作处理每一小块数据。每个块都会生成一个 Spark Job 处理，最终结果也返回多块。

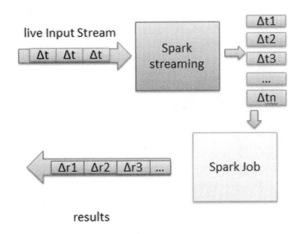

图 3-16　Spark Streaming 工作示意

使用 Spark Streaming 编写的程序与 Spark 程序非常相似，它通过操作 DStream(表示数据流的 RDD 序列)提供的接口实现功能，这些接口和 RDD 提供的接口类似。

第 4 章

Hadoop 的价值

在本章中我们为读者解释一下这些内容：

❖ 企业 IT 会面临什么样的挑战？

❖ 数据分析要考虑哪些问题？

❖ 新的 IT 架构有哪些需求？

❖ Hadoop 系统适合解决什么问题？

❖ 去 IOE 究竟是什么？

❖ Hadoop 和 Spark 上最常见的项目有哪些？

我们信仰数据，相信用互联网和相关技术来解决问题的本质就在于数据，而大数据技术就是能够驱动传统企业转型的发动机。

在本章中我们首先讨论的是企业和机构在今天面对的挑战和遇到的问题，解释新的 IT 架构的需求。然后介绍 Hadoop 能够解决的问题。在解释了去 IOE 的概念之后，最后描述 7 种最常见的 Hadoop 项目类型。

4.1 大数据时代需要新的架构

在移动互联时代，传统架构的 IT 系统遇到了非常多的挑战，如果它的架构不能作更多的演变，是无法适应今天的状况的。

4.1.1 企业 IT 面临的挑战

我们来看下企业 IT 面临的挑战。

首先最大的问题是数据增长非常迅速，导致原有的数据体系在处理这些数据时存在架构上的问题，这是无法通过业务层面的优化来解决的。比如一个省级农信社审计类的数据通常在十几 TB，现有基于关系数据库或者 MPP 的数据仓库方案已经无法处理这么大数据，亟须一种新的具有更强计算能力的架构设计来解决问题。

其次，随着业务的发展，数据源的类型也越来越多。很多行业的非结构化数据的产生速度非常快，使用传统 Oracle/DB2 的数据仓库并不能很好地处理这些非结构化数据，往往需要额外构建一些系统作为补充，而这些架构是拼装上去的，所以和原来的系统并不能有机地结合在一起。

再次，在一家比较大的企业内部，因为业务比较复杂，企业内部可能会有几百个数据库，或者在同一个数据库上有上千张表单，各自的设计和建设方案也不同，没有一个简单的办法将数据统一到一个数据平台上。因此需要一个类似数据库虚拟化的技术，能够通过有效的方式将各个数据库或者数据源统一化，有效地进行数据分析和批处理。而在过去，这个技术并不存在。

最后，普通的数据库没有提供搜索和数据挖掘的能力，而这些已经是企业的刚需。譬如金融行业需要使用复杂的数据挖掘方法代替传统的规则引擎来作风险控制，而这将无法在基于关系数据库的方案中得到解决。

如图 4-1 所示，根据对数百家企业的调研，Tintri 公司发现，在今天大数据量的情况下，2016 年企业对于数据存储前 5 位的痛点是：

(1) 数据可管理性 49%(2015 年是 39%)。
(2) 数据系统性能 46% (2015 年是 50%)。
(3) 数据扩展性 42% (2015 年是 40%)。
(4) 成本 41%(2015 年也是 41%)。

(5)　运营成本 32%(2015 年是 28%)。

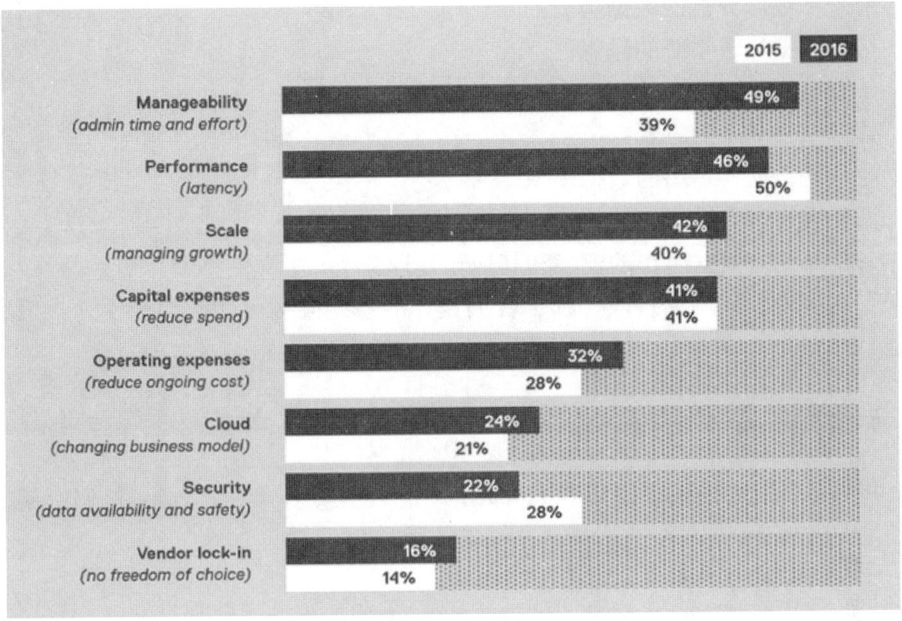

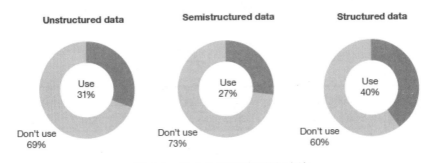

图 4-1　企业数据存储痛点的比较

4.1.2　数据分析要考虑的问题

即使我们将上一节中提到的这些数据都存储起来了，那么这便意味着我们已经使用这些数据了吗？答案是否定的。

从图 4-2 中我们看到，对于结构化的数据，有 40%被使用(也就是说 60%没有被使用)；非结构化的数据，只有 31%已经被使用；而对于半结构化的数据，只有 27%被使用。这张图是从全球 1805 位企业数据决策者处调研得出的结果，如果把很多还没有很好应用数据技术的企业再加入，那么这个比例还会更加低。

图 4-2　被企业使用到的数据占比

事实上，如果我们不能充分分析这些数据，那么存储再多的数据都是没有意义的。我们来看一下作大规模数据分析需要考虑的因素。

(1) 需要作数据分析的数据量；

(2) 用来作数据分析的数据类型；

(3) 这些数据加进系统的频率；

(4) 计算结果呈现出来的速度；

(5) 数据结果呈现的方式；

(6) 对这些数据要运用的数据模型；

(7) 需要对这些数据所作的计算；

(8) 需要对这些数据所作的变换和其他预处理。

对于上述因素，不同的答案，那么我们设计的系统架构可能是不一样的。虽然这本书讲述的是 Hadoop，但并不是所有基于数据的系统都要用 Hadoop 来实现。

4.1.3　新的 IT 架构的需求

通过和很多传统企业的老总以及 IT 部门负责人的沟通，我们总结了他们所期望的新架构需要满足的条件。

(1) 在性能上必须满足要求；

(2) 这些架构要能够循序渐进，先和现有的 IT 架构作融合，然后替换；

(3) 最好已经有差不多量级的企业有实施的先例；

(4) 可扩展性好；

(5) 性价比高。

成本的考量一定是每一个 CTO 都在计算的，不过他们最看重的不一定是硬件或者一套软件的费用，而是 TCO(Total Cost of Ownership，总拥有成本)，也就是说采纳某一项技术需要承担的总体成本，包括从产品采购到后期使用和维护的总的成本。[①]

当应用了 Hadoop 系统，我们不再需要选用高质量的专用的硬件，而且可以选择普通的硬件。

如图 4-3 所示，今天市场上 Hadoop 系统的应用，其量级多是在 100GB～1EB。根据我们的经验，数据在 10TB～10PB 是 Hadoop 系统能发挥最大能力的范围区间。

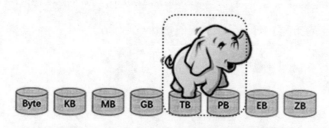

图 4-3　Hadoop 适合使用场景的数据量级示意

---

① 正是因为考虑到 TCO，所以我们才会经常不采购最廉价的硬件或者接受最低报价软件供应商的合约。走最低价路线在短期内可能可以省钱，不过从长线上来看会有较高的维护和替换成本，从而导致 TCO 偏高。

随着平台技术的进步，应用系统的设计也将发生重大变化。以前，一套系统包括前端、中间件、数据库等多个模块，系统耦合性高，构建复杂。未来的大数据系统上的各种应用可以微服务化，所有的功能由小的服务模块组建而成，依靠依赖性让系统自动把应用打包集装，极大地促进了应用迁移的便捷性。

有了这样一个系统之后，我们可以轻易地建造由几万个容器组成的应用系统，在上面可以运行几千个应用，它可以在几分钟之内扩展到上千个容器的规模。同时，它的资源隔离性也很好，满足多租户对资源共享、抢占的要求。

4.2 Hadoop 能解决的问题

在企业中，大数据分析方面的诉求有实时和非实时之分。

(1) 实时的数据分析包括对线上请求数据和来自各种数据源的数据流进行实时分析，用来发现需要关注的用户行为和事件，并予以及时预警或处理。比如对物联网设备反馈数据的实时收集，用来展现系统运行健康状况以及系统预警等。

(2) 非实时的数据分析包括我们对用户行为的分析，用来帮助优化产品设计、指导产品运营，对海量数据进行统计分析，来形成业务对标数据等。

对于大部分企业来说，非实时的数据分析是主流，而这些分析系统往往都是 Hadoop 系统可以大展拳脚的地方。当然，随着时间的迁移，Hadoop 系统也在不断演化，在第 12 章中我们可以看到应用在实时系统上的 Hadoop 应用案例。

4.2.1 Hadoop 适合做的事情

Hadoop 作为大数据系统可以做很多事情，比如，数据长期的存储、日志分析、搜索、推荐系统、欺诈分析、图片分析、图像处理、竞品分析、物联网传感器数据分析等。

我们之所以会选择 Hadoop 而不是其他的大数据技术，主要是因为 Hadoop 系统具有以下这些功能和特点。

(1) 对海量数据的快速存储。

(2) Hadoop 的分布式计算模型能够对海量数据作快速的计算。

(3) 相对于其他的方案，Hadoop 系统的性价比较高。

(4) 可以存储结构化或者非结构化数据。

(5) 可以通过添加节点的方式快速扩展系统。

(6) 容错率高，当软硬件出错后系统都能继续运行。

场景： 优化邮件服务器的地理位置

一家全球性的互联网公司需要部署新的邮件服务器，希望这些服务器节点选择的地理位置能够更好地服务于公司中的大部分员工。

他们公司内部所有的历史邮件都备份在 Hadoop 上。公司的 IT 部门对所有邮件的收发点作了分析，找出每份邮件收发端的所有地理位置分布。

这里他们借助的是图论中的最短路径算法。在分析了几个 TB 的邮件数据之后，他们能很清晰地描绘出需要的所有信息。

根据这些信息，他们架设的邮件服务器地理位置是最优的，确保整体的邮件收发时间和网络传输时间达到最小。

4.2.2　Hadoop 对系统数据安全性的保障

存储在 Hadoop 平台中的数据，通过统一的分布式存储 HDFS，可以将数据的访问和存储分布在大量服务器之中，在可靠地多备份存储的同时，还能将访问分布到集群中的各个服务器之上。

Hadoop 默认采用 3 份副本(如果你是一个追求极致的人，可以把这个数字调得更高)以保证数据的可靠性，在发生磁盘故障或者任意节点宕机的情况下，也不会发生服务以及业务的中断。

Hadoop 还会自动进行副本的复制以恢复每个数据达到 3 个副本的存储。

对于星环的 Hyperbase (HBase) NoSQL 数据库中的数据，还可以利用 Hyperbase 的 Replication 机制做到实时备份数据，保证了 Hyperbase NoSQL 数据库中数据的完整性。

4.2.3　数据流与数据流处理

所谓数据流，指的是一个持续不断到达的无序的数据集。而数据流处理是把连续不断的数据输入分割成单元数据块来作处理和数据分析。

比如 Apache Storm 就是一个流处理框架，和我们在 MapReduce 框架中看到的情况不同，Storm 所面对的不是已经存储在系统中的数据，而是持续不断到来的数据流。

当源源不断的数据流过系统时，系统能够不停地连续计算，所以流式处理没有什么严格的时间限制，数据从进入系统到结果出来可能需要一段时间。

我们用一个案例来为读者介绍数据流处理的应用。

案例：快递行业中的流处理应用

1. 简述

国内某物流公司利用大数据技术建立全新的 Hadoop 系统，应用流处理技术有效地帮助公司进行信息实时处理和分析，提高了物流公司的效率。

2. 背景

我国快递行业公司众多，彼此竞争极为激烈，在人工价格上升的趋势下还要维持服务的低价并且盈利，就必须严格控制成本。而每年类似于"双十一"的电商促销活动会给快递公司的处理能力施加远高于平时的压力。它造成快递业务需求在短期内呈现急速增长的态势，大量物流公司陷入两难境地，如果不加入其中，在这么大的业务量面前，市场份额就会被别的公司抢占；如果加入，自身的运营能力和扩容能力将受到非常大的挑战。

因此，怎样缓解特殊时期的爆仓，对全国各处的快件状态进行实时监控，成为所有快递公司的难题。

3. 问题思考

快递生产环节中的数据具有量大、类型复杂、结构杂乱的特点，上层应用对实时性要求很高，传统数据库根本无法满足快递公司对实时信息查询和监控的需求。

我们考虑使用数据流处理来替换原有的方式，然而数据流处理唯一的限制是系统长期的输出速率应当快于或至少等于输入速率，否则，不管是在内存、闪存还是硬盘中处理，资源空间早晚都会耗尽的。就像雪崩效应，系统可能会越来越慢，数据越积越多。

4. 用户需求

客户需要搭建一个大数据平台来对它在全国的揽投部、处理中心和集散中心的数据，以及处在不同状态的快件数据进行实时处理。此平台需要将 ESB(企业生产总线)传递过来的数据实时动态加载进数据库，进行快速处理和统计并且实现实时数据查询。

5. 解决方案

客户最终选择的方案是星环科技 TDH 的系统架构，如图 4-4 所示。

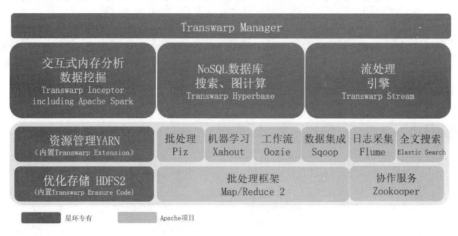

图 4-4　TDH 系统结构示意

在这个项目中，所有组件中起主要作用的是流处理组件、分布式 NoSQL 数据库和分布式内存计算 SQL 引擎。

流处理组件的实时流处理引擎以 Spark Streaming 为基础提供强大的流处理能力，它拥有以下特点。

(1)　更强的表达能力。支持 DAG 计算模型。

(2) 丰富的输出方式。包括 HBase、告警页面、实时展示页面。

(3) 广泛的应用场景。包括传感器网络处理、服务监控、反作弊。

Spark Streaming 的优势如下。

(1) 能运行在 100+的节点上，并达到秒级延迟。

(2) 使用基于内存的 Spark 作为执行引擎，具有高效和容错的特性。

(3) 能集成 Spark 的批处理和交互查询。

(4) 为实现复杂的算法提供和批处理类似的简单接口。

分布式 NoSQL 数据库的实时在线数据处理引擎以 Apache HBase 为基础，是企业建立高并发在线业务系统的最佳选择。

分布式内存计算 SQL 引擎中的内存分析引擎提供大数据的高速交互式 SQL 统计和 R 语言挖掘。

6. 实施效果

新平台通过此项目在国内乃至全球的快递行业中首次用大数据Hadoop发行版实现了快递公司生产环节数据的实时监控。

实时数据处理如图 4-5 所示，首先，系统从 ESB 总线和网络文件中加载数据到流处理组件集群中进行处理；处理完毕后，存入分布式 NoSQL 数据库，在这里提供 API 给上层 J2EE 应用，也可以提供 JDBC 接口给上层 J2EE 应用进行实时数据查询。

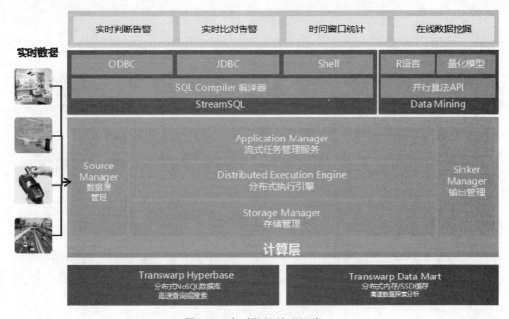

图 4-5　实时数据处理示意

具体效果有以下三点。

(1) 实现了数据的实时导入。超快速的数据导入速度可以轻松应对电商平台促销时突如其来的大批量信息。

(2) 数据处理时间迅速。强大的流处理组件使得快递公司在"双十一"暴增的需求信息可以被快速处理和存储。

(3) 实现了简单高效的数据查询。物流公司相关人员在系统上进行相关查询只需要花费秒级的时间，即可得知快件的实时状态，使其在海量的快递业务中可以快速发现快件的积压、遗失、破损等情况，从而可以迅速地制定相应的处理办法。

4.3　去 IOE

在 Hadoop 出现之前，面对大量的数据，用户往往倾向于选择昂贵的专用硬件，特别是系统中的数据比较重要的时候。当我们的系统在大规模使用 Hadoop 之后，就可以不再依赖于昂贵的数据库服务器了，因为这类机器的性价比相对较低。我们可以采用一些相对廉价的服务器来构建一个集群，以达到同样的存储性能和效果，而价格却相对较为低廉。

在今天的真实场景中，面对庞大的数据信息，企业需要对数据库进行升级。基于小型机 DB2 或 Oracle 架构的传统数据库是依靠纵向扩展来进行升级的，也就是通过提升服务器本身的性能来提高数据库的处理能力。而更大更强的服务器价格高昂，但性能的提升却是有限的。企业为自己的传统数据库作纵向扩展只会钱越花越多，收效越来越少。

Hadoop 架构很好地解决了数据库扩展的瓶颈，它把数据库设计部署在经济实惠的硬件上，通过横向扩展，便可无限地提升数据库的数据处理能力。

随着业务的发展，数据源的类型也越来越多。很多行业的非结构化数据的产生速度非常快，使用传统 Oracle/DB2 的数据仓库并不能很好地处理这些数据，往往需要额外构建一些系统作为补充。

IOE 指由 IBM 服务器、Oracle 数据库和 EMC 存储设备构成的从软件到硬件的企业数据系统。IOE 占据了全球商用数据库的大多数市场份额，其在业内的垄断，导致整套系统维护费用非常昂贵。2015 年 5 月 17 日，阿里巴巴最后一台小型机下线，标志着阿里已经实现去IOE 化。阿里去 IOE 为市场带来了成功范本，证明"去 IOE"是可行的。[①]

当然，我们提倡去 IOE 并不是说一定要摒弃 IBM、Oracle 和 EMC 的服务，我们的观点从来都是从实际应用的角度出发，在合适的场景下应用合适的产品。

---

① 八卦一句，"去 IOE"这个口号颇有些阿里份儿。的确如此，"去 IOE"的口号就是匿号 MySQLOps 的金官丁同学在阿里担任 DBA 的时候首先提出的，当初他的文章颇引发了一些业内的讨论。有兴趣的同学可以关注他的微信号"mysqlops2016"。

有的时候，单点故障会对整个集群产生我们不可以接受的负面影响；还有的时候，我们并没有足够的人力来及时替换故障的设备，从而对整个系统造成影响。在这些场景下，我们可能并不急于用分布式的架构来代替原有的这些设备。

我们认为，传统的企业 IT 架构会慢慢向 Hadoop 迁移，在未来的大概两三年，企业的传统 IT 架构慢慢就会被 Hadoop 取代。未来，Hadoop 会成为各个企业数据仓库的中心。

案例：打造 Hadoop 数据仓库，恒丰银行的去 IOE 行动

1. 简述

恒丰银行将 IOE 系统数据仓库成功迁移至 Hadoop 大数据平台，以原来 1/3 硬件投入获得了 5～10 倍的性能提升，成功解决了困扰商业银行多时的难题，标志着国内银行数据仓库应用正式进入大数据时代。

2. 背景

我们来看本案例的主角恒丰银行。

恒丰银行于 2003 年改制为股份有限公司，成为一家全国性股份制商业银行。十多年的股份制经营，使恒丰积累了大量的业务数据，建立了结构完整、规模庞大、业务繁杂的基于 IOE 体系的数据仓库。

该数据仓库在接入 30 多个业务系统数据源后，通过 ETL 服务器导入数据；配套监管数据集市、经营分析集市等几个数据集市，为下游十几个监管应用、报表应用和监管报送系统提供数据基础；同时也通过数据分发系统为各分行提供数据下发服务，是一个典型的接入数据源多、处理数据量大、面向应用多样的数据仓库。

3. 问题分析

一方面，随着恒丰的发展，其数据仓库接入的数据量急剧增长；另一方面，通过与外部机构跨界合作的展开，半结构化数据、非结构化数据也越来越多，IOE 数据仓库体系不但在硬件升级成本上面临巨大压力，在数据处理的功能上也难以扩展增强。

与大数据平台相比，IOE 体系传统数据库具有明显劣势，如图 4-6 所示。

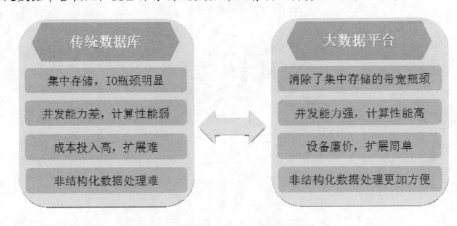

图 4-6　传统数据库和大数据平台示意

在 IO 吞吐量上，传统关系型数据库访问由于集中存储的带宽瓶颈，在系统 I/O 读写性能上有限，IOPS 值(每秒进行读写操作的次数)难以提高。大数据技术消除了集中存储的带宽瓶颈，理论上 x86 服务器可无限扩展，能获得极高的 IOPS 值。另外，通过运用 SSD 介质的快速硬盘，能够进一步加快读写速度。

在并行计算能力上，传统数据库大部分不支持异步 IO，服务线程切换代价太高，锁操作严重影响并发能力。大数据框架针对高并行计算需求设计，大多采用异步无锁和数据自治的高并发框架，包括 Hadoop 与 Spark，提供可线性增长的数据并行处理能力。

在设备成本投入上，小型机价格不菲，主备模式对计算资源构成浪费；软件系统维护费用高昂。大数据平台通过数据存储的节点间冗余增加容错能力，计算资源能充分利用，节省昂贵的集中存储设备投入；x86 集群搭建的成本远远低于小型机。

出于实际业务需求与战略发展，恒丰着手搭建基于 Hadoop 的大数据平台，将原有基于 Oracle 产品的数据仓库进行迁移。

4. 系统目标

现阶段数据处理技术方面，恒丰数据仓库已经实现离线批处理，新的大数据平台需要实现实时流处理，开展实时服务，如实时预测分析欺诈、洗钱等行为。

在业务服务方面，现阶段智能实现数据存储、联机查询与统计分析，新平台需要数据探索与业务预测、决策支持、自主学习等能力，如开放历史数据集群、通过可视化工具自主数据探索等。

在客户分析方面，基于各种客户数据和客户行为数据，实现客户分类分析、客户差异化分析、客户推荐系统、客户流失预测等。

在风险分析方面，基于银行交易和客户交互数据进行建模，借助大数据平台快速分析和预测再次发生或者新的市场风险、操作风险等。

在经营管理方面，基于企业内外部运营、管理和交互数据，借助大数据平台，将长期的、海量的、各种类型的数据(包括企业历史业务数据)以低成本的、可方便扩展的方式存储起来，进行一些 SQL 技术并不适合的高效的分析工作，分析企业经营和管理绩效。

实时应用上，基于企业内外部交易和数据建模，实时或准实时预测和分析欺诈、洗钱等非法行为，遵从法规和监管要求。

5. 规划

基于上述目标，恒丰规划了四大应用平台。

(1) 数据管理平台。逐步替代传统数据库与数据仓库的数据管理平台，支持海量数据高效采集、存储、加工；实现元数据与标准化管理和多租户资源管理。

(2) 数据探索平台。基于海量历史数据，面向业务分析团队的数据探索和业务建模平台。

(3) 快速开发平台。高并发低延迟的微服务架构，为实现数据可视化及分析预测的应用开发提供平台基础。

(4) 高性能计算平台。这是一个并行计算架构，利用大数据集群的高性能实现诸如模型计算、多目标规划高性能计算需求的项目。

搭建大数据平台不是一朝一夕之事，为此恒丰制订了一系列阶段性计划。

第一阶段：完成大数据产品选型并重构数据仓库体系，同时搭建一套历史数据平台，为存储及查询历史数据奠定基础；搭建大数据应用开发平台；近期基于大数据平台推出风险数据服务集市，为信贷工厂业务提供大数据咨询支持。

第二阶段：完善公共数据模型，并扩展使用广度；向业务团队提供自主探索和分析建模的功能工具，以及落地有效的应用场景。

第三阶段：改进和完善大数据应用开发平台，结合外部数据对现有应用进行大数据上的重构，在实时分析计算领域开发出有价值影响力的应用。

第四阶段：实现大数据平台自主学习的功能，与外部应用系统深度整合，实现高性能计算与深度学习模块，使大数据平台具备业务预测和辅助决策的能力。

6. 解决方案

经过大量产品调研和技术预研，并花费 3 个月时间与相关厂商进行技术交流和严格的产品 POC 测试，最终恒丰选择了以星环 TDH 为基础打造基于 Hadoop 的大数据平台。

图 4-7 中展示的是大数据平台数据仓库的逻辑架构，从层次划分上将数据仓库分为 5 个逻辑层次，每个逻辑层次实现数据管理应用的不同逻辑功能。

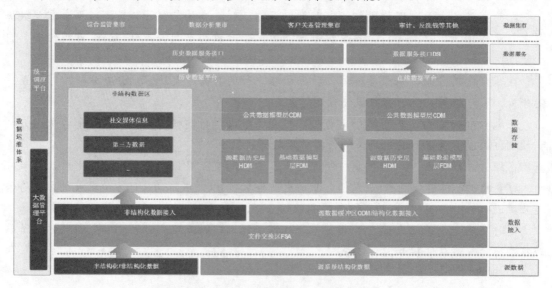

图 4-7 大数据平台示意图

(1) 最底层为源数据层，专指数据仓库接入的行内外结构化、半/非结构化数据文本或文件。

(2) 数据接入层负责将源数据层的数据加载到数据仓库平台之中，为实现数据处理查询奠定基础。

(3) 数据存储层负责对数据的清洗加工分类整合，使数据按照一定规则存放在数据平台，以便按需向上层应用提供数据服务。数据存储层分为历史数据平台和在线数据平台，为不同应用场景提供服务，两者之间通过数据同步流程实现数据一致。

（4）数据服务层为数据仓库对外提供数据服务的统一接口，所有对数据仓库的查询需求均需要通过统一服务接口获取数据，保证了数据的一致性及可靠性。

（5）数据集市为数据下游应用的自用数据存储区域，应用集市获取数据仓库模型数据并依据自身需求加工处理后，存储在自己的数据集市之中。

整套数据处理的流程控制与监控依托于数据运维体系，包含两个系统：大数据管理平台负责监控数据平台集群运行状态，统一调度平台负责实现数据仓库数据处理流程作业的并发管理及调度。

7. 在新平台之上的大数据应用

在迁移后的 Hadoop 大数据平台上，多款大数据应用已落地对接，多项数据应用难题迎刃而解，为去 IOE 行动提供了一个优秀解决方案。

1）结构化数据处理

此应用是为了构建一个具体应用服务平台，我们称之为"非结构化数据管理平台"，如图 4-8 所示，主要作用是实现非结构化数据统一存储以及全文检索，为各类业务应用系统提供非结构化数据写入和数据检索、下载接口服务。

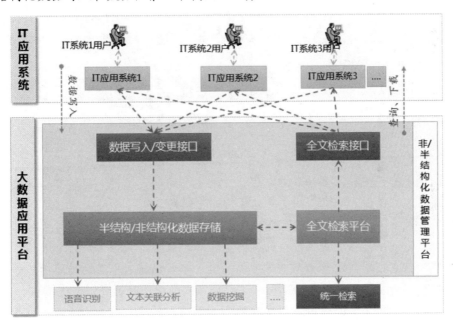

图 4-8　非结构化数据管理平台示意

平台内部基于大数据平台实现非结构化数据统一存储以及全文检索，面向内部应用提供数据写入/变更接口和全文检索接口。

非结构化数据管理平台存储的非结构化数据，将作为大数据应用平台数据资源的一个组成部分，其标准化的服务接口可以对接语音识别、语义分析、数据挖掘等数据分析工具，能够轻松对非结构化数据作进一步的加工处理，实现深层次的数据分析服务。

未来通过融合数据分析模块，该平台将实现深度数据分析功能，并将信贷审批资料等文档数据、客服(call center)等音频数据融入大数据平台中，提供检索与对外服务。

2) 外部数据接入

在图4-9中展示的外部数据接入平台负责对各类外部数据进行采集、存储、跟踪监控，作为内部业务应用获取外部数据的统一入口。

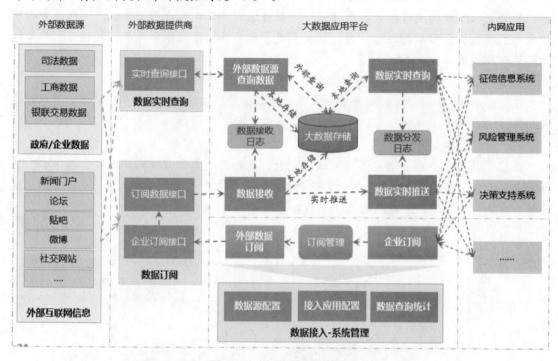

图 4-9 外部数据接入示意

目前这个平台已经接入多种外部数据，主要包括司法、工商、银联交易等政府和企业数据，以及新闻、论坛、微博、社交网站等外部互联网信息。

在使用方式上，该应用提供实时查询和订阅两种服务形式。

(1) 数据订阅功能模块提供数据的实时监控跟踪服务，按企业订阅相关信息。比如一个企业的突发信息、新闻、重大事件等可以通过外部数据接入平台的订阅功能导入，最终显示到客户经理的管理界面或移动应用终端，让客户经理及时了解到这些信息。

(2) 实时查询用于内部应用主动发起的查询动作，针对一次查询返回本次查询结果。大数据平台实时扫描外部数据源的变化，一旦有信息立即采集并反馈给内部应用，方便对客户状态的跟踪和风险防范。

3) 模型试验室

此应用上游为风险数据集市，依次建立特定的模型试验室数据库，供各类风险模型建模、开发、验证和预警。

因为TDH打造的Hadoop大数据平台提供Inceptor-R、R、Python等开发工具接口，分析师可使用最为熟悉的开发方式建模并分析。

4) 移动对公 CRM 系统

图 4-10 所示的客户关系管理系统对接于大数据平台之上，帮助银行客户经理在移动端更快捷、更高效地获取相关客户信息、业绩信息、日程安排以及各类提醒事项等。

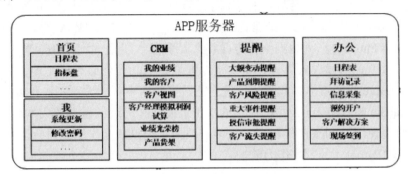

图 4-10 CRM 系统示意

8. 实施效益

以往以 IBM 为代表的主机纵向升级代价太高，各应用系统数据集市的物理资源独立配置不能共享，造成重复存储的冗余数据，在企业内部形成较多信息孤岛，加大了总体硬件资源投入成本。

而基于 Hadoop 的大数据平台可实现硬件资源横向扩展，在同一服务集群上有效独立分配内存、CPU 等各应用所需的资源，计算与存储都能实现分布式，原先价格昂贵的服务器、存储设备都可以由廉价的 x86 服务器集群和 SSD 等代替；同时可在一套大数据平台上搭建多个应用集市来满足多个应用系统的处理需要，并解决大量数据统计分析应用响应很慢的问题，极大减轻各应用系统现有数据库的处理资源瓶颈问题。

相比于 Oracle 数据库，基于 Hadoop HBase 大数据仓库构建的业务数据探索集群兼容多项可视化工具，多种开源工具也为个性需求提供了无限可能； R 语言与 Python 语言接口，则为开发人员提供了最为熟悉的开发方式，使得银行业务团队第一次具备了 T+1 时效的自主数据分析和快速业务建模能力。

严谨的考察论证配合大数据构建平台的卓越性能，最终仅仅花了几十天时间，恒丰就顺利完成了 IOE 系统数据仓库到 Hadoop 平台的迁移工作，各阶段性目标也逐一实现。

4.4 7 种最常见的 Hadoop 和 Spark 项目

我们在本书中讨论了大量的 Hadoop 和 Spark 的实际场景的应用，汇总起来，与大数据技术相关的项目，并没有太多的种类。

我们来看一下美国大数据公司 MammothData 的总裁 Andrew C. Oliver 对这些项目是如何归类的。

1. 数据整合

数据整合称之为"企业级数据中心"或"数据湖"(Data lake)，即有不同的数据源，想要对它们进行数据分析，包括从所有来源获得数据源(实时或批处理)并且把它们存储在Hadoop中。"企业级数据中心"通常由HDFS文件系统和Hive或IMPALA中的表组成。未来，HBase和Phoenix在大数据整合方面将大展拳脚，打开一个新的局面。

销售人员喜欢说"读模式"，但事实上，要取得成功，你必须清楚地了解自己的使用场景将是什么(Hive模式不会看起来与传统企业数据仓库中有太大差别)。真实的原因是一个数据湖比Teradata和Netezza公司有更强的水平扩展性和远远低得多的成本。许多人在作前端数据分析时会使用Tableau[①]和Excel，许多需要做更加复杂操作的公司会让"数据科学家"用Zeppelin[②]或IPython笔记本[③]作为前端。

2. 专业分析

许多数据整合项目实际上是从某一个特殊的需求或者某一数据系统的分析开始的。这种情况往往集中在一些特定的领域，如银行领域的流动性风险/蒙特卡罗模拟分析。在过去，这种专业的分析依赖于过时的、专有的软件包，无法扩大数据规模，而且经常被有限的功能集所限制(很多时候是因为软件厂商不可能像专业机构那样了解的那么多)。

在Hadoop和Spark的世界里，我们看到这些系统大致有雷同的数据整合系统，有一些HBase、定制的NoSQL代码和比较少的数据来源(如果不是唯一的)。我们还看到这些系统越来越多地以Spark为基础。

3. 作为一种服务的Hadoop

在有"专业分析"项目的很多大型组织里，他们会管理几个不同配置的Hadoop集群，甚至这些集群还来自不同的供应商，他们会整合这些资源池，而不是让大部分节点在大部分时间都处于资源闲置状态。

4. 流分析

很多人会把这类项目简称为"数据流"，不过我们所说的"流分析"是不同于普通意义上来自设备的数据流。通常来说，流分析是一个组织和机构已经在做的数据批处理的实时版本。我们以反洗钱和欺诈检测为例：为什么不能在交易的层面上作分析呢，这样我们可以在洗钱和欺诈发生的时刻抓住它们，而不是在一个周期结束之后再处理？同样的情形在库存管理或其他任何会产生大量实时数据的场景下都适用。

从某些角度来看，这是一种新的交易系统，当数据被导入分析系统的时候就开始，一

---

① Tableau Software是最近两年最火的数据可视化工具，用以显示最终数据挖掘结果。网站是http://www.tableau.com/。

② Zeppelin是一个Apache的孵化项目，它基于web的笔记本，支持交互式数据分析。

③ IPython Notebook是一个交互式数据分析与记录工具，它定义了一种全新的计算文件格式，其中包含了代码、代码说明以及每一步的计算输出。

点一点被处理。这些系统往往会使用 Spark 或 Storm，并且把 HBase 作为常用的数据存储。

请注意，流分析并不能取代所有形式的分析，对某些你还从未考虑过的事情而言，你最好能够分析历史趋势或查看过去的数据。

5. 复杂事件处理

在这里，我们谈论的是亚秒级的实时事件处理，虽然还没有像高端的交易系统那样足够快的超低延迟(皮秒或纳秒)的应用，但至少可以期待毫秒级的响应时间。实用的案例包括互联网电信运营商处理呼叫数据记录的实时评价，有时这样的系统使用 Spark 和 HBase——但他们很多时候必须转换成 Storm。

在过去，这样的系统往往是基于定制的消息队列或者高性能的传统客户端—服务器消息产品，不过今天的数据量实在太多了。

6. ETL 流

有时想要捕捉流数据并把它们存储起来，通常认为这些项目与前面提到的第 1 个项目或第 2 个项目重合，但增加了各自的范围和特点(有些人认为是第 4 个或第 5 个，但他们实际上是在向磁盘倾倒和分析数据)。这些几乎都是 Kafka 和 Storm 项目，Spark 也被用到，但其实没有必要，因为不需要在内存完成所有的数据分析。

7. 更换或增加 SAS

SAS 是指很好的产品，不过也很贵，而我们不需要为数据科学家和分析师们购买存储也可以"玩"数据。SAS 可以生成漂亮的图形分析，不过除此之外，还可以做一些不同的事情，这就是可以用为"数据湖"。即可以选择用 SAS 来存储结果。

我们每天也能看到其他不同类型的 Hadoop、Spark 或 Storm 项目，而这些也是正常的。如果你使用 Hadoop，就可能会逐步了解它们。几年前我已经使用其他技术实施了这些项目中的部分案例。

如果你是一个老前辈，害怕数据太"大"或者想要避免"做"大数据 Hadoop，不要担心，项目越变越多，但它们的本质是保持不变的。你会发现很多用来部署的相似技术都是围绕 HadoopSphere(Hadoop 星球)旋转的。

当然，Andrew C. Oliver 描述的场景是针对美国的 Hadoop 应用，中国的应用环境会略有不同。读者以后会发现，两地的技术差异化还是很明显的。

第 5 章

Hadoop 系统速成

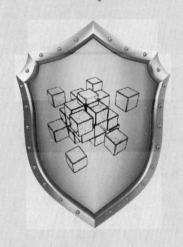

在本章中我们会为大家解读这些问题:

❖ 如何快速搭建一个 Hadoop 系统?

❖ 如何在云上运行 Hadoop 系统?

❖ 在 Hadoop 系统上编程需要什么样的工具?

❖ 在哪里可以获取到关于 Hadoop 系统更多的相关信息?

在本章中我们介绍 Hadoop 系统的搭建、运行方式和系统的典型配置。在云上运行 Hadoop 对于某些企业来说是一个很好的选择，在本章的 5.2 节我们会以金山云为例为读者介绍如何在公有云上运行 Hadoop。

如果你需要学习更多的内容，那么在本章的最后一节，我们会列出你可以从哪里获取所需的更多信息和资料。

5.1 Hadoop 系统搭建速成

在 Hadoop 的早期版本中，我们只需要采用一个站点配置文件 Hadoop-site.xml 来配置，而在现在的商用版本中，配置文件则一分为三。

(1) Core-site.xml；

(2) Hdfs-site.xml；

(3) Mapred-site.xml。

core-site.xml 配置的是通用属性，hdfs-site.xml 配置的是 HDFS 文件系统的属性，而 mapred-site.xml 配置的是 MapReduce 的属性。

5.1.1 Hadoop 系统的三种运行模式

Hadoop 系统有三种运行模式：单机模式、伪分布模式和全分布模式。

1. 单机模式(Standalone Mode 或者 Local Mode)

单机模式，或者称之为独立模式，当首次解压 Hadoop 的源码时，Hadoop 是无法了解系统上的硬件环境的，所以默认的模式就是单机模式。在这种模式下 3 个 XML 配置文件均为空，这时，Hadoop 会完全运行在本地。在单机模式下，我们不使用 HDFS，也不加载任何 Hadoop 的守护进程，主要用于开发调试 MapReduce 程序的应用逻辑。

2. 伪分布模式(Pseudo-Distributed Mode)

伪分布模式是在"单节点集群"上运行 Hadoop，因为所有的守护进程都运行在同一台机器上。在该模式下，通过代码调试功能，可以检查内存使用情况、HDFS 的输入输出，以及其他守护进程的交互。

当我们刚开发了一个应用程序的时候，使用伪分布模式来做测试和验证会简单许多。

3. 全分布模式(Fully-Distributed Mode)

全分布模式才是 Hadoop 集群的真正模式。在全分布模式下的 Hadoop 系统，有主节点 (Namenode)和从属数据节点(Datanode)。

5.1.2 单点搭建 Hadoop 系统

我们将细致地一步步介绍如何在一台计算机上搭建一个 Hadoop 系统。在全分布式下搭建 Hadoop 系统要复杂得多，我们将不讨论大量的细节，而是演示如何利用 Hadoop 发行版厂商提供的工具来进行多节点的部署。

1. 环境准备

Hadoop 的最新版本是 2.7.2， Ubuntu 系统——Hadoop 最常见的开发和生产环境都是 Linux。在 Windows 上也可以搭建，但我们将不多作讨论，如果你有兴趣可以跟着这里的步骤尝试：http://wiki.apache.org/hadoop/Hadoop2OnWindows。

在计算机上安装合适版本的 Java™——对应 Hadoop 2.7.2 的版本为 Java 7。另外，需要安装 ssh 并且保持 sshd 服务运行。

2. 下载 Hadoop 包

Hadoop 包可以方便地从下面网址提供的一系列镜像处下载：http://www.apache.org/dyn/closer.cgi/hadoop/common/。

3. 启动前的准备

将下载的安装包解压，进入解压后的目录。打开目录下的 etc/hadoop/hadoop-env.sh，设置 Java 环境变量：将 JAVA_HOME 设置成和你机器上的 Java 安装路径一致：

```
export JAVA_HOME=/your/java/installation
```

然后你可以尝试运行目录下面的指令：

```
$ bin/hadoop
```

这样可以将 hadoop 命令的文档打印到终端。

4. 单机模式下运行

Hadoop 默认的模式就是单机模式，以单个 Java 进程运行。现在我们可以在单机模式下执行第一个 MapReduce 任务：在 etc/hadoop 下的所有 xml 文件中寻找匹配指定正则表达式的字段。

(1)　创建一个存放作为输入的文件的目录：

```
$ mkdir input
```

(2)　将作为输入的文件复制到下面目录下：

```
$ cp etc/hadoop/*.xml input
```

(3)　运行安装包中自带的 MapReduce 例子来匹配正则表达式，执行结果将输入到 output 目录：

```
$ bin/hadoop jar
share/hadoop/MapReduce/hadoop-MapReduce-examples-2.7.2.jar grep input
output 'dfs[a-z.]+'
```

(4) 查看 output 目录下的结果：

```
$ cat output/*
```

5. 伪分布模式下运行

在伪分布模式下，多个 Hadoop daemon 在同一台机器上的不同 Java 进程中运行。从单机模式切换到伪分布模式需要下面的操作。

(1) 修改配置文件。

① 打开 etc/hadoop/core-site.xml 添加下面的内容：

```
<configuration>
      <property>
         <name>fs.defaultFS</name>
         <value>hdfs://localhost:9000</value>
      </property>
</configuration>
```

② 打开 etc/hadoop/hdfs-site.xml 添加下面的内容：

```
<configuration>
    <property>
       <name>dfs.replication</name>
       <value>1</value>
    </property>
</configuration>
```

(2) 设置免密码 ssh 到 localhost。

① 执行下面的指令：

```
$ ssh-keygen -t dsa -P '' -f ~/.ssh/id_dsa
$ cat ~/.ssh/id_dsa.pub >> ~/.ssh/authorized_keys
$ chmod 0600 ~/.ssh/authorized_keys
```

② 确认可以不用密码 ssh 到 localhost：

```
$ ssh localhost
```

下面我们可以在伪分布模式下执行之前在单机模式下执行的 MapReduce 任务。单机模式下输入和输出都在本地，下面的执行中输入和输出都将在 HDFS 上。

(1) 格式化文件系统。

```
$ bin/hdfs namenode -format
```

(2) 启动 Namenode daemon 和 DataNode daemon。

```
$ sbin/start-dfs.sh
```

(3) 启动成功后就可以用浏览器访问 Namenode 的 Web 界面，默认地址为：http://localhost:50070/，如图 5-1 所示。

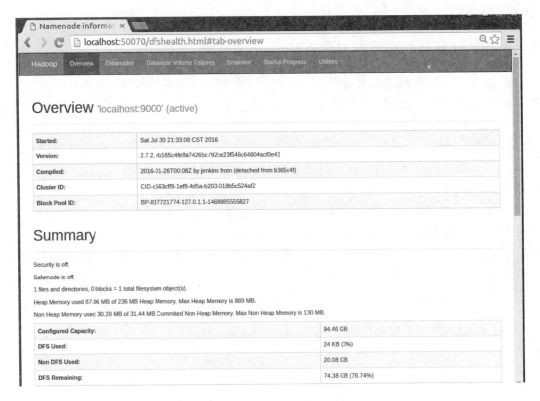

图 5-1　Namenode 的 Web 界面示意

(4)　为下面将要运行的 MapReduce 任务在 HDFS 上新建两个目录：

```
$ bin/hdfs dfs -mkdir /user
$ bin/hdfs dfs -mkdir /user/<username>
```

(5)　将作为输入的文件(etc/hadoop 下的文件)放到 HDFS 上的 input 目录下：

```
$ bin/hdfs dfs -put etc/hadoop input
```

(6)　运行安装包中自带的 MapReduce 例子来匹配正则表达式，执行结果将输入到 HDFS 上的 output 目录下：

```
$ bin/hadoop jar
share/hadoop/MapReduce/hadoop-MapReduce-examples-2.7.2.jar grep input
output 'dfs[a-z.]+'
```

(7)　查看 HDFS 上的 output 目录下的结果：

```
$ bin/hdfs dfs -cat output/*
```

(8)　任务运行完后，执行下面的指令停止 daemon：

```
$ sbin/stop-dfs.sh
```

在一台计算机上可以实现上文提到的单机模式和伪分布模式，跟着以上步骤，你可以在自己的计算机上搭建一个迷你的 Hadoop 系统，并且用它跑一些 MapReduce 任务。

5.1.3 全分布式(多节点)搭建 Hadoop 系统

搭建全分布式 Hadoop 将要比前面的操作复杂得多——首先，集群中每一台机器上都要有一份 Hadoop 包，节点需要被分配给不同的角色，最后按照角色的不同每个节点的配置也不同。如果手动一项项执行，那么在节点数量多的情况下无疑要耗费大量的人力，还极易出现操作错误。实际生产中，大多数用户都会选择 Hadoop 发行版厂商提供的自动部署工具(是的，没人愿意在动辄几百台服务器的集群中手动搭建 Hadoop 系统)。下面我们以星环科技的 Transwarp Data Hub 为例，看看这些部署工具是如何工作的。

Transwarp Data Hub 的部署和集群监控工具名为 Transwarp Manager，先在集群的一个节点上安装好 Transwarp Manager，便可以完全在浏览器中通过 Transwarp Manager 对集群进行安装。安装过程中用户可以自定义自己的集群，但绝大多数选项都采用默认设置，这样用户就可以很容易地完成安装。下面只看几个关键步骤。

1. 添加集群中的节点

直接用 IP 指定要组成集群的节点，Transwarp Manager 会自动为选中的节点进行配置和安装，如图 5-2 所示。

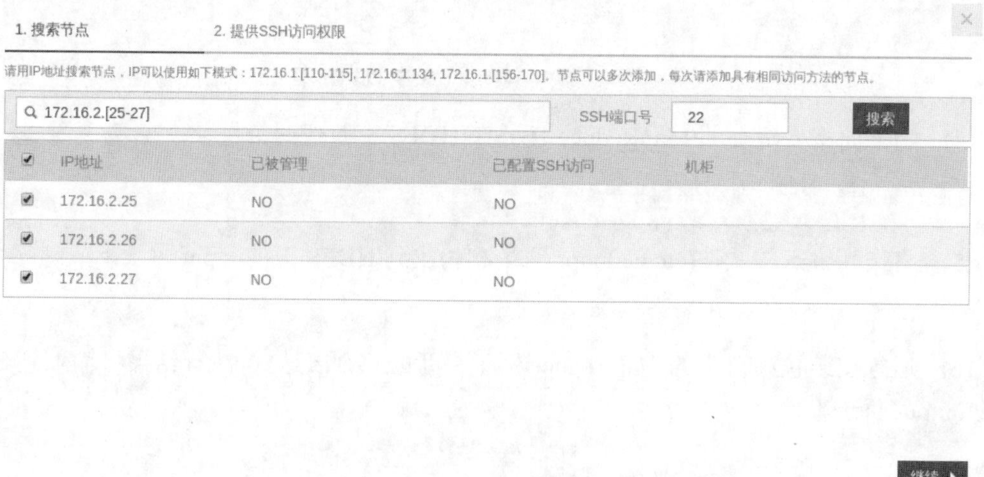

图 5-2　在 TDH 上添加集群中的节点

2. 选择服务

这里显示了比基础 Hadoop 多很多的服务——实际生产中，基础的 Hadoop 是远远不够用的，用户往往需要一些对他们的应用更有针对性的服务，比如银行业的报表分析需要强大的 SQL 引擎，欺诈检测则需要整合机器学习算法库等。选择好所需服务后，这些服务将一并被 Transwarp Manager 安装到集群上，如图 5-3 所示。

图 5-3　在 TDH 上选择服务

3. 分配服务的角色

一个集群上的服务共用计算资源并且需要互相协调，合理地将不同的服务角色分配到节点上，保证各节点上合适的服务组合才能最大限度地发挥集群的性能。手动配置角色需要修改大量的配置文件，既麻烦又容易出错，在图形界面上勾选则可以简单直观地分配角色，如图 5-4 所示。

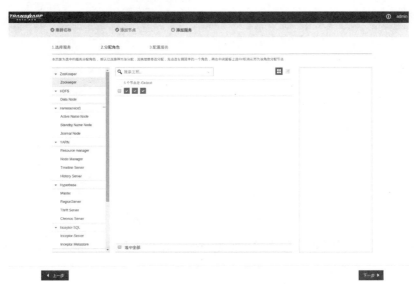

图 5-4　在 TDH 上分配服务的角色

4. 配置服务

服务的各个配置项决定了服务的工作方式，也是影响集群性能的重要因素，如图 5-5 所示。

图 5-5 在 TDH 上的配置服务

5. 自动安装

服务配置完成后用户不再需要其他操作，只需等待系统自动安装，如图 5-6 所示。安装完成后，部署工具又可以扮演运维工具的角色，用户可以通过它的 Dashboard 监控集群和服务的状态，如图 5-7 所示。

图 5-6 TDH 的自动安装示意

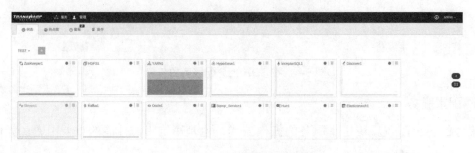

图 5-7 TDH 的 Dashboard 示意

这样，一个全分布式的集群就搭建好并运行起来了。

5.1.4　在 Hadoop 上编程

据 Gartner 分析，在 2015 年大数据产业会产生 440 万个新的 IT 工作岗位，其中有不少和 Hadoop 相关，比如数据分析师和专注于 Hadoop 的程序员等。

根据 wantedanalytics.com 的数据，在 2015 年 4 月，光美国本土就有超过 25 000 个 Hadoop 程序员的工作缺口。

对于想要学习 Hadoop 的程序员来说，可以从看代码开始学起。

在 github 上，有 apache Hadoop 的代码镜像，可以从 https://github.com/apache/Hadoop 上找到这个镜像。

作为一个 Hadoop 程序员，需要了解的内容包括：

(1)　MapReduce(Spark)；

(2)　Hive；

(3)　HBase；

(4)　Pig；

(5)　一个可以在 Hadoop 上使用的编程语言，比如 Java、Scala 和 C 语言。

5.1.5　Hadoop 系统的典型配置

Hadoop 系统的典型配置是怎样的？这是我们经常被问到的问题。

在这里我们给出 Hadoop 系统的典型配置，但计算机技术更新非常快，很可能在这本书正式出版的时候，或者在读者读到这段内容的时候，情况已经发生了变化，典型配置已经不一样了。所以当读者在读这段内容的时候，切记这些配置对应的时间点是 2016 年的夏天。

这里有两张典型配置表，表的第一行列出的是 Namenode 主节点的配置，而后面若干行则是 Datanode 数据节点的配置，选择哪一种配置要看 Hadoop 系统主要应用在什么场景。

通常情况下，当我们在配置 Hadoop 系统的时候，会根据表 5-1 中的配置来选择服务器。不过如果读者所在的公司资金比较充沛，而且对性能又有自己的要求，那么可以考虑表 5-2 中提供的配置。

表 5-1　Hadoop 服务器典型配置表

节点类型	配　　置
Namenode	2×Intel Xeon E5-2620 v3 with 2.4GHz,6cores 总共 128GB 8×16GB 2133MHz DDR4 memory 或以上 8×900GB(or above) 10 000RPM 2.5inch 6Gbps SAS HD 2×Intel Ethernet I 350 1Gb Network ports 或万兆网络

节点类型	配 置
以查询为主的计算模式(计算节点/datanode)	2×Intel Xeon E5-2620 v3 with 2.4GHz,6cores Total 128GB 16×8GB 2133MHz DDR4 memory 12×2TB(或以上) 7200RPM 3.5inch 6Gbps SATA HD 2×Intel Ethernet I 350 1Gb Network ports 或万兆网络
数据仓库 (计算节点/datanode)	2×Intel Xeon E5-2650 v3 with 2.3GHz,10cores or above Total 128GB 16×8GB 2133MHz DDR4 memory 12×600GB 15 000RPM 2.5inch 6Gbps SAS HD 2×Intel Ethernet I 350 1Gb Network ports
数据集市 (计算节点/datanode)	2×Intel Xeon E5-2650 v3 with 2.3GHz,10cores or above Total 256GB 16×16GB 2133MHz DDR4 memory 12×600GB 15 000RPM 2.5inch 6Gbps SAS HD 1×1.2TB Intel p3600 PCIe SSD adapter 2×Intel Ethernet ×520 10Gb Network ports
MapReduce 计算方式 (计算节点/datanode)	2×Intel Xeon E5-2620 v3 with 2.4GHz,6cores Total 64GB 8×8GB 2133MHz DDR4 memory(推荐 128GB 以上) 12×2TB(或以上) 7200RPM 3.5inch 6Gbps SATA HD(可用 1 块 PCIe SSD 卡作为 shuffle 或 holodesk 存储) 2×Intel Ethernet ×520 10Gb Network ports

表 5-2　Hadoop 高端服务器典型配置表

节　点	配　置
Namenode	2×Intel Xeon E5-2620 v3 with 2.4GHz,6cores 总共 128GB 8×16GB 2133MHz DDR4 memory 或以上 8×900GB(or above) 10 000RPM 2.5inch 6Gbps SAS HD 2×Intel Ethernet I350 1Gb Network ports 或万兆网络
随机查询为主的计算模式 (计算节点/datanode) HyperBase	2×Intel Xeon E5-2620 v3 with 2.4GHz,6cores Total 256GB 8×8GB 2133MHz DDR4 memory(推荐 128GB 以上) 12×2TB(或以上) 7200RPM 3.5inch 6Gbps SATA HD 2×Intel Ethernet x520-SR 10Gb Network ports
数据仓库 (计算节点/datanode) Inceptor	2×Intel Xeon E5-2670 v3 with 2.3GHz,12cores or above Total 256GB 16×8GB 2133MHz DDR4 memory 12×600GB 15 000RPM 2.5inch 6Gbps SAS HD 2×Intel Ethernet ×520-SR2 10Gb Network ports
数据集市 (计算节点/datanode) Inceptor/holodesk	2×Intel Xeon E5-2670 v3 with 2.3GHz,12cores or above Total 512GB 16×8GB 2133MHz DDR4 memory 12×600GB 15 000RPM 2.5inch 6Gbps SAS HD 1×2TB Intel p3600 PCIe SSD adapter 2×Intel Ethernet ×520 10Gb Network ports

续表

节　点	配　置
MapReduce 计算方式 (计算节点/datanode)	2×Intel Xeon E5-2620 v3 with 2.4GHz,6cores Total 128GB 16×8GB 2133MHz DDR4 memory 12×2TB(或以上)7200RPM 3.5inch 6Gbps SATA HD(可用 1 块 PCIe SSD 卡作 为 shuffle 或 holodesk 存储) 2×Intel Ethernet ×520 10Gb Network ports

5.2　在云上运行 Hadoop

图 5-8 中展示的是 Forrester Research 在 2015 年对 814 家全球性的大公司作的调查，其中有 60%的公司表示每年在云上存储的数据会提升至少 5%～10%。

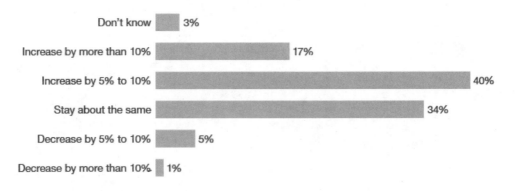

图 5-8　在云上存储数据的比例

在云上运行 Hadoop 的好处如下。

(1) 费用上的节省。只需要根据部署节点的使用来付费。

(2) 资源的节省。当任务完成之后，可以随时停止服务。

(3) 数据和 Hadoop 系统本身可以完全分离。

(4) 快速部署。

(5) 灵活性。可以通过脚本快速布置随意数量的虚拟服务器。

在我们看来，运行 Hadoop 有三个选择。

(1) 使用现有公有云提供的 HAAS(Hadoop As A Service)服务，比如 Amazon 的 EMR(Elastic MapReduce)或者微软的 HDInsight。

(2) 在公有云上使用预装的 Hadoop，比如 Cloudera 的 CDH、IBM 的 BigInsights 或者 MapR 等。

(3) 在公有云平台上搭建自己的 Hadoop。

使用其中的任何一个方案都是可行的。

5.2.1 在金山云上运行 Hadoop

金山云"托管 Hadoop"是一种基于 Hadoop、Spark 等计算框架的集群托管服务,它提供了丰富的集群组件、弹性伸缩能力和可靠地运维管理保障,方便用户快速构建各类数据分析系统。

金山云配备了专业的大数据架构师团队,团队成员多来自雅虎、百度、阿里等一线互联网公司,拥有多名存储和分布式计算领域的顶级专家,是一支拥有丰富经验、真正经受过海量数据考验的团队,可以为用户提供架构咨询和应用优化等服务,帮助用户更轻松地实现业务上云。

在金山云上部署 Hadoop 集群,需要进行如下操作。

(1) 登录金山云控制台(http://console.ksyun.com/),选择"托管 Hadoop"服务,如图 5-9 所示。

图 5-9 金山云控制台示意

(2) 单击"新建集群"按钮,进入集群创建向导,如图 5-10 所示。

图 5-10 新建集群示意图

(3) 填写集群类型、名称、数据中心、计费方式等基本信息,进入下一步。集群分为临时集群和常驻集群两种类型,临时集群主要用于 MapReduce 等批量计算型作业,常驻集群主要用于海量数据存储、在线查询和流式计算等更复杂的场景,此处选择临时集群,如图 5-11 所示。

图 5-11　集群类型选择示意

(4) 配置集群软件与节点，可选择包含不同应用的产品版本，"托管 Hadoop"服务提供了用于集群管理监控的主节点、执行计算作业和分布式文件存储的核心节点以及只用于执行计算作业的任务节点，根据业务的实际需求，选择集群节点配置和数量，进入下一步，如图 5-12 所示。

图 5-12　集群节点配置示意

(5) 设置集群网络，EIP 是绑定在集群主节点的公网 IP 地址，绑定 EIP 后可对集群进行远程管理；VPC(虚拟专有网络)是集群所在的网络，EndPoint 可以在 VPC 和其他云服务之间创建链接，可使用默认 VPC 网络、VPC 子网和 EndPoint 子网；SSH 密钥是通过 SSH 访问集群的基础；日志归集将集群和作业的日志统一存放在金山云对象存储服务(KS3)中进行管理和保存；自定义参数用于自定义各类集群应用的参数配置。可根据自身业务需求输入这些选项，如图 5-13 所示。

图 5-13　集群网络设置示意

(6) 设置引导操作与作业，如有特殊需求，可自定义集群启动时的引导操作。作业是提交到集群的工作单元，可以输入作业的各项参数，也可以选择一个示例作业，保持默认配置。这里会执行一个标准的 MapReduce 作业，计算一套英文小说的单词数，如图 5-14 所示。

(7) 集群创建完成后，可以查看集群详情和作业详情，当作业状态变为"已完成"时，集群将会自动释放，该集群资源被回收，至此，已完成了云上 Hadoop 的一次实践。

图 5-14　在搭建的集群上运行示例程序

图 5-14　在搭建的集群上运行示例程序(续)

使用金山云托管 Hadoop 服务，可以将复杂的物理机部署方式简单化，通常仅需几分钟就可以自动完成整个集群的部署，用户只需关注核心的数据处理任务，硬件和底层系统的运维工作由金山云专职人员完成。托管 Hadoop 服务提供了多样的硬件配置，可动态变更集群配置，轻松应对多变的业务需求。

5.2.2　微软的 HDInsight

微软的 Azure HDInsight 和 Apache Hadoop 是 100%兼容的。Azure HDInsight (version 3.0)使用的是 Hadoop 2.2 版本。

在 Azure 管理工具上创建 Hadoop 实例也是非常简单的，如图 5-15 所示。

图 5-15　在 Azure 上运行 HDInsight

在 Azure 上创建一个 HDInsight 集群只需要按照图中显示的步骤就可构建一个 4 个节点的集群，如图 5-16 所示。

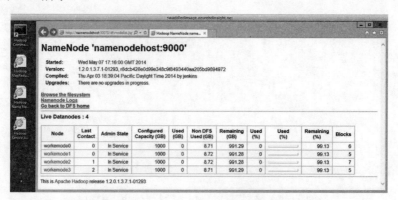

图 5-16　Azure 上 HDInsight Namenode 节点

5.3　Hadoop 信息大全

本书的重点不在于讲述 Hadoop 的概念和原理，或者实际具体的操作步骤，因为此类书籍已经很多了。如果读者有兴趣深入了解 Hadoop 的相关概念，可以参阅附录中的引用文献。比如 Tom White 的 "*Hadoop: The Definitive Guide*"（《Hadoop 权威指南》）就是一本可以让你快速上手 Hadoop 的书。

我们推荐 Tom White 这本书除了这本书本身内容还不错之外，他本人也是重要原因，因为 Tom White 对 Hadoop 的贡献可以追溯到它的前身——Nutch 项目，一个搜索引擎项目。当时，Nutch 存在的目的就是要处理数以亿计的网页。

对于研究和学习 Hadoop 的同学来说，ASF(Apache 基金会)官网上有很多有用的信息。在本书写作的过程中，ASF 官网可能是我们查看得最多的网站：http://www.apache.org/。

Hadoop 体系中的很多项目都已经成为 ASF 的顶级项目，可以在 ASF 的目录中找到想要的项目：https://projects.apache.org/，也可以直接从 Hadoop 在 ASF 的主页上开始：http://Hadoop.apache.org/。

在美国，quora.com 上有专门为 Hadoop 构建的页面：https://www.quora.com/topic/Apache-Hadoop。对 Hadoop 的应用和部署等有问题的同学，可以去看其他曾经有过相同疑问的同学是怎么解决的。

在"大数据大学"的网站上有很多有价值的信息：http://bigdatauniversity.com。

不过因为"大数据大学"网站是由 IBM 主要赞助的，其内容很多都和 IBM 自身的解决方案相关。

http://www.planetbigdata.com/也是一个不错的网站，上面包含了很多大数据研究者的博客内容。如果读者也有兴趣自己写些东西，可以发邮件给 planetbigdata@gmail.com，请他们加上你的博客地址。

Hadoop 的背后有庞大而活跃的社区，社区里有开发者在为 Hadoop 系统添砖加瓦，有使用者在提出需求，有入门者在学习知识和技能，有不同行业的用户在探寻 Hadoop 在各自领域的应用，更有科学家在讨论分布式计算和大数据处理的未来。正是不同思想的碰撞和群策群力的工作方式造就了 Hadoop 生态圈的蓬勃发展。

如果你也想成为社区的一部分，你可以从 Hadoop Wiki 开始：http://wiki.apache.org/hadoop/，或者加入这个中文论坛：http://support.transwarp.cn/。

第 6 章

数据仓库和 Hadoop

在本章中，我们主要为读者解读下面这些问题：

❖ 分布式系统上的 *CAP* 原理是怎样的？

❖ *ACID* 概念是什么？

❖ *ACID* 概念和 *BASE* 概念的区别在哪里？

❖ *NoSQL* 数据库和普通数据库的差别在哪里？

❖ 传统数据仓库的瓶颈有哪些？

❖ *Hadoop* 系统如何能够解决传统数据仓库的问题？

❖ 传统数据仓库如何和 *Hadoop* 相结合？

本章的重点是 Hadoop 在数据仓库上的应用。

首先介绍大数据时代分布式数据系统的要求和特点，之后剖析传统数据仓库存在的瓶颈,然后解释为什么 Hadoop 是解决数据仓库瓶颈的方法,在最后,介绍基于 Hadoop 和 Spark 的数据仓库解决方案,而类似的方案会在后面几章的案例中用到。

6.1 大数据时代的数据系统设计

首先看下在大数据时代,数据系统都有些什么样的要求和特点。

6.1.1 分布式系统上的 CAP 原理

分布式系统的存在是为了处理分布式事务,而我们通常所说的分布式事务指的是事务的参与者、支持事务的服务器、资源服务器以及事务管理器分别位于不同的分布式系统的不同节点之上。分布式事务处理一直都是分布式系统中的难题。

在分布式系统中,有三种重要的属性,分别如下。

(1) 一致性(Consistency)。数据一致性,任何一个读操作总是能读取到之前完成的写操作结果,也就是在分布式环境中,多点的数据是一致的。

(2) 可用性(Availability)。好的响应性能,每一个操作总是能够在确定的时间内返回,也就是系统随时都是可用的。

(3) 分区容忍性(Tolerance of network Partition)。可靠性,数据会有分离,那么在故障情况下,分离的系统也能正常运行。

综合上述三个属性的英文首字母,我们得到的就是 CAP,而描述这三种属性的综合原理就称为 CAP 原理。

CAP 原理是由美国 Berkerly 大学 Brewer 教授首先提出的。所谓 CAP 原理的意思是,一个分布式系统不能同时满足一致性、可用性和分区容错性这三个需求,最多只能同时满足两个。

图 6-1 是 CAP 原理的示意,解释了这三种属性的关系。 CAP 原理指出一致性、可用性、分区容忍性不可三者兼顾,因此在进行分布式架构设计时,必须做出取舍。而对于分布式数据系统来说,进行分区是最基本的要求,否则就失去了价值。因此当我们在设计分布式数据系统时,只能在一致性和可用性之间作一个选择。

对于大多数 Web 应用,其实并不需要强一致性,因此牺牲一致性而换取高可用性,是目前很多分布式数据系统产品的方向,也就是说这些系统选择了 Availability 和 Partitioning,即 AP 系统。

当然,牺牲分布式数据库的一致性,并不是完全不管数据的一致性,否则数据会是混乱的,即使系统可用性再高、分布式再好也没有价值。所谓的牺牲一致性,只是不再要求关系型数据库中的一贯强一致性,而是只要系统能满足最终一致性即可。

关系型数据库要求每次更新过程中数据都能被继续访问,这是强一致性。如果能容忍更新过程中或者更新之后部分或者全部的数据访问不到，则是弱一致性。如果在数据更新过程中或者更新之后的一段时间内数据可能访问不到，而经过一段时间后能够访问到全部更新后的数据，则是最终一致性。

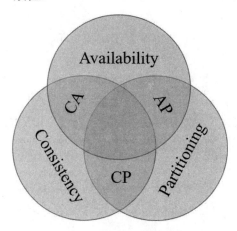

图 6-1 CAP 原理示意

因此，分布式的数据系统牺牲了数据的强一致性，而维持了数据的最终一致性，即数据在更新一段时间之后会达到完全一致。

考虑到客户体验，这个最终一致的时间窗口，要尽可能地对用户透明，也就是需要保障"用户感知到的一致性"。分布式数据系统通常是通过数据的多份异步复制来实现系统的高可用性和数据的最终一致性的，"用户感知到的一致性"的时间窗口长短则取决于数据复制到一致状态的时间。

那么基于 Hadoop 的数据存储系统是怎样的呢？

基于 Hadoop 的系统一定是满足 Partition Tolerance 的，因为文件和数据有多个副本，损失部分节点不会影响到数据的访问。

不过在不同的系统之上，究竟是满足 Consistency 还是满足 Availability 就不一定了。如果一致性是必要的，那么可以把这类数据存储系统归并到 CP 类；而如果可用性更加重要，那么这类数据存储系统则归并到 AP 类。

6.1.2 ACID 和 BASE 概念的区别

Hadoop 的诞生是划时代的数据变革，但关系数据库时代的存留也为 Hadoop 真正占领数据库领域埋下了许多的障碍。

Hadoop 对 SQL 数据库的支持度一直是企业用户最关心的诉求点之一，也往往是他们选择采用哪个 Hadoop 平台的重要标准之一。因此，对 SQL(尤其是 PL/SQL)的支持一直是 Hadoop 大数据平台在接手旧数据时代时亟待解决的问题。

对于传统的关系型数据库 RDBMS 来说，遵从 ACID 是一个基本原则。

(1) A 指的是 Atomicity(原子性)，数据库中所有的交易要么完全成功，要么完全失败，部分成功是不能接受的。

(2) C 指的是 Consistency(一致性)，数据库中的数据在任何时候都是一致的。

(3) I 指的是 Isolation(独立性)，无论交易如何执行是不会影响到数据库的状态的。

(4) D 指的是 Durability(持久性)，当交易完成之后，数据库的状态会一直保持，哪怕系统崩溃之后再恢复，状态也不会改变。

ACID 原则是图灵奖获得者 Jim Gray[①]在 20 世纪 70 年代指出的，一直被奉为关系型数据库所必须遵守的准则。

而在今天，如果我们放松对 ACID 原则的限制，则可以在不同的场景下应用新的数据存储方式。对 ACID 限制的放松意味着我们获取了更多的可扩展性和灵活性。当然，所谓放松限制并不意味着没有限制，这时我们新的原则变成了 BASE 原则，如图 6-2 所示。

(1) BA 指的是 Basically Available(基本可用性)，系统保证的是任何时候对用户的查询都能返回需要的信息。

(2) S 指的是 Soft State(可变状态)，在系统中存储的数据是可能会发生变化的。

(3) E 指的是 Eventually Consistent(最终一致性)，也就是说在数据更新完成之后，系统中存储的数据是一致的。

图 6-2　从 ACID 到 BASE 的原则变化

从 ACID 原则到 BASE 原则的演化，我们看到的最根本的变化是在"Consistency"(一致性)上，即系统牺牲了"永远一致性"的条件，使得数据库的水平扩展性得到了明显提升。

比如在一个分布式存储系统中，当一个用户 A 在读某一条数据的同时，另外一个用户 B 在写同一条数据，那么尽管用户 B 完成写操作的时间可能比用户 A 的读操作要早，不过因为系统还没来得及把用户 B 的写操作同步到用户 A 所读的节点，那么数据可能是不一致的。虽然严格一致性的条件不存在了，不过系统的可用性大大提升了，因为我们在进行写操作的时候并没有把数据库锁死，系统还是可以读取数据的。

6.1.3　NoSQL

NoSQL 一词最早出现于 1998 年，用以指 Carlo Strozzi 开发的一个轻量、开源、不提供 SQL 功能的数据库。

在今天，从广义上来说，NoSQL 指的是非关系型的数据库，说的其实不是不用 SQL 语句(No SQL)，而是不只是 SQL(Not Only SQL)，如图 6-3 所示。

---

① Jim Gray 是数据库领域的超级天才，和笔者同期供职于微软。但 Jim Gray 前辈当时是旧金山的微软研究员，而笔者在西雅图微软总部，在 Jim Gray 前辈消失在海上之前无缘一见，实是人生一大憾事。

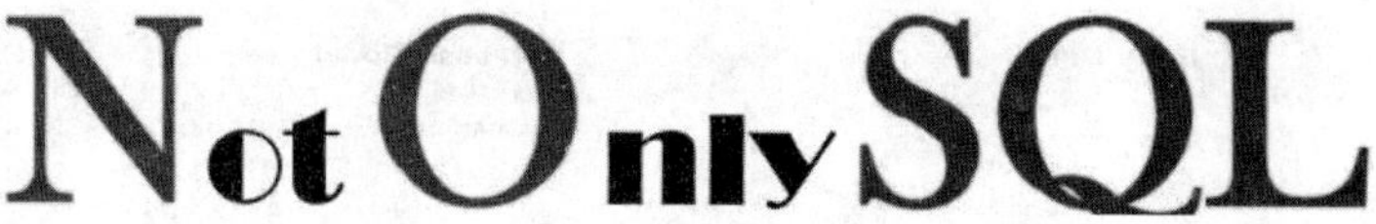

Not Only SQL

图 6-3　NoSQL 是 "Not Only SQL"

NoSQL 可以说是一场数据库的革命性运动，旨在打破关系型数据库统治的格局，解决关系型数据库所解决不了的问题。

各个 NoSQL 数据库都有一个共同的特点，就是能储存海量的数据。NoSQL 没有复杂的关系模式，库中的表是可以拆分的。作为对比，关系型数据库是无法拆分的，因为拆分会破坏关系模式。

几乎所有的 NoSQL 数据库都没有数据表(table)的概念，取而代之的是文档(document)。而"文档"简单来说，就是一个以 key-value(键-值)方式存储数据的结构，比如：

```
{ "item": "cigarette",
"qty": 100,
"brand": "Marlboro" }
{ "item": "liqor",
 "liqor-type":"rum",
"qty": 10,
"brand": "Bacardi" }
```

把很多 document 存储到一起的结构是 collection(集合)，而同一个 collection 里面的 document 不一定采用同样的结构。如上面的这个例子中，其结构就是不完全一致的。

今天在市场上已经有超过 150 个 NoSQL 数据库产品，而 MongoDB 可以说是其中最出名的一个。MongoDB 是一个基于分布式文件存储的数据库，由 C++语言编写，旨在为 Web 应用提供可扩展的高性能的数据存储解决方案。它支持的数据结构非常松散，是类似 json 的 bjson 格式，因此可以存储比较复杂的数据类型。Mongo 最大的特点是它支持的查询语言非常强大，其语法类似于面向对象的查询语言，几乎可以实现类似关系数据库单表查询的绝大部分功能，而且还支持对数据建立索引。美国的 Craigslist 和 Foursquare 等互联网公司都在他们的生产环境中部署了 MongoDB。

从图 6-4 中我们看到在数据库应用中，Oracle、MySQL 和 Microsoft SQL Server 稳居前 3 名，而 MongoDB 作为 NoSQL 数据库，排到第 4 位其实是很难能可贵的，而它之所以能够排到这个位置，和大数据的广泛应用是分不开的。

NoSQL 对数据的储存类型没有要求，什么都能往里面存，这也是 NoSQL 可以储存图像等复杂文件的原因。其中存储专业图的 NoSQL 数据库是 Neo4J，储存文档比较占优势的 MongoDB，其他的还有 Cassandra 等。

在第 3 章中讨论过的 HBase 也是一个 NoSQL 数据库。

和市场上很多 NoSQL 的粉丝观点不同，虽然我们会做大量的 NoSQL 应用，不过我们认为 NoSQL 是不会取代传统数据库的。在相当长的时间内，NoSQL 和传统数据库会并存，各自应用在其所擅长的领域中。

May 2016	Apr 2016	May 2015	DBMS	Database Model	May 2016	Apr 2016	May 2015
1.	1.	1.	Oracle	Relational DBMS	1462.02	-5.51	+19.93
2.	2.	2.	MySQL ⊞	Relational DBMS	1371.83	+1.72	+77.56
3.	3.	3.	Microsoft SQL Server	Relational DBMS	1142.82	+7.77	+11.79
4.	4.	4.	MongoDB ⊞	Document store	320.22	+7.78	+42.90
5.	5.	5.	PostgreSQL	Relational DBMS	307.61	+3.89	+34.09
6.	6.	6.	DB2	Relational DBMS	185.96	+1.87	-15.09
7.	↑8.	↑8.	Cassandra ⊞	Wide column store	134.50	+4.83	+27.95
8.	↓7.	↓7.	Microsoft Access	Relational DBMS	131.58	-0.39	-14.00
9.	9.	↑10.	Redis ⊞	Key-value store	108.24	-3.00	+13.51
10.	10.	↓9.	SQLite	Relational DBMS	107.26	-0.70	+2.10
11.	11.	↑14.	Elasticsearch ⊞	Search engine	86.31	+3.73	+21.48
12.	↑13.	↑13.	Teradata	Relational DBMS	73.74	+1.48	+3.62
13.	↓12.	↓11.	SAP Adaptive Server	Relational DBMS	71.48	-1.84	-14.01
14.	14.	↓12.	Solr	Search engine	65.62	-0.40	-17.31
15.	15.	15.	HBase	Wide column store	51.84	+0.35	-9.87
16.	16.	↑17.	Hive	Relational DBMS	47.51	-1.57	+2.94
17.	17.	↓16.	FileMaker	Relational DBMS	46.71	+0.60	-6.19
18.	18.	18.	Splunk	Search engine	44.31	+1.96	+3.59
19.	19.	↑21.	SAP HANA ⊞	Relational DBMS	41.37	+1.02	+8.59
20.	↑21.	↑25.	MariaDB ⊞	Relational DBMS	33.97	+2.38	+10.37

图6-4   2016 年数据库排名

场景： 以《红楼梦》为例看 NoSQL 数据库

传统数据库中的关系模型由关系和关系模式组成，关系模式是类型，关系是它的值。而实质上所谓关系模型其实就是一张表！

举个例子：《红楼梦》中贾府的主要人物关系如图 6-5 所示。

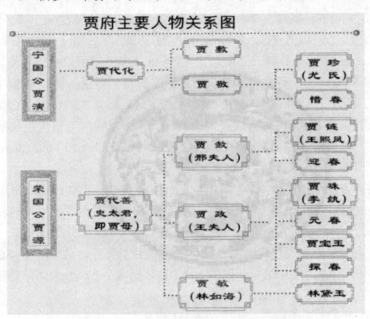

图6-5   《红楼梦》中贾府主要人物关系

红楼梦里的人物关系如果用数据库来存储的话如图 6-6 所示。

配偶关系表		父子(女)关系		母子(女) 关系	
人名	配偶	父亲	子女	母亲	子女
贾代善	贾母	贾敬	贾珍	贾母	贾赦
贾赦	邢夫人	贾敬	惜春	贾母	贾政
贾政	王夫人	贾赦	贾琏	贾母	林黛玉
贾敏	林如海	贾赦	迎春	邢夫人	贾琏
贾珍	尤氏	贾政	贾珠	邢夫人	迎春
贾琏	王熙凤	贾政	元春	王夫人	贾珠
贾珠	李纨	贾政	贾宝玉	王夫人	元春
		贾政	探春	王夫人	贾宝玉
		林如海	林黛玉	贾敏	林黛玉
		贾代化	贾敷		
		贾代化	贾敬		
		贾代善	贾赦		
		贾代善	贾政		
		贾代善	贾敏		

图 6-6　《红楼梦》人物关系表

简单地说，做很多张表(配偶表、父子(女)表、母子(女)表……)，把表放在一起，再配合简单易懂的操作语句(SQL)，用于对数据进行查找、添加、删除和改动，这就构成了关系型数据库。关系型数据库总体说来，操作简单，经过 60 多年的检验，理论基础非常扎实。

查询：贾政的配偶是谁?
数据库回答：王夫人。
如果贾政生完探春以后又生了宝玉怎么办?
数据库回答：添加一行呗。

虽然关系型数据库很好用，但它的一切都是建立在关系之上的，如果关系变多了，比如除了上述父亲、母亲等属性外，再增加一条大女儿的属性，就又得改动数据库的结构。

除了存储这些文字描述外，如果还要存一张贾政的照片，以及修过图的照片等，传统的数据库就无法处理了。这时就需要 NoSQL 了。

在数据如此之多的今天，我们都把数据存进表中，查询效率太低了。红楼梦里面人物数量是比较少的，实际数据库中有上亿条数据，查起来太慢了。于是有些 NoSQL(例如 HBase 等)就提出了 KV(Key-Value)储存。

依旧以上面红楼梦为例，我们来看图 6-7。

	父亲	母亲	配偶	年龄	性别	大儿子	二儿子
贾赦	贾代善	贾母	邢夫人	48	男	贾琏	
贾政	贾代善	贾母	王夫人	40	男	贾珠	贾宝玉

图 6-7　《红楼梦》人物关系示例

图 6-7 采用的是原先的存储模式，那么 NoSQL 是怎么解决的呢?

HBase 是 key-value 存储。Key 是由 "rowkey+属性列名+数据写入时间戳" 组成的，也就是图 6-7 中的 "纵向第一列中的值" + "横向第一行中的值" +数据写入时间戳;Value 则是中间对应的白色框中的值。

例如贾赦信息的 NoSQL 存储(图 6-8)是这样一条一条存好的……

key	value
贾赦+父亲+7月23日	贾代善
贾赦+母亲+7月23日	贾母
贾赦+配偶+7月23日	邢夫人
贾赦+年龄+7月24日	48
贾赦+性别+7月21日	男
贾赦+大儿子+7月21日	贾链

key	value
贾赦+父亲+7月23日	贾代善
贾赦+母亲+7月23日	贾母
贾赦+配偶+7月23日	邢夫人
贾赦+年龄+7月24日	48
贾赦+性别+7月21日	男
贾赦+大儿子+7月21日	贾链
贾政+父亲+7月20日	贾代善
贾政+母亲+7月20日	贾母
贾政+配偶+7月20日	王夫人
贾政+年龄+7月20日	40
贾政+性别+7月21日	男
贾政+大儿子+7月21日	贾珠
贾政+二儿子+7月21日	贾宝玉

图 6-8 贾赦的 NoSQL 格式存储

注：实际写入时间戳不仅仅是 7 月 21 日，而是会精确到毫秒。

在 HBase 数据库中，所有的数据就是像表 6-8 这样一条一条存储在数据库中的。如果需要添加新的属性，直接往数据库中填写就可以了，不需要改动数据库的结构。

有利必有弊，在开源 HBase 中，只能对 Key 这一列进行查找，也就是只能对"贾政"或者"贾赦"进行查询。如果想以"贾代善"为关键词进行查询，那就会需要很长时间。

另外，因为数据库采用了 KV 存储，为了充分利用大数据技术，程序员不仅要适应新的数据存储方式，还需要转变旧的数据库的使用方式，这也是一项复杂的工作。

6.1.4 各种数据源的整合

如果要真正发挥大数据平台的作用，必须要整合其他各种数据源，从而提高系统的可用性。

与现有成熟系统的无缝整合涉及了数据获取、数据分析以及数据可视化端等技术。传统的关系型数据库的数据可以直接作为数据源接入计算机集群中参与计算分析，比如 Oracle，DB2，SQL Server 和 MySQL 等数据库。

Hadoop 平台支持的其他第三方工具如下。

(1) 支持 DataStage、Kettle 等主流 ETL 工具、实时数据复制工具、批处理任务调度工具。

(2) 支持多种可视化及报表生成工具，包括 Tableau、SAP Business Objects、Oracle OBIEE、IBM Cognos、MicroStrategy MSTR、FineReport 以及 SAS 等，使得基于大数据分析的商业决策更易被理解和接受，从而将大数据的潜在价值最大化。

(3) 支持主流元数据管理软件平台，包括数据质量管理、数据生命期管理等。

(4) 支持其他开源数据挖掘与数据建模工具软件。

此外，还可以把大数据系统中的数据分析挖掘层与 R 语言整合起来，使得数据分析挖据能够充分利用 R 语言上的数千种统计挖掘算法，以及绘图工具绘制专业的统计报表；数据可视化不仅可将最终分析结果展示给用户，还可以帮助数据分析师来进行数据探索，从而发现新问题并分析解决。

6.2 传统数据仓库的瓶颈

数据仓库是企业的一种统一的数据管理方式，即将不同应用中的数据汇聚，然后对这些数据进行加工处理和多维度分析，并最终展现给用户。

数据仓库帮助企业将纷繁复杂的数据整合加工，并最终转换为关键流程上的 KPI，从而为决策/管理等提供最准确的支持，并帮助预测发展趋势。因此，数据仓库是企业 IT 系统中非常核心的系统。

曾经看到类似这样的说法，"一个公司，如果 DB 从来不出问题，那肯定是因为没有业务或者流量。"我们看到的很多场景也恰恰如此，业务的发展远远快于数据系统的规划，导致数据仓库或者数据库无法和业务结合在一起，而这个问题是致命的。

现在 Gartner 在慢慢改变数据仓库的名称，以前称为数据仓库数据库管理系统魔力象限，从 2015 年开始这个概念改成数据仓库和数据管理系统魔力象限，不再局限于数据库，这也意味着要在数据仓库中引入一些新的技术，特别是用 Hadoop 技术来搭建数据仓库。引入它的重要原因就在于传统的数据仓库已遇到各种瓶颈，比如说庞大的数据量等。

6.2.1 传统数据仓库的瓶颈之一：数据量的问题

今天在传统的数据仓库上，遇到的第一个问题是**数据量的问题**。

我们看到随着数据量的增大，包括复杂应用程序的增多，传统数据仓库越来越不堪重负。传统数据仓库在数据量上的瓶颈总结如下。

(1) 在于数据总量动辄几百个 TB，甚至会上 PB 的级别。

(2) 数据源变得非常多。

(3) 随着数据源的不断增多，访问数据的方式不那么统一，变得非常复杂。

传统的数据仓库并不是为处理这个规模的数据量而设计的，所以在这一块市场急需要新的技术，特别是充分利用分布式计算来取代原本单一的计算方式来进行横向扩展。

对于大部分的企业用户，其使用的数据量一般会在几十个 TB 到几百个 TB 左右，也有的企业会有多到几个 PB 的总数据量。我们有一个客户在使用着数据量近 20 个 PB 的商业数据仓库系统。这么大的数据量对传统的数据仓库系统来说压力是非常大的。

很多企业客户平时会用到几百个库表，有成千上万张表，这样复杂的数据模型通常很难把所有数据存储到一个数据库中，只能分摊到很多个库中。比如说我们的一个客户就在数据仓库里建立了超过 5000 个统计报表应用。

这给数据的监管带来了很大的困难，因为需要将所有的数据都存储和管理起来。

6.2.2　传统数据仓库的瓶颈之二：数据类型的问题

传统数据仓库遇到的第二个问题是**数据类型的问题**。

随着互联网在各行各业的丰富应用，数据的类型和10年前相比发生了很大的变化。在过去，数据仓库中的数据以结构化数据为主，80%甚至更高比例的数据是结构化数据，而现在非结构化数据逐渐增多，甚至在有些应用场景下，80%是非结构化数据和半结构化数据。

对于企业来讲，需要把这些非结构化数据存储起来进行分析。比如对于银行而言，类似视频数据、票据数据等，虽然目前价值不是太高，但是需要一个存储机制来将其存放。而随着数据源变多以后，相关的用户和业务部门也变多。这些部门之间如何进行资源有效管理和隔离，又变成了一个需要面对的问题。

例如，过去有些银行会对程序员的数据使用采取行政处罚措施，如果有人写一条 SQL，把数据仓库资源耗尽，导致其他人不能使用，那么这个人今年的奖金可能就没有了。而采用这种处置方式是没有效果的，因为程序员根本就不知道他写的这个 SQL 语句，会不会把数据仓库跑挂掉。

另外作访问控制也是很痛苦的，为了使不同的分支机构只能访问自己的数据，需要创建视图。如果用户有 1000 张表，同时还有几十个分支机构，那么可能就需要创建上万个视图，这会给数据的视图管理带来巨大的挑战。而如果公司内部作组织调整，那么所有的这些视图都需要进行修改。

当然，如果要从数据的价值度来讲，80%以上的价值密度可能仍然来自结构化数据。

6.2.3　传统数据仓库的瓶颈之三：数据处理的延时问题

传统数据仓库面临的第三个挑战是**数据处理的延时问题**。在数据量和数据源变多的基础上，数据处理的延时变得很长。

在传统的数据仓库体系中，整个数据架构前面是 OLTP 系统，中间是 ODS，后面是数据仓库层，再往后是数据集市。根据早期的设计，在数据仓库这一层，数据往往是 T+1 的，意味着第二天才能访问前一天的数据。但是现在很多行业需要更实时的数据。

为了了解当前的生产运营状况，很多机构或者企业需要基于 T+0、准实时的，甚至是实时到只有几分钟几秒钟延时之内的数据。这种需求就演变出一种数据仓库运营模式——Operational Data Warehouse(运营式数据仓库)。

Operational Data Warehouse 的概念是我们从 Operational Data Store(ODS)上衍生出来的，是能够快速处理业务数据的数据仓库。数据仓库之父 W.H.Inmon 于 1995 年提出 ODS 概念的时候就是看到了传统数据存储在面向实时性的操作数据中的不足之处。

在此类数据仓库上，业务模式的设计初衷是希望把数据实时或准实时地导入数据仓库中，能够对实时数据进行快速的分析和挖掘。不过往往事与愿违，传统的数据仓库经常是每天晚上完成数据导入，花 7~8 个小时进行批处理计算，第二天才能看到报表。

所以传统数据仓库系统都面临着一个普遍的问题：不能及时处理数据。

6.2.4　传统数据仓库的瓶颈之四：数据模型的变化问题

传统数据仓库的第四个挑战是**数据模型的变化**，因为原先的逻辑数据模型不能有效支撑数据快速分析和价值发现。

过去大家作统计是对数据进行一些常见的聚合以及连接关联算法操作。这些操作通常会遵循关系数据库的模式，包括一些模型和各种范式，例如有些厂商在相关行业根据经验积累设计的十大主题模型、八大主题模型等。在这些模型间的数据关联程度是非常高的。

一个有几千个数据源表的业务系统，在中间层需要用上万张数据表来满足它的模型。而这样一个复杂的模型所带来的弊端就是数据结构一旦发生变化或者增加时，模型就不堪重负，因为其没法适应业务的快速变化。

所以我们经常能看到的事情是很多大型机构花几年时间，投入巨大的资金和人力来建立一个数据仓库，在建成之后，每年依然需要反复投入，用来改造这个系统以满足新的变化。 例如我们近期了解到国内一家银行，其 IT 部门前后 10 年投入了十几亿来搭建他们的数据仓库。而今天一方面大量可以纳入数据仓库的数据在不断产生，而另一方面新的无法被原先设计的数据仓库处理的数据也在同步增加，有些来自内部，有些来自外部。

数据处理方法的确到了应该变革的时候。

如图 6-9 所示，我们总结一下在 6.2 节中提到的传统数据库的瓶颈，传统数据仓库在今天存在的问题主要如下。

(1) 数据量的问题。

(2) 数据类型的问题。

(3) 数据处理的延时问题。

(4) 数据模型的变化。

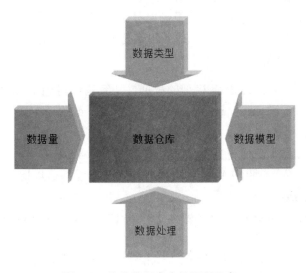

图 6-9　传统数据仓库的问题示意

6.3　Hadoop 是解决数据仓库瓶颈的方法

早年 Hadoop 刚开始创建的时候，其用途之一就是作为数据仓库。所以现在越来越多的行业已经开始用 Hadoop 技术作数据仓库。

我们就从上一节介绍的传统数据仓库的瓶颈来谈 Hadoop 的解决方法。传统数据库的四个问题需要全新的技术支撑，Hadoop 诞生以后衍生出来的新技术在逐步满足这些需求。

其实除了基于 Hadoop 的系统，基于 MySQL 的中间件扩展的分布式数据库系统也能够满足其中大部分需求，不过这不是本书需要讨论的重点，我们就此略过。

6.3.1　解决数据量的问题

我们首先来看数据量的问题。

我们需要一些新型的分布式数据库技术来处理日益庞大的数据量和众多的数据源的问题。笔者认为 Hadoop 技术能成功的最根本原因就在于它将集中式运算变成了分布式计算。

传统数据仓库为了应对数据量的增加，需要采用新的计算模式。而除了 Hadoop 之外，这个计算模式的演变目前还没有什么其他的技术能够更好地实现。

计算模式的演化

我们看到计算模式随着互联网和大数据的发展发生了非常明显的变化，从单机开始，首先是计算并行化。计算并行化就是我们所说的并行数据库——数据库引擎并行化，其对数据存储无法有效扩展，所以就演变出了第二代分布式技术——计算和存储的分布式化，大规模并行数据库，也就是 MPP 数据库，这个数据库解决了一部分问题——几个 TB 级别的数据的高速处理问题。但是在数量更多的时候，又遇到了计算模式的瓶颈，此时又需要一个新一代的技术。新一代的数据技术计算模式发生了变化，这就是 Google 在 2003 年引入的 MapReduce 计算模式。

经过 10 年的发展，MapReduce 模型的扩展性和容错性得到了很大的提高。在此期间，虽然出现了很多新的模型，但 MapReduce 仍然是一个不错的分布式计算模式，它能把计算和存储有效地结合了起来。

计算模式经过上述演变使得新的数据仓库技术能够处理从几个 TB 到几十个 PB 的数据量，能够线性扩展，而且在每个数量级上其处理速度都可以比传统的数据处理技术快若干倍甚至一个数量级(10 倍)。

星环科技在 2015 年的时候就已经做到了基于 TPC-DS benchmark(标准测试集)[①]从 1TB

[①]　事务性能管理委员会(TPC)是目前最知名的数据管理系统评测基准标准化组织。在过去 20 多年间，该机构发布了多款数据库评测基准。TPC-DS 采用星形、雪花形等多维数据模式，它包含 7 张事实表，17 张维度表，平均每张表含有 18 列。其工作负载包含 99 个 SQL 查询，覆盖 SQL99 和 2003 的核心部分以及 OLAP。这个测试集包含对大数据集的统计、报表生成、联机查询、数据挖掘等复杂应用。

到 100TB 的有效处理,而且处理的性能是:用 29 台机器,能够在 40 个小时内完成 100TB 总共 99 个报表的处理。测试的时候使用的是普通的两路服务器,CPU 还是相对比较弱的,若用更多的服务器和更快的 CPU 可以进一步提高速度。

今天能够在 TPC-DS benchmark(专门用于 SQL on Hadoop 的产品评测)上运行超过 100TB 的数据仓库,应该还是屈指可数的。

总体来说,传统数据仓库瓶颈的第一个问题我们可以通过分布式计算来解决。

6.3.2　解决数据类型的问题

数据库布道者 Michael Stonebraker 曾经讲过,在未来,不管是传统数据库技术还是大数据技术,大家都会统一使用 SQL 接口,这是包括结构化数据与非机构化数据在内的,非结构化数据也会被结构化后进行统一处理,所以逻辑数据仓库适用于这种变化,通过统一接口统一方式跨各种数据源访问,同时也会建造一个有多租户管理、资源管控的环境,能够被很多部门、用户进行使用。而从理论上来讲这是区别于传统数据仓库的应用场景。

我们对传统数据仓库第二个瓶颈的解决方案是通过数据联邦技术(Datebase Federation)处理多数据源以及解决多租户的问题。

Database Federation

由于企业内部存在很多套系统,加上一些数据敏感等原因,不可能所有的数据都能汇总到数据仓库里面,因此 Database Federation 技术在很多场景下就是必需的功能。

Database Federation 技术让平台可以穿透到各个数据源,在计算过程中把数据从其他数据源中拉到集群中来进行分布式计算,同时也把常见的数据源所具备的特性推到数据源中,减少数据的传输量。一推一拉,使得其性能表现得十分显著,对多重数据源进行交叉分析。

在这一领域有两个流派,一个来自传统的数据库厂商,他们希望用自己的 SQL 引擎来覆盖 Hadoop,把 Hadoop 隐藏在他们的引擎下面,这种方式没有把计算完全分布出来。另外一种策略是利用 Hadoop 的 SQL 引擎来覆盖原来的关联数据,使原来的关联数据库能够与 Hadoop 作为同一种数据源来进行完全分布式的计算。

我们认为这里的第二种方式会更符合未来的技术趋势,分布式计算,扩展性增强。

Gartner 在几年之前提出一个概念,叫 Logical data warehouse(逻辑数据仓库)。逻辑数据仓库能够比较有效地解决数据类型的问题。

Gartner 认为,逻辑数据仓库应该有三个部分。

(1) 第一个部分是中心的 Repository,所有数据全部集中放在里面;

(2) 第二个是数据库虚拟化,或者叫数据库联邦技术,能够把多种数据源融合起来,从应用角度来看使用更加方便;

(3) 第三个是逻辑数据仓库之上最核心的分布式计算。

所以分析机构和有些倡导者就提出要构建逻辑数据仓库。 我们需要去建一个逻辑上完整的数据仓库，该数据仓库可以包括多个数据源，而这些数据源是通过 Database Federation(数据库联邦)功能连接在一起的。它可以跨多种数据源访问，可以把结构化数据和非结构化数据统一进行处理。

逻辑数据仓库还有两个特性是一定需要满足的。

(1) 能不能按需对数据仓库进行扩张、能不能实现多个用户共享一个平台，这个是逻辑数据仓库必须要解决的问题。

(2) 对元数据的管理、对数据质量管理的有效方法、对数据访问要有审计的策略，这也是逻辑数据库核心设计原则。

6.3.3　数据处理的速度问题

T+0、准实时的，甚至实时到只有几分几秒延时之内的数据处理速度本来就是 Hadoop 系统设计的一个 KPI。我们所参与的所有 Hadoop 系统，无论数据量多大，实现快速的数据处理都是系统所必须满足的条件。

对于能处理交易的数据仓库 Operational Data Warehouse[①]，很多人是用 HBase 或 Cassandra 来实现的。但是其中存在的一个普遍的问题就是数据在进入了这个数据仓库以后，是需要进行复杂的分析的，比如可能是在上面同时运行几万行的 SQL 统计。而其中的一个复杂分析可能就有上万行，需要能快速地完成。这样的一个要求实际上是很难满足的，因为它的特点是要对数据进行实时写入，同时也要对它进行复杂的分析，目前没有一项数据库技术能够同时满足这两个需求。

笔者按：当然有的厂商号称既能支持 OLTP 又能支持 OLAP。有一个新的类别叫 Hybrid Transactional & Analytical Database，这种数据库也有相关分析报告，但目前好像没有技术能比较成熟地来解决这个问题。

星环科技在实现该设计模式的时候，底层采用的技术其实就是基于 Hadoop 的。我们是在 HDFS 上构造自己的分布式数据库，改进了 ORC 的存储格式，可以支持增删查改，也可以支持分布式事务处理。我们在前端开发了一个 ETL 工具，可以把数据库的日志进行重放，直接插入 ORC 事务表里面去。这是一个准实时的操作，通常在几分钟内能将数据从交易型数据库实时同步到 Hadoop 中，然后开始做复杂关系，这个分析是非常高效的。这是一种实现方式，但是它的延时还不够快，因为它是分钟级别的，比如，如果是业务数据库，则 DB2 借助 IBM Datastage 把操作日志放出来之后，再解读这个日志，写到仓库中去。

而我们还遇到有一些客户希望是更实时的，他希望能在几秒之内完成计算，这个时候我们采用第二种方法，即把数据在复杂计算前推到流处理框架中去。

我们下面来看一个用流处理来作高频交易的场景。

---

① 在 6.2.3 小节中介绍过 Operational Data Warehouse 的概念，面向运营的数据仓库。

今天有很多金融机构的应用，特别是网银，像互联网金融，其全部的交易订单都在消息队列中，如 RabbitMQ、Kafka，这个时候我们天生的优势，就是可以直接从交易队列中把数据取出来，在流上进行运算。数据流上的计算实际上也是数据仓库中的一个复杂的运算，也有大量存储过程和 SQL。

有一个客户需要在一秒之内对市场行情进行运算，而给出的运算需要基于 160 个复杂模型，其中有些复杂模型其实是用存储过程写的偏微分方程所构成的。

市场行情的数据是从前端源源不断进入系统的，而在进入系统的同时就需要完成复杂模型的计算。这就意味着我们需要在数据流上面作复杂计算，不能有延时，全部的操作需要在一秒内完成。

对于这个客户，前置的交易系统采用的就是基于 Spark 的流处理框架，我们做的是把数据在复杂计算前推到流处理框架中去。

这种新型的高频交易的场合只有在基于 Hadoop 的数据仓库中才可能完成，传统的数据仓库架构是不可能做到的。

6.3.4　数据模型的变化问题

我们通过利用新的机器学习的统计方法，不仅可以作传统 SQL 统计，还希望能够从数据关联上面发现数据中隐藏的规律、关联模式和时序上的特征等。通过对数据进行一些深度的预测分析，能够发现统计学意义上的因果关系。这就变得对企业更加重要。

这是一种新的数据仓库设计模式，叫 context independent data warehouse(上下文无关的数据仓库)，也就是说抛弃原有的逻辑关联模型，在不知道任何模型的情况下，也能通过机器学习的方法找到数据之间的关联关系，能够找到它们之间在统计学上存在的因果关系。

context independent data warehouse 架构通常需要完成几项重要的工作。

(1) 该数据仓库应该能够支持关联分析，对于数据和表，能够通过相关性找到它们之间的关联关系，同时也能发现一些统计学上的因果关系。这一块我们可以借助 R 语言来实现，只不过我们把 R 语言的很多算法分布式化了，但是对用户来讲，其体验跟 R 语是一模一样的。如果用户是熟悉 R 语言的专家，则很快就可以用 R 语言来作复杂的关联分析和机器学习。其实这也意味着是不需要复杂的模型模式，只需对数据特征抽取以后就可以进行机器学习，也不需要太多的专家来设计规则，它是通过机器学习方法自动补充的。

(2) 这个数据仓库需要有网络分析、图分析的能力。现在特别是社交网络分析、通信网络分析，或者是金融领域的银行资金转账链、担保关系、企业投资关系等，都要用图的技术来实现，图技术还可以广泛地运用到金融机构的反欺诈中。因而在这样一个数据仓库中，图的分析能力也是一个重要的关键能力。

(3) 需要具有文本的分析挖掘能力。

(4) 我们希望能摒弃过去设计复杂的逻辑模型，因为动不动就做出几万张中间表的这种模型代价非常高，而且固定下来就很难变化。我们希望能有一个自主的工具进行数据挖掘分析，而这一块也需要工具上的支撑。

所以在实现这种数据仓库架构的时候，我们会综合使用各种开源的和自主研发的组件，在星环的 TDH 平台上：

(1) 我们使用了 Inceptor 分析型数据库，对数据特征进行清洗，甚至 SQL 能直接用图的算法进行分析；

(2) Hyperbase 数据库还能支持文档搜索、文本搜索，也支持大规模图的并发查询；

(3) 我们综合了传统的 R 语言的单机算法包，也提供传统 R 语言的完整体验；

(4) 我们对外提供 DataFrame 的抽象，其实就是 R 语言的 DataFrame 的抽象，和 R 语言的原始 DataFrame 是一样的，可以直接使用 R 的算法；

(5) 同时我们也提供几十种分布式机器学习算法，让用户来做大规模的机器学习。根据项目的实际执行演变出几种应用模式，有风险分析、有精准营销的，也有反欺诈、文本分析等。

6.4 基于 Hadoop 和 Spark 的数据仓库解决方案

在 6.3 节中，我们看到采用 Hadoop 和 Spark 技术是解决传统数据仓库瓶颈问题的一种很好的方式。

在本节中，我们具体来看基于 Hadoop/Spark 的数据解决方案能如何有效地解决 6.2 节中提到的这些问题和挑战的。

6.4.1 基于 Hadoop/Spark 结构的数据仓库系统架构

我们来看一张数据仓库设计图，如图 6-10 所示。

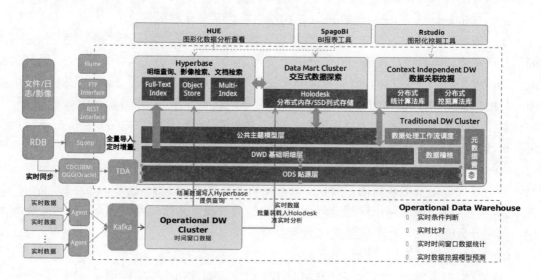

图 6-10　基于 Hadoop 的数据仓库架构设计

图 6-10 是一个典型的基于 Hadoop 的数据仓库的架构设计。

(1) 有一个传统数据仓库层，它包含一个集中的数据存储平台，以及元数据管理、数据稽查和数据处理的工作调度层。数据存储平台包含多种数据源，有结构化数据和非结构化数据。结构化数据的处理分为三层，按照数据模型分成：

① 贴源层；

② 基础明细层；

③ 公共主题模型层。

(2) 数据加工业务按照模型切分成不同的批处理业务，通过分布式计算引擎来执行离线的批处理计算。同时为了满足多个模型层的业务需求，有一个统一的资源调度层和工作流调度系统，保证每个业务能够得到给定配额的资源，确保资源分配的合理性和有效性。

(3) 几个不同的应用场景通过资源管理层动态分配出来的逻辑集群。各个业务集群获取模型层加工的数据，并结合自身的业务使用相关的数据，同时各个业务之间也可以通过数据库联邦等技术在计算中共享数据。这类业务包含各种查询与检索业务、数据集市以及关联发现的数据仓库等。

(4) 此外，上述方案还包括一个实时处理数据仓库。实时的数据源通过消息队列传入系统，按照数据的时间戳进行基于时间窗口的数据处理，如进行一些实时窗口上的数据统计、基于规则引擎的数据处理，甚至是数据挖掘模型的预测等。经过处理后的数据统一输入企业数据总线，其他逻辑数据仓库通过订阅服务获取相关数据。如数据集市可以从总线上订阅窗口数据直接输入到内存或者 SSD 中，从而可以对这部分数据作实时的统计分析。此外，其他应用也可以在企业数据总线上订阅相关的数据，从而实时的获取业务需要的数据。

因此，基于 Hadoop 的解决方案能够用一套系统实现企业对传统数据仓库、实时处理数据仓库、关联发现数据仓库以及数据集市的需求，并通过逻辑划分的方法使用一套资源来实现，无须多个项目重复建设。

从技术层面上讲，现有的一些 SQL on Hadoop 引擎(如 SparkSQL、CDH 等)也能够部分实现数据仓库的需求，但是离完整覆盖还有一些距离。一些关键的技术必须实现突破，才能符合企业数据仓库建设的业务指标。

下面我们来看一下，基于 Hadoop+Spark 构建的系统有哪些特点。

6.4.2　分布式计算引擎

基于关系数据库的数据仓库的一个最大痛点在于计算和处理能力不足，当数据量到达TB 量级后几乎完全无法工作。因此，分布式的计算引擎是保证新数据仓库建设的首要关键因素。这个分布式引擎必须具备以下特点。

(1) 健壮稳定，必须能够 7×24h 运行高负载业务；

(2) 高可扩展性，能够随着硬件资源的增加带来处理能力的线性增长；

(3) 处理能力强，能够处理从 GB 到几百 TB 量级的复杂 SQL 业务；

(4) 数据一致性保证。

在各个模型层的数据加工过程中，数据表可能会有多种数据源同时来加工。以某银行的贴源层为例，某个总数据表可能同时被各个分行的数据，以及外部数据源(如央行数据)来加工。

做并发的对统一数据源加工的过程中，数据的一致性必须得到保障。因此，基于大数据平台的数据仓库也必须提供事务的保证，确保数据的修改操作满足一致性、持久性、完整性和原子性等特点。

6.4.3   标准化的编程模型

目前大部分在生产运行中的数据仓库是基于关系数据库或者 MPP 数据库来实现的，一般系统规模都比较大，代码量级是数万到数十万行 SQL 或者存储过程。SQL 99 是数据仓库领域的事实标准编程模型，因此支持 SQL 99 标准是大数据平台构建数据仓库的必备技术。

而如果能够支持一些常见的 SQL 模块化扩展(如 Oracle PL/SQL，DB2 SQL PL)等，将非常有利于企业将数据仓库系统从原有架构上平滑迁移到基于 Hadoop 的方案上来。

使用非标准化的编程模型，会导致数据仓库实际建设的成本和风险无法控制。

6.4.4   数据操作方式的多样性

不同模型的数据加工过程要求平台具备多种数据操作的方式，可能是从某一文件或者数据库插入数据，也可能是用某些增量数据来修改或者更新某一报表等。

因此数据平台需要提供多种方式的数据操作，譬如能通过 SQL 的 INSERT/UPDATE/DELETE/MERGE 等 DML(Data Manipulation Language，数据操纵语言)来操作数据，或者能够从文件或者消息队列等数据源来加载源数据等。同时，这些操作必须支持高并发和高吞吐量的场景，否则无法满足多个业务同时服务的需求。

6.4.5   OLAP 交互式统计分析能力

对于数据集市类的应用，用户对报表的生成速度和延时比较敏感，一般要求延时在 10s 以内。传统的数据仓库需要配合一些 BI 工具，将一些报表提前通过计算生成，因此需要额外的计算和存储空间，并且受限于内存大小，能够处理的报表存在容量限制，因此不能完全适用于大数据的应用场景。

一些开源项目尝试通过额外的存储构建 Cube 来加速 HBase 中数据的统计分析能力，不过存在构建成本高、易出错、不能支持 Ad-Hoc 查询等问题，此外需要提高稳定性满足商业上的需求。

另外一些商业公司开始提供基于内存或者 SSD 的交互式统计分析的解决方案，通过将数据直接建立在 SSD 或者内存里，并通过内置索引、Cube 等方式加快大数据量上统计分析速度，能够在 10s 内完成十亿行级别的数据统计分析工作。这种方案通用性更强，且支持 Ad-Hoc 查询，是更合理的解决方案。

6.4.6 多类型数据的处理能力

在大数据系统中，结构化数据和非结构化数据的比例在 2∶8 左右，文档、影像资料、协议文件，以及一些专用的数据格式等在内的非结构化数据在企业业务中非常重要，大数据平台需要提供存储和快速检索这些数据的能力。

开源 HBase 提供 MOB 技术来存储和检索非结构化数据，基本可以满足对本地的图像、文档类数据的检索，但是也存在一些问题，如 Split 操作 IO 成本很高、不支持 Store File 的过滤等；此外不能很好支持 JSON/XML 等常用数据文件的操作也是一个缺点。另外一些数据库如 MongoDB 对 JSON 等的支持非常好，但是对视频影像类非结构化数据支持不够好。

一个可行的技术方案是在 HBase 等类似方案中增强对 JSON/XML 的原生编码和解码支持，通过 SQL 层进行计算；同时改变大对象在 HBase 中的存储方式，将 split 从 region 级别降低到 column family 级别来减少其操作 IO 成本等优化方式，来提供更有效的大对象的处理能力。

6.4.7 实时计算与企业数据总线

实时计算是构建实时处理数据仓库的基本要求，也是完成企业各种新业务的关键。以银行业信贷为例，以前的信贷流程是业务人员在客户申请后去工商、司法等部门申请征信数据后评分，周期长、效率低。而如果采用实时数据仓库的方案，每个客户请求进入企业数据总线后，总线上的相关微服务就可以实时地去接入征信、司法、工商等数据，通过总线上的一些挖掘算法对客户进行评分，再进入信贷系统后就已经完成了对客户必要的评分和信贷额度的计算等工作，业务人员只需要根据这些数据来作最终的审批，整体的流程几乎可以做到实时，极大地简化了流程和提高了效率。

Spark Streaming 和 Storm 都是不错的实时计算框架，相比较而言，Spark Streaming 可扩展性更佳，此外如果分布式引擎使用 Spark 的话，还可以实现引擎和资源共享。因此我们更加推荐使用 Spark Streaming 来构建实时计算框架。目前开源的 Spark Streaming 存在一些稳定性问题，需要有一些产品化的改造和打磨，或者可以选择一些商业化的 Spark Streaming 版本。

实时计算的编程模型是另外一个重要问题，目前 Spark Streaming 或者 Storm 还主要是通过 API 来编程，而不是企业常用的 SQL，因此很多的线下业务无法迁移到流式计算平台上来。从应用开发角度考虑，提供 SQL 开发实时计算应用也是构建实时数据仓库的一个重要因素。目前一些商业化的平台已经具备通过 SQL 开发实时计算应用的能力。

6.4.8 数据探索与挖掘能力

企业经营过程中经常需要作预测性分析，但预测的准确率却都保持在低水平。这由两大方面原因造成。

(1) 因为过去分析的数据都是采样数据，没有大规模的软件系统来存放数据，也无法对大的数据进行分析。

(2) 计算模型过于简单，计算能力远远不够，无法进行复杂的大规模的计算分析，这使得过去的预测都相当不准确。

除此以外，作预测性分析还应具备三方面特征，要具有完整的工具。

(1) 第一个工具就是要有完整的特征抽取的方式。从大量的数据中找出特征。即使在今天拥有工具的条件下，也仍然需要人来识别这些特征，作特征抽取。

(2) 第二个是要有分布式机器学习的算法。目前，这种算法的数量仍然不够全面，我们需要有更完整的机器学习算法的列表。

(3) 第三个是我们要有应用的工具来帮我们建造一个完整的机器学习算法的 pipeline，从而更方便地作出分析。

目前市场上有多种数据挖掘的解决方案和开发商，主要分成两类：以提供模型和可视化编程为主的方案，如 SAS；以提供算法和标准化开发接口为主的方案，如 Spark MLib 等。图形化的方案对开发商来说更容易，但是这些系统多数和 Hadoop 的兼容性比较差，需要有专用系统。而类似 Spark MLib 的方案能更好地和大数据结合，以及比较多地被工业界接受。

6.4.9　安全性和权限管理

数据安全的重要性无须赘述，安全问题在最近几年已经上升到国家层面。对于大数据平台，基于 LDAP 协议的访问控制和基于 Kerberos 的安全认证技术是比较通用的解决方案。

Kerberos 是一种计算机网络认证协议，它允许某实体在非安全网络环境中通信向另一个实体以一种安全的方式证明自己的身份。它的设计主要针对客户—服务器模型，并提供了一系列交互认证方案——用户和服务器都能验证对方的身份，可以保护网络实体免受窃听和重复攻击。目前，Kerberos 是最通用的权限管理解决方案。

此外，数据的权限管理目前在 Hadoop 业界还处于完善阶段，应该提供一套基于 SQL 的数据库/表的权限控制，管理员可以设置用户对表的查询、修改、删除等权限，并包含一整套的角色设定，可以通过角色组的设置来便捷地实现对用户权限的控制。此外，一些应用场合需要提供对表的精确行级别控制。

6.4.10　混合负载管理

统一的数据仓库平台需要能够支持混合工作负载，能够对多个租户进行资源的配额，同时也能实现资源共享、分配闲置资源给其他客户，并且也能支持抢占。

其次，它还需要能够支持资源和数据的隔离，使多个租户之间互不干扰。

再者，它需要具备把批处理任务和实时任务分开处理的能力，对一些实时任务进行优化，从而可以支持多用户多部门多种混合复杂的应用场景。

利用容器技术可以有效地实现资源和数据的隔离性，再加上一个资源调度框架，可以实现工作负载和租户资源的配置。

图 6-11 所示是目前这个领域创新的热点，涌现了很多解决方案，大概也有几个流派。

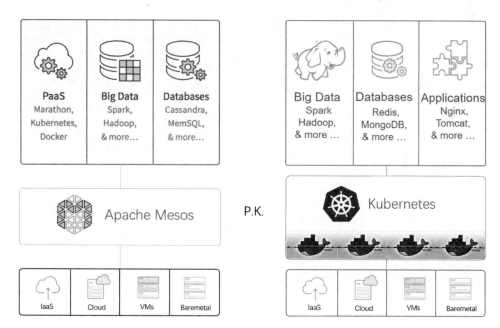

图 6-11　Apache Mesos PK Kubernetes

(1) 基于 Mesosphere 的技术路线，让 Hadoop 的应用可以在 Mesosphere 资源框架上运行。这个方案的弱点首先是不具备通用性，所有的大数据和数据库的框架都需要定制和改造，无法标准化；第二个弱点是隔离性太弱。

(2) 使用 Kubernetes + Docker 的方式，所有应用容器化，由 Kubernetes 提供资源调度和多租户管理，因此更加标准化，方便统一化部署和运维。

我们认为第二种方案在目前是更好的解决方案。关于 Docker(容器)的概念，本身也是很值得一写的，不过并不属于本书的范畴。

第 7 章

在不同应用环境下的 Hadoop

在本章中，我们想为读者解读下面这些问题：

❖ 在各种环境下是否都能用好 Hadoop？

❖ 在高存储量的环境下，Hadoop 能为我们做些什么？

❖ 在运算密集和网络密集的环境下，Hadoop 能为我们做些什么？

❖ 在什么情况下我们需要采用商用 Hadoop 系统呢？

❖ 为什么开源版本的 Hadoop 不能把性能做到最好，而是留有如此之大的提升余地呢？

❖ 当我们要选择一个商用 Hadoop 系统的时候，需要关注哪些细节？

经过近 10 年的发展，围绕 Hadoop 建立起了完整的大数据生态圈。分布式系统架构、分布式内存分析引擎、分布式数据库与数据仓库以及高速读写的 SSD 等，已经彻底改善了传统方案无法应对的大数据密集存储与 I/O 密集难题。

所有的技术都会有它应用得最好的场景，而对于 Hadoop 来说，系统上的应用会是下面三者之一。

(1) 存储密集型 Storage Bound；

(2) 运算密集型 CPU/Memory Bound；

(3) 网络密集型 IO Bound。

在本章中我们看在这三种不同形态下可以有怎样的 Hadoop 应用。在本章的最后，我们会比较开源的和商用的平台，向读者解释应该如何选用商用 Hadoop 系统。

7.1 在存储密集型环境中的 Hadoop

在存储密集型环境中，Hadoop 的价值能够充分体现出来。数据量越大，Hadoop 的价值也会越大。在第 6 章中我们已经介绍过基于 Hadoop 的数据仓库要比传统数据库或者数据仓库更适合高存储量的场景。

麦肯锡全球研究所对大数据给出的定义是：一种规模大到在获取、存储、管理、分析数据方面大大超出了传统数据库软件工具能力范围的数据集合，具有数据规模大、数据流转快、数据类型多样和价值密度低等四大特征。

大数据首当其冲的特点就是数据规模庞大，大到远远超出了传统数据库解决方案的处理能力。

数据密集型的应用场景对传统方案最直接的冲击是超大容量的存储和高速的 I/O 读写，其次才是海量数据的计算处理与分析性能。

Hadoop 作为最抢眼的大数据解决方案，自然最先要解决数据密集存储与密集 I/O 两大难题。

我们在本节只介绍一个简单的案例，因为事实上，在本书中讲述的大部分案例，都可以算是"存储密集型"的。

案例：Hadoop 助力某地方运营商解决大数据量的难题

随着 4G 等通行网络在全国范围内的覆盖和普及，网络流量呈指数级增长，直观表现为运营商上网记录数据量井喷。以手机访问网页为例：

(1) 访问某门户手机网站首页，每次产生约 20 条记录；

(2) 访问某门户 iPad 首页，产生 40 条记录；

(3) 在 iPad 中浏览一条新闻，产生 180 条记录；

(4) 访问手机触摸屏产生 60 条记录。

这直接导致某地方运营商日均上网记录超 10 亿条，月数据量近 9TB，而这些仅仅是上网记录，只是运营商大数据的冰山一角。

　　Hadoop 在面对密集型存储时，其优势在于具有分布式文件系统 HDFS，廉价的 HDFS 横向可近乎无限扩展。分布式数据库 HBase 由于面向列式存储和可伸缩，可有效降低磁盘 I/O 瓶颈；Spark 引擎将计算结果存放在内存之中，依靠内存的高速读写，进一步克服大数据 I/O 瓶颈；而随着 SSD 单位存储价格降低至可大规模商业应用水平上，I/O 读写速度大幅改善。

　　某地方运营商从 3G 向 4G 网络过渡时，采用星环 TDH 平台，将 Hadoop/HBase 引入到服务体系之中。

　　首期部署 Namenode 节点 3 台、Datanode(数据存储节点)超过数百台、Zookeeper 节点 7 台、集群监控节点 1 台、入库服务节点超 20 台、Web 查询应用服务节点数十台，机框间通过万兆交换机连接，完成快速的数据交换，以应对每天超大规模的数据增量。

　　该运营商每日新增数据来源如图 7-1 所示。

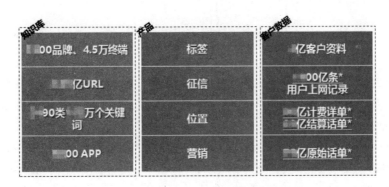

图 7-1　某地方运营商的大数据量示意

　　图 7-1 中每日新生成超过 10TB 的数据量，仅仅应对每日的数据更新，传统数据解决方案已经捉襟见肘。

　　在本项目的首期工程中，TDH Hadoop 平台将 Oracle 数据仓库和 MPP 分布式关系型数据库打通，通过 ETL 工具形成一体化运营体系。由超过 1000 台 x86 服务器节点构成 GP 集群[①]和 Hadoop 集群；小型机共 6 台，搭建了 3×2 节点 Oracle-RAC 集群。由于每日新生成超过 10TB 数据量，该大数据平台采用"*+1"存储策略，即存储*月历史数据加当月数据，如果*=2，那么就会存储 2 个月的历史数据再加上当月的数据。

　　该系统存储总容量超过 10PB，已有数据量达 7PB；Oracle 容量 700TB，使用已接近饱和；GP 集群容量 900TB，使用率超 50%；Hadoop 集群容量超 10PB，使用率 53%。

　　本着先有效存储而后多方位利用的原则，在密集存储不再是瓶颈基础上，该运营商基于用户信息与行为，开发出多款应用，包括：

　　(1)　基于用户画像、数据字典等分析技术而建立的精准营销系统；

　　(2)　基于用户位置热力图的营业厅选址；

----

① Green Plum 集群，商用的 MPP 数据库。

(3) 拥身份认证、信用评级、信贷验证等多项功能。

7.2 在网络密集型环境中的 Hadoop

之前我们提到过，MapReduce 的核心特征之一是数据的本地化。其实不只是 MapReduce，其他的计算框架都是如此，如果数据需要在不同服务器之间复制，会有时间损耗，所以 Hadoop 会尽量把数据存储在计算节点上。

我们看下有哪些工作是属于网络密集型的，如：

(1) 数据清洗和转换；

(2) 数据甄选和分组；

(3) 构建数据索引。

我们来看一个宁波风电的实时管控案例。

案例：宁波风电的实时管控

1. 简述

宁波风电运用大数据技术打造了监控一体化平台，运用流处理技术及时掌握各个智能风机的实时数据，提高了整体运行管理水平，实现了工业 4.0 在风电行业的落地。

2. 背景

风能作为一种清洁的可再生能源，越来越受到世界各国的重视。中国风能储量很大、分布面广，仅陆地上的风能储量就有约 2.53 亿千瓦。2008 年以来，国内风电建设的热潮达到了白热化的程度，中国新能源战略开始把大力发展风力发电作为重点，如图 7-2 所示。按照国家规划，未来 15 年，全国风力发电装机容量将达到 2000 万～3000 万千瓦，未来风电设备市场将高达 1400 亿～2100 亿元。中国风力等新能源发电行业的发展前景十分广阔，预计未来很长一段时间都将保持高速发展态势，同时盈利能力也将随着技术的逐渐成熟稳步提升。

图 7-2 风力发电

　　风能具有高度的随机波动性与间歇性，所以大规模的风电接入会对电力供需平衡、电力系统安全以及电能质量带来诸多严峻的挑战，这就要求风电企业及时掌握各个智能风机的实时数据和运作情况，以便快速地对其进行调整和检修。

3. 用户需求

　　宁波风电的新能源远程控制中心需要对多个地点风力发电机的数据进行实时监控和采集，及时分析发电数据，从而及时进行风力发电设备的运行优化、状态检修和维护。

　　面对如今所有风电场风电机组高并发下产生的海量数据，以及自身对风电机组实时信息的需求，宁波风电急需一个集中性的远程控制平台，为其提供各个风电机组准确的、实时的和统一的信息，有情况及时报警，以提高整个发电系统的运行效率。

4. 问题分析

　　风能的随机性、间歇性特点导致风电机功率波动幅度很大，给电网的实时运行调度带来很大困难，在一定程度上影响了电网的安全稳定经济运行。监控平台如何对大规模的风电场进行实时监控是风电企业的关键技术问题。

　　宁波风电原来的远程控制中心平台功能较为分散，而且在面对如今所有风电场风电机组高并发的海量数据时，该平台无法进行有效的实时采集、传输、计算和存储展示过程，不能实现对大量风电机组数据的深度分析和实时情况掌握。

5. 解决方案

　　我们首先来看宁波风电的数据挖掘系统，如图 7-3 所示。

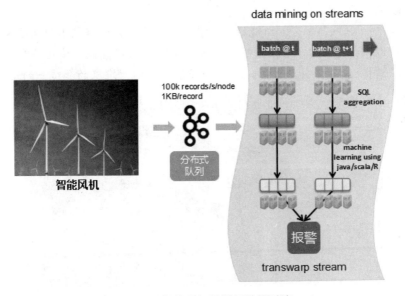

图 7-3　智能风机的数据挖掘系统

图 7-3 中的数据挖掘系统分成两个部分。

1)　实时处理

　　流处理组件的实时流处理引擎以 Spark Streaming 为基础，提供了强大的流处理能力，它将流式计算分解成多个 Spark Job，每一段数据的处理都会经过 Spark DAG 图分解，以及

Spark 任务集的调度过程。对于目前版本的 Spark Streaming 而言，其最小的 Batch Size 选取为 0.5~2s，所以它能够满足除对实时性要求非常高的所有流式准实时计算场景。

Spark Streaming 优势：

(1) 更强的表达能力，支持 DAG 计算模型；

(2) 丰富的输出方式，HBase、告警页面、实时展示页面；

(3) 广泛的应用场景，传感器网络处理、服务监控、反作弊；

在宁波风电的案例中，Spark Streaming 组件实时接入风力发电机每秒产生的传感器数据(例如振动幅度等)，IO bound 速率高达 100k records/s/node，数据快速进入分布式队列，然后对其进行实时统计分析和监控，并在发生故障时及时报警。它的优势在于：

(1) 能运行在 100+的节点上，并达到秒级延迟；

(2) 使用基于内存的 Spark 作为执行引擎，具有高效和容错的特性；

(3) 能集成 Spark 的批处理和交互查询；

(4) 为实现复杂的算法提供和批处理类似的简单接口。

2) 机器学习

机器学习是人工智能的核心，是使计算机具有智能的根本途径，其应用遍及人工智能的各个领域，它主要使用归纳、综合而不是演绎。机器学习中所用的推理越多，系统的能力越强。除了主要的流处理过程，宁波风电的传感器数据还利用机器学习算法进行风叶和齿轮的故障预测，从而可以及早安排检修或更换。

6. 实施效果

图 7-4 中，"互联网"融合"新能源"，宁波风电运用大数据技术打造了风电等新能源企业以集中管理、区域监控、远程控制三大应用为核心的管监控一体化平台，为新能源发电集团、分子公司及新能源区域公司、各场站提供实时的、准确的和统一的信息。

图 7-4　新能源数据平台示意

运用流处理技术对海量的传感器数据进行实时采集和计算分析，流处理中数据 I/O 速率达到 100k records/s/node。

宁波风电的大数据远程控制平台成功地掌握了分布在各地的风电机组的实时运行情况，根据大数据分析和报警，真正实现新能源企业发电设备的运行优化、状态检修、专家诊断，大大提高了新能源企业的整体运行管理水平，进一步保证了供电质量和电力系统的安全。

7.3　在运算密集型环境中的 Hadoop

有几种类型的任务是运算密集型的，如：
(1) 类似分类、聚类、关联等各种数据挖掘算法；
(2) 自然语言处理等各种文字类型的数据挖掘算法；
(3) 图片和视频处理。
我们来看一个大运算量场景下的 Hadoop 应用。

案例：Hadoop 助力攻克大数据量经营分析难题

1. 简述
某省运营商利用基于大数据技术建立的流量运营系统，解决了高计算强度的需求问题，大大提高了整体工作效率。

2. 背景
4G 的正式商用，使得流量经营时代走向高潮。大量 OTT[①] 应用拉动流量需求，普及了手机流量的应用，如图 7-5 所示。同时，运营商传统的短彩信、话音收入开始下降，流量收入成为运营商收入增长的最主要来源。

图 7-5　4G 应用替代 3G 应用

---

① OTT(Over The Top)，是指通过互联网向用户提供各种应用服务。这种应用和目前运营商所提供的通信业务不同，它仅利用运营商的网络，而服务由运营商之外的第三方提供。

流量在某种程度上就意味着全业务，这些均预示着运营商们正在加速进入流量经营时代。流量经营的本质特征与传统电信运营有着巨大的差异，同时也面临着来自互联网领域对手们的激烈竞争，它的发展需要建立在对流量经营独有 DNA 的保护与发扬上。

3. 用户需求

某省运营商的流量运营系统建立以来，随着用户网络流量值的不断增长，峰值流速从 2013 年的 5.5Gbps 提升到当前的 7.8Gbps，现有的关系型数据库的运算能力遭遇瓶颈，主要表现在以下两个方面。

(1) 数据装载能力瓶颈。文件接口机对每日的用户上网行为数据文件进行过滤，合并再入库，每个小时的文件需要 45min 才能装载完成。

(2) 库内运算能力瓶颈。随着业务的增加和复杂程度的提高，流量数据库的 CPU 使用率超过 70%，最高运算的调度流程需要跑 6 个小时。甚至有根据 URL 的分组分类报表程序，因为数据量过大而不得不下线。

考虑到运营商数据装载能力的不足和库内运算能力的不足，原来的系统和数据库已经无法支撑如此庞大的数据量，也无法满足高强度的计算能力需求。用户需要一个基于 Hadoop 分布式架构的大数据处理的解决方案，能够较好地解决高计算量的问题，把原有的程序迁移到这个平台之上。

除此之外，某省运营商流量运营系统的 C3 模块本身已经是基于 Hadoop 架构建设的，为了完成 Hadoop 集群统一管理的目标，也考虑将 C3 模块应用作 Hadoop 集群统一化迁移。

4. 问题分析

我们先看下某省运营商原有的系统架构，如图 7-6 所示。

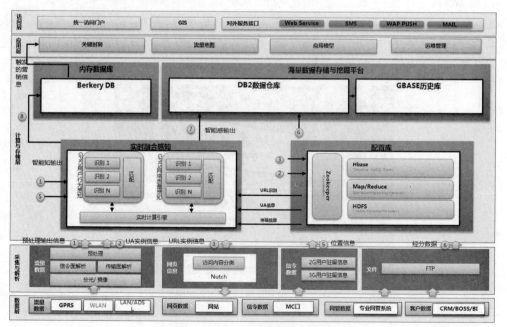

图 7-6　某省运营商原有的系统架构

图 7-6 所示的该省运营商原有的系统架构图是很复杂的。

(1) 从网络侧获得 DPI[①]解析预处理后的 Gn 接口数据,在支撑侧通过基于 Hadoop 技术的 C3 模块,采用流处理技术实现对 Gn 接口数据内容等的识别和事件捕获。

这里的 Gn 接口是同一 PLMN[②]中 SGSN[③]与 SGSN 间以及 SGSN 与 GGSN[④]间的接口。该接口支持用户数据和有关信令的传输,支持移动性管理(MM),采用的是 TCP/IP 协议。Gn 提供数据和信令接口,在基于 IP 的骨干网中 Gn(及 Gp)接口使用 GPRS 通道协议(GTP)。GPRS 隧道协议(GTP)在 GPRS 网络中的各 SGSN 间的 Gp 和 Gn 平台上都有定义。

(2) C3 模块基于 Hadoop 橘云平台,这是运营商进行平台改造前就基于 Hadoop 建立的大数据平台,它对结果解析的 Gn 接口数据流融合感知,输出结构化的用户行为数据到流量数据库。

目前流量运营 C3 基于 Hadoop 2.0 完成了 RET 智能知营销活动触发、ITF 终端数据匹配以及 ICF 访问内容规则分类三个场景。

① RET 智能知场景。接收营销平台发送的规则,通过文件控制字段生成 MQ 消息通知智能知适配模块,智能知适配模块将用户号码文件从 ftp 指定的目录中取出,并解压到指定的云平台目录中,将最新的文件中的数据和最近一次操作用户号码的文件一并提交 M/R 任务,在生成的 map 中进行 reduce 操作。reduce 操作用于合并多个同样的用户数据并生成文件存放在云平台,同时调用存储过程操作 tr_rule_field_user_1/0 表。

② ITF 终端 UA 场景。接收 BDS 的 UA 数据,从数据库中加载解析模型和品牌型号将其序列化,存入 HDSF 生成序列化文件;监听 MQ 通知分析 UA 消息,生成执行任务,提交给 MapReduce;构造 JOB,反序列化模型文件,然后进行 UA 解析。

根据 UA(User Agent,手机终端类型)数据查询 UA 分析数据表,判断该 UA 是否已经分析过;分析用户终端与品牌映射,查询用户终端信息是否已经存在,如不存在,经过相关比较分析进行入库。

③ ICF 内容分类场景。URL 分类查询,利用 HBase 查询 URL 的分类信息,在 HBase 系统上,key 是 URL,value 是分类;接收 BDS 的流量数据,根据 URL 信息查询 HBase,获取实例库分类。

(3) 流量运营 DB2 数据库装载 C3 模块的用户上网行为数据、经分主库源表数据、专

---

① Deep Packet Inspection,深度包检测,通常简称为 DPI。所谓"深度",是和普通的报文分析层次相比较而言的,"普通报文检测"仅分析 IP 包层 4 以下的内容,包括源地址、目的地址、源端口、目的端口以及协议类型,而 DPI 除了对前面的层次进行分析外,还增加了对应用层的分析、识别各种应用及其内容。

② Public Land Mobile Network,公共陆地移动网络,由政府或它所批准的经营者,为公众提供陆地移动通信业务目的而建立和经营的网络。在中国,指的就是电信、移动和联通等三大运营商。

③ Serving GPRS SUPPORT NODE,SGSN 作为 GPRS/TD-SCDMA(WCDMA)核心网分组域设备的重要组成部分,主要完成分组数据包的路由转发、移动性管理、会话管理、逻辑链路管理、鉴权和加密、话单产生和输出等功能。

④ GGSN (Gateway GPRS Support Node),网关 GPRS 支持节点。

业网管的网络状况数据、A接口信令数据等进行库内高度汇总处理。

流量运营的装载分为三部分。

(1) Gn用户上网行为数据。每天产生2TB的结构化数据文件。每5分钟将用户上网行为数据从C3服务器送达流量系统文件接口机，文件接口机每小时将文件清洗合并后，立即导入流量数据库。平均每小时产生85GB数据量。

(2) 经分主库数据。日表数据为200GB，月表数据为400GB。分发高峰时间在凌晨0~6点。

(3) 专业网管数据。每天1GB的结构化文件，10点从网络部送达后入流量数据库。

(4) 输出的ST层数据分发到前台库供流量运营前台Web应用展示，历史数据存入GBase数据库集群。

在Gn接口用户上网行为数据量大，每个小时产生的数据文件都需要进行错误格式过滤和小时级合并，仅装载入库就需要将近45分钟时间。

随着流量的不断增大，当耗时超过60分钟的时候，就会产生数据积压。这个过程中异构系统之间存在多次数据搬迁，急需改造从而可以通过一个平台支撑所有的数据感知、清洗、汇总等操作，使得应用更贴近存储，从而提升平台整体效率。

解决方案如下。

通过大数据平台完成现有架构下由DB2支撑的包括清单转换、清单汇总统计和临时取数据在内的工作，提升整体平台的工作效率；将原有C3部分的功能迁移至新平台，通过一个平台承接所有的数据采集处理和分析汇总工作，提升数据转化和分析的效率；同时通过新平台提供动态数据查询、全文检索、高性能内存分析等功能，提升平台的灵活性和易用性。

新的架构图如图7-7所示。

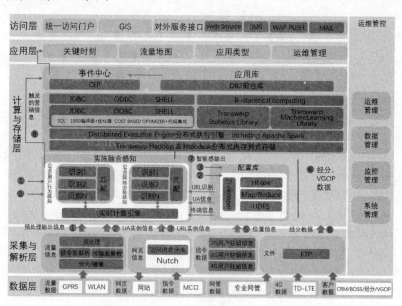

图7-7　新的系统架构

图 7-7 中展示的新平台上，由 HDFS、YARN、Inceptor、Hyperbase 等关键组件来共同应对大量数据高强度的计算量需求。其中，内存计算数据库主要由分布式内存存储以及内存计算分析引擎组成，提供大数据的交互式 SQL 统计和 R 语言数据挖掘能力。

在内存计算数据库的存储层，通过将二维数据表缓存入独立的分布式内存(或 SSD)层，回避 GC 问题。并通过建立自定义高效列式存储结构，减少数据传输。同时，数据可从 HDFS 中动态换入换出，不局限于内存容量大小。

内存计算引擎的计算框架采用改进后的 Apache Spark 作为执行引擎，相比广泛使用的 Map/Reduce 框架，消除了频繁的 I/O 磁盘访问。该引擎采用了轻量级的调度框架和多线程计算模型，相比 Map/Reduce 中的进程模型，具有极低的调度和启动开销，除带来更快的执行速度以外，更使得系统的平均修复时间(MTTR)极大缩短。

在此之上，通过 PL/SQL 解析器将包含存储过程以及控制流的 SQL 转化为执行树以支持 PL/SQL。同时在 R 语言中通过实现多种基于内存计算数据库的聚类、分类和预测的并行化算法，使得终端用户能通过 RStudio 或者 R 命令行访问存储在分布式内存中的数据，使得 R 语言中数千个统计算法可以和内存计算引擎提供的分布式并行数据挖掘算法交替混合使用，为进行大数据挖掘提供了易用而强大的分析工具。

在商用系统的内存计算数据库中，SQL 执行性能比 Apache Hadoop/Hive 快 10～100 倍，性能超过主流 MPP 数据库的 2～10 倍。同时，内存计算引擎处理的数据不局限在内存中，即使数据保存在低速磁盘上，SQL 执行性能也比 Apache Hadoop/Hive 快 5～20 倍。

图 7-7 所示的架构中有以下这些层级：

(1) 数据采集层；
(2) 分布式存储计算层；
(3) 接口层；
(4) 应用层；
(5) 访问层。

在数据采集层中，系统集成了多种类型的数据采集工具，支持结构化、非结构化数据的统一采集，支持文件和流式数据采集，支持通过互联网爬虫获取互联网资产(网页摘要、关键词)，支持通过第三方的数据采集器和 ETL 工具完成数据导入。

在分布式存储计算层中，基于 HDFS 2.2 的分布式数据存储平台，提供高容错、高吞吐的数据存储层，支持不停机扩展，主要用于存储原始数据文件。例如从 DPI 采集的原始 Pcap 数据包、爬虫获取的原始 HTML 文件等。

统一资源调度管理框架 YARN 实现集群资源的管理和分配，从而使得多个核心应用对系统资源的消耗互不影响。

分布式列数据库(HyperBase)提供用户上网详单、信令数据等数据的分布式数据存储，支持高并发数据查询。系统每小时执行一次 Bulkload 任务，将 C3 应用处理完成的中间结果入库，数据在入库过程中自动创建索引，入库后的数据按照 key-value 的方式进行存储，管理员可通过 HyperBase 的 Java API 对入库的数据进行追加、删除等操作。

高性能内存分析引擎(Inceptor)主要由分布式内存数据库和内存分析计算引擎组成，提供交互式 SQL 查询和 R 语言的数据挖掘能力。SQL 执行性能比 MapReduce 快 10～100 倍，分析结果可直接导出到 HyperBase 或者 DB2。

在 DB2 数据库中作的是关系数据存储，存储的是汇总分析结果，供上层应用和报表系统查询调用，与 HyperBase 之间通过文件或者 Sqoop 进行数据导入/导出。

集群监控管理(Manger)是集群的综合部署、任务监控平台，支持网页和邮件方式的异常告警。

任务执行管理模块(TEM)对迁移后的 C3 数据处理逻辑和数据汇总分析任务等进行管理，可生成 MR 和 Inceptor 引擎任务计划并提交执行，并对任务的执行过程进行跟踪反馈。

接口层负责对外提供标准数据接口，提供非结构化数据存储与访问、结构化数据存储与访问、分布式列数据存储与访问、并行计算服务等。包括 Java 编程接口、CLI 命令行、FTP 文件接口、WebHDFS 以及 StarGate/Hyperbase REST 接口、PL/SQL 统计分析接口、JDBC/ODBC 接口、R 语言接口等。

应用层是上层应用平台，提供统一数据查询、流量地图、运维管理、交互式报表。

5. 实施效果

我们可以看到，在图 7-8 中，新的平台上的各个子系统都被整合在一起，能够统一提供动态数据查询、全文检索、高性能内存分析等功能，平台整体的灵活性和易用性都提升了。

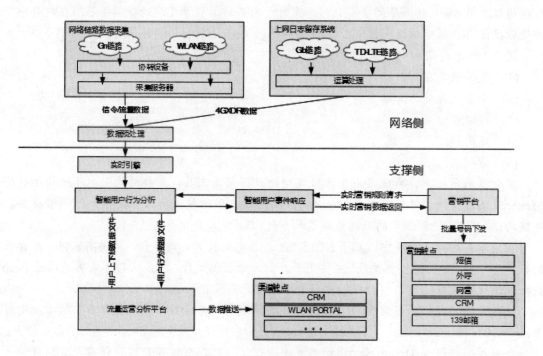

图 7-8　数据流向示意图

该省运营商的运维管控平台经过大数据技术的改造和迁移，获得了以下三方面的优势。

1) 高速的内存计算

独立的分布式内存层，支持将二维关系表装载进分布式内存，同时建立高效的列式存储，并进行编码和索引，支持对内存数据的高速 SQL 操作。计算由基于内存的高效计算引擎驱动，支持交互式或迭代式计算模式，中间结果可以缓存在内存中，加快运算速度，比 MR 速度快 10~100 倍，能够大大提升数据处理和分析的效率。

此外，支持多表 JOIN 操作，能够完整地承接 DB2 上的分析汇总功能，应用无须作大量调整。

2) 高效的在线存储

HyperBase 数据库辅助索引和高维索引功能，满足在线存储和在线业务分析的低延时需求，适合需要对多维数据进行组合的低延时的查询。HyperBase 新增 FusionFilter，可并行对多个指标在给定范围内进行模糊检索；支持高效的块编码方式，减少数据冗余；提供全文索引功能，支持全内存索引，支持高并发搜索；支持 Erasure Code，副本数从 HDFS 默认的 3 份减少到 1.4 份，同时可以保证 4 台服务器同时出故障而保证数据不丢失。该功能可以极大地减少集群所需的存储空间，同时提升了系统的鲁棒性。

3) 更好的稳定性

支持 HDFS 2.2 Namenode HA 机制，可秒级完成故障迁移；支持 HDFS 2.2 Federation 机制，去除 Namenode 单点性能瓶颈；分布式 Journal nodes 提供了可配置的更高的 EditLog 日志可靠性。

最终，该省运营商的运维管控平台在数据清洗、存储管理、数据查询、安全管理等方面获得了功能的更新和实现，在大数据技术的帮助下，解决了自身大数据量和高计算强度的需求和难题，有效地提高了整个平台的工作效率。

7.4　Hadoop 平台的对比和选择

经过市场上各种系统的比对之后，我们在很多时候都会选择基于 Hadoop 平台来做大数据系统。但是 Hadoop 版本众多，究竟应该选择哪个版本的 Hadoop 呢？

首先，我们是应该选用开源的 Hadoop 还是商用的 Hadoop 系统呢？在什么情况下我们需要采用商用 Hadoop 系统呢？

在前面几章中我们描述了 Apache Hadoop 是一个有无数开发者参与的优秀的开源系统，既然在开源社区上有这么多程序员，为什么开源版本的 Hadoop 不能把性能做到最好，而是留有如此之大的提升余地呢？

7.4.1　为什么会选择商用的 Hadoop 系统

我们在前几章介绍的系统主要针对 Apache Hadoop，它又被称为社区版 Hadoop，或者官方版 Hadoop。采用这个版本 Hadoop 的优势在于：

(1) 完全免费；

(2) 有最多的程序员在这个系统之上做开发；

(3) 最活跃的社区；

(4) 最丰富的资料。

不过对应于这些优势，它的劣势也很突出：

(1) 版本混乱；

(2) 集群部署配置复杂；

(3) 组件不统一；

(4) 运维难度大。

在第 8 章我们要介绍的互联网公司相关的案例中，使用的大多数是开源的 Apache Hadoop，因为在这些互联网公司里，有大量经验丰富的程序员和运维工程师，对于很多公司来说是难题的问题，对于他们来说根本就不是问题。他们有独立开发和修改源码的能力，也有独立解决运维问题的能力。但即便如此，他们也依然会遇到一些问题，我们在第 13 章中会做一些简单的应用。

不过对于大部分想要使用 Hadoop 系统的公司，其实是没有足够的技术资源和能力应用 Apache Hadoop 的。对于他们来说，要做的是选择一个靠谱的商用 Hadoop 系统，比如星环科技的 TDH、Cloudera 的 CDH、Hortonworks 的 HDP、MapR 的 MapR 产品等。

我们来看一下选择商用 Hadoop 系统的优势：

(1) 版本管理清晰，更新快；

(2) 版本兼容性好，有明确的组件推荐；

(3) 安全性好；

(4) 稳定性高；

(5) 提供了系统部署、安装和配置工具，提高了集群部署的效率；

(6) 提供好的监控工具和界面，运维相对简单。

1. Hadoop 要解决的问题

首先要明确 Hadoop(或者说当时 Google 做的 MapReduce 以及相关组件)要解决的问题：如何让没有分布式系统经验的开发者能够简单地使用分布式系统，并且可以在大规模廉价机器上可延展地运行。

可以想象一下，一个设计目标是在廉价机器中运行的分布式系统(10 年前)，在今天机器的性能 10 倍于当年的计算机集群中，必须要做进一步的优化来压榨出机器的潜能。

2. 工程系统

作为一个大型的工程系统，如果需要限制其在一定的成本(时间、人力)内完成，它需要做出非常多的权衡，这也就注定了它不可能无限制地在所有问题上实施"最好"的解决方案(如果有的话)。更何况如何将机器性能压榨干净并不是 Hadoop 首要关注的问题，这方面没有很好解决也是自然的。

同时这个系统也会使用优质的第三方资源库。然而同样由于上述理由，这些不可控的第三方资源库也可能带来潜在的性能影响。

3. 技术

从技术角度讲，主要有以下三个方面会影响系统的性能。这几个方面的划分并不绝对，也同时会互相影响。

1) 架构

单说 Hadoop 的计算引擎部分，主流系统中使用的是 MapReduce 模型，这个模型非常简单易用，但也限制了它的灵活性。在其之后的很多分布式计算框架都采用基于 DAG 的计算模型，而在 DAG 中可以提供除 Map、Reduce 外更多的语义选择。

举个不恰当的例子，就好比从 A 地到 B 地，MapReduce 只让你坐飞机，DAG 让你走路、坐汽车、坐飞机等都可以。当你需要解决的问题就是从家到学校这个距离时，最快的方式就不一定是坐飞机了。

2) 算法实现

Hadoop 是个通用的分布式系统，从它的角度来看并"不太了解"上层应用如何使用它，这也限制了算法的选择；它能做的就是尽可能地解决所有已知的问题。

假设有一个任务分发系统需要对任务排序。在进行算法设计时，认为不会有太多(<10)个任务同时存在，也许顺手写了个冒泡排序就搞定了。但这个系统也许会存在很久，直到某天客户需要同时启动 10 000 个任务时，任务的排序效率就让人无法接受了。

这个案例也可以反过来说，进行算法设计时，预期会有很多的任务需要排序，写了个快排(quicksort)算法搞定。而在某些场景下，任务一直都很少，这时我们发现进行任务排序的时候，采用冒泡排序方式可能会更加快一些。

这只是一个例子，然而大型的工程系统中总会出现很多类似的问题，不只性能方面，系统稳定性、安全性方面的问题也很多。

3) 系统实现

Hadoop 是一个 10 多年前的设计，在开源社区的经营下，它的实现在不断进步。然而 Hadoop 系统是在一个大设计限定下的，要想紧紧跟随系统、硬件、软件应用的发展脚步，确实有很多挑战。

一个分布式系统并不是运行在一台理想的计算机上的，从写系统的那一层抽象到最终执行它的那一层(只考虑软件层)之间隔了无数个组件，而这些组件的算法复杂度从 $O(1)$ 到 $O(n^?)$[①]不等，并且算法的常数还不太确定。抛开架构、算法层面的问题，如何在这样的系统上高性能地运行又是另外一个故事了。

Hadoop 大部分组件都是 Java 编写的，这就无法回避 Java 虚拟机的性能开销。一般而言，Java 虚拟机在普通的应用场景下没什么性能问题，甚至号称有接近 C 的性能。然而当你使劲地用它(大数据场景、多个复杂框架或系统同时使用)时，还是需要耗费成本认真解决

---

① $O(1)$ 和 $O(n^?)$ 是算法复杂度的表示方式，即算法在编写成可执行程序后，运行时所需要的时间。$O(1)$ 是常数阶，就是说不会因为样本量的增加而有数量级上的变化。$O(n^?)$ 指的是会根据样本量的大小发生数量级上的变化，比如 $O(n^2)$ 所需要的时间是样本量的两倍这样的数量级，随着样本规模 n 的不断增大，上述时间复杂度不断增大。

其中的性能问题的。GC(Garage Collection，垃圾回收)问题、即时编译器的问题、Java 对象膨胀问题、堆外内存问题等在大数据、重压力场景下对系统性能的影响尤为严重。而如果使用如 Scala 这种 JVM 语言，也可能带来不小的性能影响。

Java 虚拟机之下还有 OS，甚至还有 VMM(虚拟机监控器)，这之下还有很多硬件对软件的特性或抽象，无论是从 Java 层解决，还是通过定制 Java 虚拟机解决，Java 的性能问题都是无法回避的。

早期的 Apache Spark 在 shuffle 时会同时写很多个文件，当 reduce 任务特别多时，shuffle 性能很差。而当考虑到文件系统的特点时，可以针对这一块作出性能优化。

传统机械硬盘有着顺序读写快、随机读写慢的特点，当设计相关存储系统的算法时，必须考虑到这一特点。有时甚至需要牺牲算法复杂度来迎合硬盘的读写，就是因为硬盘随机访问太慢了。如 Hadoop 的初衷就是要在廉价硬盘系统上运行，那么它的算法一定是优先考虑了顺序读写的。然而，在 SSD 越发廉价的今天，用顺序那套算法理所当然地会更快。但如果换成一个为随机读写的算法，有可能将系统优化到另外一个量级。

7.4.2 商用 Hadoop 系统之间的选择

至于如何选择商用的 Hadoop 平台，这是一个难题，因为 Hadoop 领域是非常活跃的，几乎每年都有值得关注的平台出现。我们来看图 7-9。

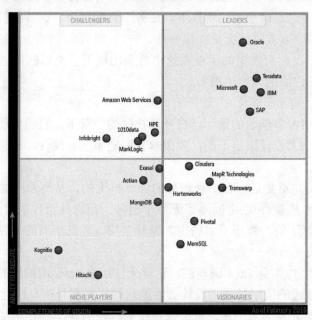

图 7-9 Hadoop 厂家的选择

在图 7-7 中，国际知名咨询机构 Gartner 在对全球大数据厂商进行对比分析后，发布了 2016 版数据仓库及数据管理解决方案市场的魔力象限。Gartner 选中的 6 家 Hadoop 厂商包括：

(1) Cloudera；

(2) MapR Technologies；

(3) Hortonworks；

(4) Transwarp(星环科技)；

(5) Pivotal；

(6) MemSQL。

在这些厂家中，Cloudera 可能是名气最大的一家，因为 Hadoop 的缔造者 Doug Cutting 是 Cloudera 公司的首席架构师。

Transwarp(星环)是唯一的一家中国国内厂商，而且在远见(visionaries)的排名上是最高的。

下面总结一下 Transwarp Hadoop 系统的特色。

(1) 最完整的 SQL 支持。99%的 SQL 2003 支持，唯一支持 PL/SQL 的引擎(98%)，唯一支持 ACID 分布式事务的 SQL 引擎；定位数据仓库和数据集市市场，可用于补充或替代 Oracle、DB2 等分析用数据库。

(2) 高效内存/SSD 计算。第一个支持 SSD 的基于 Hadoop 的高效计算引擎，可比硬盘快一个数量级；可用于建立各种数据集市，对接多种主流报表工具。

(3) 最完整的分布式机器学习算法库。支持最全(超过 50 余种)的分布式统计算法和机器学习算法，同时整合超过 5000 个 R 语言算法包。适合金融业风险控制、反欺诈、文本分析、精准营销等应用。

(4) 支持最完整 SQL 和索引的 NoSQL 数据库。支持 SQL 2003、索引、全文索引，支持图数据库和图算法，支持非结构化数据存储，支持高并发查询。

(5) 最健壮和功能丰富的流处理框架。支持真正的 Exactly Once 语义，支持所有组件的高可用(HA)，支持流式 SQL 和流式机器学习。

如果只是想要比较系统上的技术指标，那么有以下这些工具是我们可以使用的：

(1) TestDFSIO，主要用来测试网络的瓶颈和 IO 相关的表现；

(2) NNBench，主要用来测试 Namenode 上文件的加载；

(3) TeraSort，用排序算法来测试 Hadoop 系统的性能。

在前面的章节中，我们描述了 Spark 对于 Hadoop 系统来说是一个非常好的补充，所以当你在选择厂商的时候，谁能提供好的 Spark 支持也是重要的一个参考意见。

第 8 章

Hadoop 在互联网公司的应用

在各大互联网公司，存储数据的量级都是比较大的。我们来看几个数字：

❖ Facebook 目前有近 3000 亿张图片，每个月的增幅都在 7PB 以上；

❖ Pinterest 公司从 2014 年开始每天都新增超过 20TB 的图片数据；

❖ 腾讯的数据存储总量已经超过 1000 个 PB。

在本章中，我们首先介绍的是 Hadoop 在互联网公司中的各种应用，如图 8-1 所示。

图 8-1　在 Yahoo 有大规模的 Hadoop 系统

除了 Google 公司以外，Facebook, Yahoo, Twitter, AirBnb，Ebay，Meetup，Ning，StumbleUpon 等美国的互联网公司大都在其内部部署了 Hadoop 系统或者应用了 Hadoop 系统中的一部分，比如：

(1)　Facebook 的消息系统是基于 HBase 的；

(2)　LinkedIn 每天都要在内部的 Hadoop 和 Spark 系统上运行超过 10 000 个任务；

(3)　早在 2009 年，Yahoo 公司内部最大的 Hadoop 集群中的机器就超过 3000 台，在今天，Yahoo 内部 Hadoop 集群中的服务器数量已经超过 40 000 台。

8.1　Hadoop 在腾讯

在腾讯内部，Hadoop 系统已经被广泛地应用了，而且对于 Hadoop 系统在业内的推广，腾讯内部的高手也是不遗余力的，他们很热心地向同行们介绍他们的成功经验。

本节中的 Hadoop 案例就是由在腾讯有 10 年工作经验的赵建春同学提供的。

案例：天天爱消除的背后，腾讯技术部门的内部决策支持系统

1. 简述

以 Hadoop 为核心技术，腾讯技术部门构建了面向产品运营的决策支持系统，为公司内部的各类产品，提供数据方面的参考和依据，实现产品运营的精准化决策。

2. 背景

通常情况下，互联网业务的快速发展往往伴随着大数据，当用户规模达到"亿"之后，会沉淀下海量数据。

在腾讯有很多产品的用户规模都达到了这个数量级，最耳熟能详的产品当然是微信和QQ，不过除了这两个产品之外，腾讯的很多款游戏、邮箱、网页、视频等产品也都有数以亿计的用户规模，如图 8-2 所示。

在这些产品上像用户的登录、浏览、点击等与服务器交互的操作，有很多会以日志的形式沉淀下来，形成与每个用户相关的点击流(clickstream)数据，如图 8-3 所示。

图 8-2 "天天爱消除"背后的支撑系统是基于 Hadoop 的

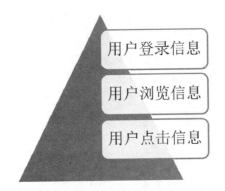

图 8-3 腾讯有海量的用户数据流日志信息

我们通过收集、过滤、加工这些日志型数据，来计算腾讯内部产品的相关指标数据，帮助产品决策，如图 8-4 所示。

(1) 一方面，可以利用每日、每周和每月登录的用户数，活跃用户数、新增用户数等这些大盘类的决策数据，来判断产品当前的健康度。

(2) 另一方面，当产品中的新功能开发完毕，对外部进行灰度发布的过程中，分析与此相关的决策数据，判断用户对该功能的接受程度。

(3) 再进一步，还可以对比大盘决策数据，来判断该功能对产品本身在近期内的影响。

可以看出，分析用户与产品交互产生的数据，对产品的运营来说是必不可少的一个环节。不过这些数据的规模通常情况下都远远超出了一台单独计算机的处理能力。那如何建设一个分布式系统，满足不断膨胀的数据需求呢？

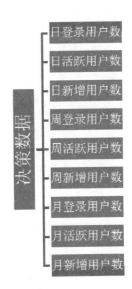

图 8-4 腾讯大盘类决策数据分类

3. 需求

我们需要搭建一个分布式的数据处理引擎，组合其他必要工具，设计和开发一个决策支持系统，向产品运营提供决策数据。

4. 思考

对于产品部门的这个需求，我们首先想到的当然是采用大型的 RDBMS(关系型数据库)提供的并行服务，使用并行机制，将一个大的数据集的操作或者查询，拆分到不同实例的多个进程或者线程中去并行执行，最终得到数据结果。

不过如果这样做，会存在以下问题。

(1) 数据库的并行服务有节点个数的限制，这意味着如果数据规模继续增长，还是会遇到瓶颈。

(2) 大型的商业 RDBMS 收费高昂，对于决策类的数据来说，成本有些高。

我们的第二个选择是使用相对小型的 RDBMS，自己实现分布式策略，比如使用 Hash 算法，将数据打散，分库分表，计算之后再合并。不过这样做会存在下面的问题。

(1) 对于每个不同的计算逻辑，其流程都可能不相同，在没有底层支持的情况下，每一步都需要定制化开发，会消耗大量的人力成本，开发的周期也会比较长。

(2) 计算的步骤多，出现问题时，运营起来也会相当麻烦。

经过对不同技术方案的分析和考量，腾讯最后选择了使用 Hadoop 技术来搭建这套系统。

5. 解决方案

腾讯的技术部门以 Hadoop 技术为核心，设计和开发一个决策支持系统，向产品运营提供决策数据的服务，满足众多不同产品线上的业务场景和一些需要快速支撑的需求。同时，基于 Hadoop 的这套决策系统扩展性强，减少了后期具体需求上的开发量，缩短数据开发所需要的周期，其架构如图 8-5 所示。

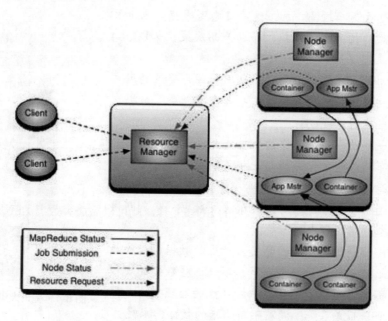

图 8-5   腾讯使用的 Hadoop 分布式处理架构[①]

---

① 图 8-5 和图 3-6 是同一张图。

我们看到，Hadoop 已经逐渐成为分布式和并行计算的标准选择。腾讯选择 Hadoop 来实现其内部决策系统的原因如下。

(1)　Hadoop 是开源工具，不需要付出昂贵的许可成本，只需要机器就可以了。

(2)　Hadoop 的系统规模可以轻松达到几千台，这对于日志型数据的运算，是足够用的。

(3)　Hadoop 可以进行标准化开发，只需要实现业务逻辑，不用处理底层的系统逻辑。

下面我们来看一下这个系统具体包含哪些部件，如图 8-6 所示。

图 8-6　腾讯基于 Hadoop 的开发组件

首先，我们根据常用的分析模型，把一些常见的场景封装起来，形成了一些**标准上报**，针对这些场景和上报，在系统上部属一些常规任务。不同的业务根据需求，选择其中的一些场景，按照要求在业务端进行日志数据的上报，就可以做到后期"零开发"来实现数据需求，并且可以和产品的上线周期做到同步。

其次，由于决策数据通常是多维度的，这里在 Hadoop 上实现了一套完善的**多维组件**，通过直观、易用的配置方式来使用日志数据。通过这套系统，我们可以任意定义需要的维度，再通过配置多个数据源间的关联条件和过滤条件，就可以按固定计算周期生成结果。这种通过配置生成 Mapreduce 处理过程的方式，既可以提高模型开发人员的工作效率，也可以提高 Hadoop 本身的执行效率。

第三，我们在 Hadoop 之上搭建了常规的组件 Hive，在前两种方式无法满足需求的情况下，来支撑一些非常规的和临时的需求。

以上通过自动生成的标准上报、多维配置和 Hive 组件三种方式，把 Hadoop 这个离线数据处理引擎给抽象了出来。使用决策支撑系统的开发人员，不需要关注大数据的储存和分布模式，使用所见即所得方式或常见的 SQL 工具，就可以完成大数据的开发。

在这套系统上线之后，大部分基础报表只要按照标准格式上报，不需要做任何额外的开发，待业务发布后，就可以马上看到产品的决策数据，节约了时间和人力。另外一部分数据需求，按照要求配置计算的维度和指标，可以做到快速上线。只有一些特殊的需求无法通过标准上报和多维组件中标准化的固有模块完成，需要使用 Hive SQL 进行一些定制化开发。而即使是满足这些需求，也是可以用相对标准的方式来完成。

这套基于 Hadoop 的决策支持系统在腾讯上线之后，不仅解决了大数据带来的处理瓶颈，还大大缩短了决策类数据需求开发所需要的周期，使得产品的配套数据服务系统可以和产品基本同期上线运行，满足了腾讯内部运营人员的需求。

8.2 Hadoop 在 Facebook 的应用

在 Facebook 的各个部门，Hadoop 技术都得到了应用。我们来看一个 Facebook 用 Hadoop 做图计算的小例子。

案例：人和人之间的 3.57 度关系，Facebook 和好友关系

在 1990 年，John Guare 在《六度空间》一书中告诉我们，世界上任何两个人之间只有 6 个人的间隔。最近，通过 Facebook 的好友数据表明，任何两个人之间的间隔是 3.57 度，至少从 Facebook 上活跃的 15.9 亿人的数据上来看是这样的，如图 8-7 所示。

图 8-7　Facebook 的 3.57 度关系

从 Facebook 的数据上来看，世界又变小了。作为个别数字的展示，我们来看图 8-8。

My degrees of separation

 Raymond Tan's average degrees of separation from everyone is **3.25**.

Some Facebook employees

 Mark Zuckerberg
3.17 degrees of separation

 Sheryl Sandberg
2.92 degrees of separation

图 8-8　几个人的分隔度数

从图 8-8 中我们看到，Zuckerberg 的分隔度是 3.17，Facebook 首席运营官 Sandberg 的分隔度是 2.92，而笔者的分隔度是 3.25。

在 Facebook 上有一个好友推荐功能，给 Facebook 上的用户提供可以添加新好友的支持，如图 8-9 所示。

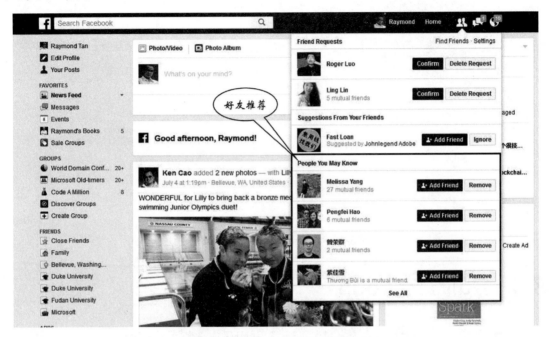

图 8-9　Facebook 的好友推荐功能

其实有很多人不喜欢图 8-9 中展示的 Facebook 这个好友推荐功能，会吐槽说推荐的人不是很相关等，甚至有人抱怨说推荐了现男友的前女友或者前男友的现女友等。好友推荐系统确实有待提高的地方，不过总体来说这个功能可有效地保证 Facebook 的用户量和用户活跃度。

在 2013 年，Facebook 用 Apache Giraph 来处理存储在 HDFS 上的图数据。Giraph 是 Apache 基金会的一个图处理引擎，其主要设计目标就是用来处理存储在 HDFS 上的图数据。

Graph(图)是用来表示一些事物和它们之间关系的很好的手段，而好友关系图谱就是一个 Graph。

Facebook 用 Giraph 计算出其所有的用户和他们之间的"好友"关系，之所以需要做这个图计算是为了更好地提供"好友推荐"的功能。计算结果需要能快速地呈现，因为 Facebook 是所有互联网公司中访问数量最高的几个网站之一，在 2016 年 2 月，Facebook 每天的登录数(login)已达到了 10 亿次。

在 Facebook 的全局好友图中(见图 8-10)，有超过 1 万亿条连线(每两个好友之间有一条连线)，因为平均每个 Facebook 用户有 150 个好友。

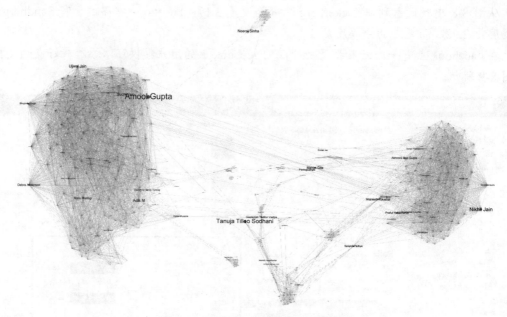

图 8-10　Facebook 上好友关系图谱

8.3　金山的 Hadoop

案例：基于金山云的互联网日志分析系统案例

在今天，日志已经成为一个重要的数据产生手段，服务器、路由器、传感器、GPS、订单，以及各种 IOT 设备都通过不同角度描述着我们生活的世界。

日志是一种半结构化数据，产生速度快、体量大、价值密度低，对它的收集、处理和使用存在着各个方面的挑战。

金山云上提供了日志采集、云存储、托管 Hadoop、数据库等丰富的云服务，可以帮助用户构建端到端的日志分析系统，应对各种严苛的业务需求。

下面我们结合一个实际案例介绍如何通过金山服务来构建大规模的日志处理系统。

1. 需求简述

某互联网软件公司，拥有 PC，Android 和 IOS 等多个平台的软件产品，总用户保有量过亿。这些终端设备和后台的应用服务器每天产生 500G～1T 的日志数据，客户需要对这些日志进行处理和分析来实现监控告警、运营报表和广告变现等业务需求，同时需要对原始数据进行归档存储，如图 8-11 所示。

分析用户需求，我们需要面对以下几方面的问题。

（1）日志数据源多种多样，日志大小和产生速度各异，如何把各类数据采集汇总？

（2）数据产生量大、产生速度快，如何把日志持久化存储，并保证较低的存储成本？

（3）各类日志有不同的处理逻辑和时效性要求，某些日志需要批量处理，某些需要实时处理，如何协调好各类处理需求？

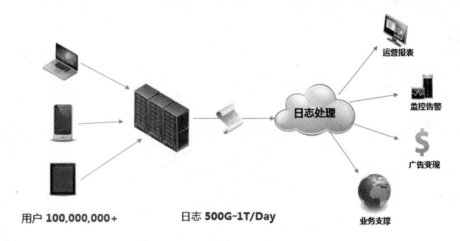

图 8-11 某互联网公司的日志数据示意图

(4) 一些日志处理结果需要反过来支撑在线业务，如何满足每秒几十万次的并发查询请求？

2. 解决方案

针对这些复杂的业务需求，我们进行了多次的业务调研和沟通，对客户已有技术架构进行了梳理和调整，对日志采集、存储和处理等多个环节进了优化，采用多种标准云计算服务，最终满足了日志存储、处理和查询等各类业务需求，并且有效地降低了运维管理成本。

1) 日志采集汇总

我们可以简单地把要采集汇总的数据分为两类：历史数据和实时数据。

对于历史数据，金山云提供了丰富的 API 和 SDK，帮助用户将数据批量的上传到云端持久化存储。

对于实时产生的数据，我们采用了 KLOG 金山日志服务对它们进行收集和预处理。

KLOG 是针对日志类数据一站式的服务产品，帮助用户快捷实现各类日志数据的收集、预处理和输出，并提供日志处理流程管理和数据读写 API。其最主要的两个功能是采集和投递。

在数据产生端，KLOG 提供了针对移动端的 SDK 和针对服务端的代理程序(agent),它们会实时侦测日志文件的变化，一旦有新日志产生，就会立即发送到 KLOG 服务端，用户可以通过 KLOG 控制台来统一配置日志的解析和过滤规则，并可以配置压缩策略来减少日志传输的网络开销。

KLOG 服务端对接收到的日志进行一定程度的缓存，并根据预先配置好的策略对日志进行投递。KLOG 支持多种日志投递目标，我们可以：

(1) 直接把日志数据存储到对象存储或 HDFS 中；

(2) 通过 Storm 等一些流式处理框架对日志进行进一步的分析;

(3) 把日志数据加载到数据库服务中，方便进一步的查询。

在实际生产中，通常会把一份日志数据同时投递给多个目标，如图 8-12 所示。

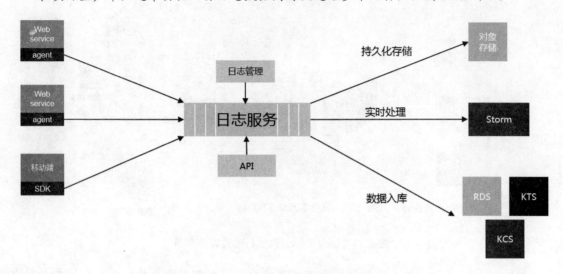

图 8-12　日志服务数据流向示意

2) 日志存储

数据是一种特殊的可重复利用资源，对数据的不同维度进行分析和利用将会产生无法估量的价值，轻易地对数据执行定期删除策略并不明智。故此，如何进行日志数据长期低成本的存储至关重要。同时，客户的日志产生速度非常快，需要存储系统具有较高的吞吐能力。

这里我们选用了金山云对象存储服务 KS3 对日志数据进行持久化存储。

KS3 是面向互联网的 PB 级存储服务，具有高度可扩展、可靠、快速、持久等特点，提供了 99.999999999%的数据可靠性，99.9%的服务可用性，具有线数据管理、全网智能双向加速、云端安全防护以及多格式数据处理等众多功能，为小米、迅雷、WPS 等多家大型互联网公司提供了优质的存储服务，目前的数据保有量已超过 200PB。

KS3 满足了日志存储成本、吞吐量和可靠性等多方面的存储需求，使进一步的数据分析成为可能。

3)　日志处理

早期的日志处理多以 MapReduce 等分布式计算框架拉取文件系统中的数据进行批量处理，由于日志的产生速度越来越快，用户对日志处理的时效性要求也越来越高，Storm 或 spark streaming 等流式处理框架越来越受到欢迎。这些系统架构复杂、硬件资源要求高、部署难度大、维护较为困难，我们选用了金山云托管 Hadoop 服务(KMR)来解决这些问题。

KMR(Kingsoft Map Reduce) 是一种基于 Hadoop、Spark 等计算框架的集群托管服务，它提供了丰富的集群组件、弹性伸缩能力和可靠地运维管理保障，方便用户快速构建各类数据分析系统。

离线数据处理是最常见的日志处理场景，由于用户的日志量过于庞大，使用集群本地的文件系统无法对数据进行长期存储。我们首先通过批量上传的方式把日志定期写入对象存储 KS3，KMR 可以把 KS3 当作本地 HDFS，直接访问和处理已经存储到 KS3 上的日志数据，所以只需要通过 KMR 的 API 定期启动集群来执行处理作业，执行完成后将数据写回 KS3，再将集群资源回收，通过这样的方式使得业务更加灵活，并且大幅减少了集群的闲置成本，如图 8-13 所示。

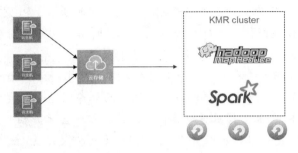

图 8-13　云存储示意

流式数据处理需要在不同粒度上对不同数据进行统计，既有实时性的需求，又涉及聚合、去重、连接等较为复杂的统计需求。在这个系统里，我们选用了 KMR 集群中的 Spark Streaming 作为流式处理框架，写入日志服务中的数据可以直接进入 Spark Streaming，进行快速处理，进而满足实时的业务需求，如图 8-14 所示。

图 8-14　金山云日志服务示意

我们来看下整体方案，如图 8-15 所示。

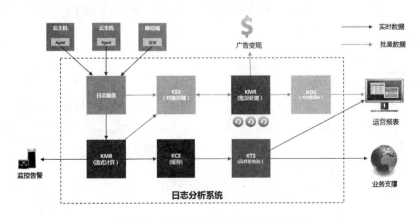

图 8-15　日志分析系统整体架构示意

图 8-15 展示的是日志分析系统的整体架构,我们可以根据数据处理的实时性将整个系统分为批量处理(数据流使用蓝色箭线表示)和实时处理(数据流使用红色箭线表示)两部分。

首先,业务系统和客户端的日志通过日志服务的代理或 SDK 收集到日志服务 KLOG 中。KLOG 对这些日志进行一定程度的缓存,投递到对象存储 KS3 和 KMR 集群中。

存入 KS3 的数据将作为全量备份,长期的存储,同时通过 API 定期的启动 KMR 集群进行批量处理,一部分处理作业用作广告系统的标签计算,另一部分作业的计算结果会写入关系型数据服务 RDS 中,用于运营数据的报表和展现。

日志服务的实时数据流进入另外一个 KMR 集群,使用 Spark Streaming 对日志进行流式计算,通过一些预置的规则实时侦测日志中体现的业务问题,并发出告警;流式处理的一部分结果也会写回 KS3 来支撑批量计算作业,另外,一些业务相关数据会写入缓存服务 KCS 中,最终插入 NoSQL 数据库服务 KTS,KTS 是一个大容量、易扩展、高性能的列式数据库,可以轻松应对高并发的业务查询。

3. 优势总结

通过金山云完成的这个日志分析系统有以下的特点。

(1) 端到端的日志分析方案,产品模块化,快速部署,快速上线。

(2) 满足海量数据存储、快速处理、高并发访问等多种业务需求。

(3) 无须关注底层基础设施,只需考虑业务逻辑。

(4) 按需部署,按量付费,资源弹性伸缩,服务具有较高的可用性。

8.4 迅雷公司对 Hadoop 的应用

作为最早研究大数据的国内互联网公司之一,迅雷已经把 Hadoop 应用在公司的各个领域,但他们在应用的过程中一直在不断地遇到问题和解决问题。

迅雷的副总裁刘智聪同学是这么说的,"我不知道为什么其他的公司好像 Hadoop 都用得很好,但我们一直不断在遇到问题和解决问题。"

案例:迅雷搭建数据平台为公司内部服务

1. 平台描述

迅雷公司为数据分析人员搭建大数据平台。

2. 数据平台的服务对象

公司所有的数据分析人员,主要包括:哈勃项目组所有成员(包括红苹果、手雷、下载等)、星域 CDN 数据开发组、页游数据开发组、账号数据开发人员、XMP 等数据开发人员。

注:这里的哈勃项目、星域 CDN 等都是迅雷公司内部项目的代号,经常使用迅雷产品的小伙伴们,可能会见过"星域"这个词。

3. 平台架构

我们来看一下迅雷大数据平台的系统架构，如图 8-16 所示。

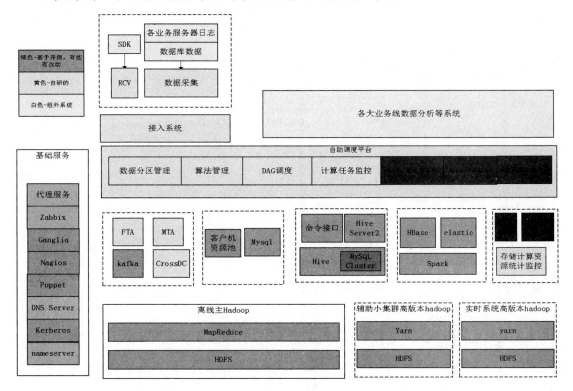

图 8-16　迅雷大数据平台的系统架构

图 8-16 所示的迅雷大数据平台主要分以下几块。

(1) 各类开源基础组件，如：多个 Hadoop 集群、kafka、HBase、spark 等集群。

(2) 自研的调度系统，负责把各类组件的计算任务串联起来。

(3) 自研的数据接入系统，负责把各类数据(sdk、文件、db、流)接入到 hdfs 上。

(4) 自研工具提供给业务部门的数据开发人员，比如集群间的迁移工具、增量数据黄反屏蔽 ETL 等。

4. 遇到的问题

因为迅雷使用的是开源的 Apache Hadoop，他们在使用中遇到了各种问题。当然在聪明的程序员面前，这些问题也都逐一得到了解决。我们在第 13 章中会介绍迅雷的程序员曾经解决过的小问题。

第 9 章

Hadoop 和行业应用之一

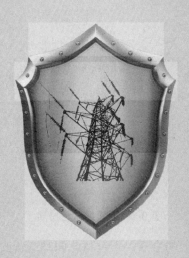

本章中我们为读者介绍以下这些案例：

❖ 电信、联通和移动等这些运营商是怎样应用 Hadoop 技术的？

❖ 运营商可以怎样用大数据技术来过滤垃圾短信？

❖ "智慧工商"是如何通过数据找出企业和个人之间千丝万缕的关系的？

❖ Hadoop 在政务方面可以有怎样的应用？

❖ Hadoop 在电力系统方面可以有怎样的应用？

在本章中我们讲述的都是事关民生的行业，相对应用规模都比较大，无论是运营商、政务云、"智慧工商"还是电力系统，都是如此。

9.1 Hadoop 和运营商

移动互联网时代发展到今天，手机不再仅仅是通信工具，它是钱包(手机支付)、是商店(手机淘宝)、是地图(手机导航)、是资讯来源(新闻订阅)、是社交工具(微信微博)等，如图 9-1 所示。

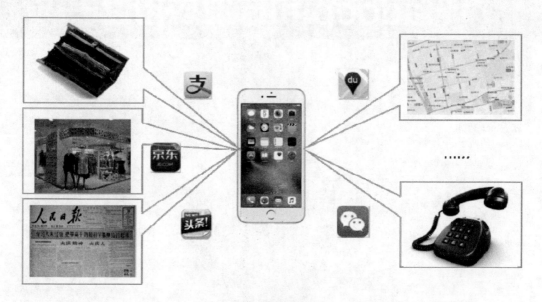

图 9-1　手机的角色扮演

手机角色的扩展丰富了人们的生活，不过与此同时运营商的世界却被颠覆了。

几年前，运营商凭借语音和短信服务垄断着移动通信市场，而现在却不得不和微信、钉钉等 APP 共分一杯羹。

基础通信网络设备是国家战略层资源，也是运营商的核心竞争力，在通信网络建设上，运营商花费了高昂代价。运营商花费巨额资金建立高速稳定的 3G/4G 网络，却是为互联网巨头做嫁衣，百度、阿里、腾讯等都借助这个网络在 OTT 领域玩得风生水起。

智能手机用户在移动端进行各种消费，支出越来越高，运营商收入却不增反减。三大运营商斗得不可开交，却给了互联网巨头"可乘之机"。至此，垄断带来的高利润高增长模式彻底瓦解。

运营商面临着一个抉择：是满足于在移动互联网市场中充当管道，还是充分利用基础网络设备和海量用户优势力挽狂澜，继续作行业领头羊？

在本节，我们来看三个运营商应用 Hadoop 的案例，一个是全面应用 Hadoop 来作数据提升，一个是处理室内网优，还有一个是针对独立场景来处理垃圾短信。

案例：一家运营商的逆袭之路

我们首先来看的是一个全面应用 Hadoop 大数据技术的运营商案例。

1. 向互联网企业学习——精细化经营

互联网巨头能够纷纷崛起，其重要因素之一是这些企业都能深刻地理解并有意识地引导用户需求与消费习惯。

虽然运营商在近年已经通过调整通话、短信、流量的比例，推出适应不同用户需求的套餐，不过相较形形色色的互联网应用依然显得单调许多，新的收入增长点不多。

想要增加收入，实现 OTT 领域的逆袭，运营商必须着眼于通信消费之外的活动，透过用户消费行为细节，深入理解用户，洞察用户的潜在需求，最终引导甚至创造用户需求。

在传统优势语音和短信业务受到巨大侵蚀的情况下：

一方面，运营商应该发挥基础网络的巨大优势，以提供高覆盖率、高质量的网络服务，来保有老客户吸引新客户；

另一方面，运营商应该优化通信网络结构，在保障网络覆盖率的前提下避免建设多余基站，提高投资效益。

要做到理解客户和优化网络，运营商就需要高度关注经营中的细节，换而言之就是作好精细化经营。而能够为精细化经营提供决策支持依据的不是别的，恰恰蕴藏于运营商手中的海量运营数据、用户行为数据和网络数据。

2. 运营商的第一步

某运营商地方公司(以下通称"运营商")为集中处理手中的数据建立了统一的数据分析系统，汇聚了 4 个方面的数据。

(1) CRM(客户关系管理)；

(2) 计费数据；

(3) 经营分析数据；

(4) 网络信令数据。

这 4 类数据累计总量达 80TB。根据业务需求，运营商用 SQL 语言设计编写了很多复杂模型，交给该系统来运行。

这个系统像精密的大脑，从经营管理数据、用户行为数据和网络优化数据中计算出各种指标用于支撑经营和网络分析的各项决策。

然而，运营商业务繁杂，近年来增长的 3G/4G 业务带来的海量数据极大增加了数据分析难度。这些数据不但指标数量大(近千个指标，且数量在不断增长)，还涉及多个表单(接近 300 张)，很多表单涉及十多个月份的数据，导致计算工程量浩大，如图 9-2 所示。

原先的分析系统使用的是昂贵的 Oracle 数据库，对所有指标进行一次运算至少需要两天时间，一些复杂指标甚至无法得出结果。运营商运营决策的制定具有极高的时效性，如此低效的计算能力让该系统完全无法发挥其应有作用。为了让该系统能够正常运转，运营商将目光投向了在海量数据计算上有更大优势的大数据技术。

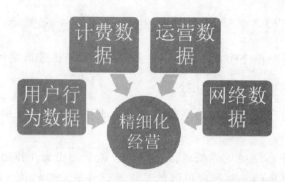

图9-2　精细化经营的能力来源于运营商的海量数据

3. 运营商的选择

运营商选择用来作优化的大数据产品需要满足的条件有三:

(1) 支持SQL,低迁移成本;

(2) 分析系统简单易维护;

(3) 计算性能优异。

大数据解决方案,目前主要分为MPP数据库与Hadoop系统两大类,并分别有若干商业化产品可供选择。我们来看图9-3所示的选择流程图。

图9-3　运营商产品选择流程示意

运营商技术人员经过仔细调研发现:

(1) MPP数据库支持经营和网络分析模型使用的是SQL,但计算性能不够,不能快速完成运算。

(2) 基于Hadoop的产品大多对SQL支持不足。

(3) 使用混合架构——复杂模型在Hadoop上改写计算,简单模型使用Oracle,这会导致数据分析系统业务过于复杂,后期会产生大量管理维护成本,导致 TCO[①]上升。

(4) 运营商尝试过试用北美某著名厂商的 Hadoop 发行版。然而该产品支持的 SQL 很少,不支持运营商大多数经营和网络模型,向此 Hadoop 发行版迁移需要改写大量模型,花费极高。

最后,运营商发现了可以满足需求的产品:星环科技的 Hadoop 发行版,一站式大数据平台 Transwarp Data Hub(TDH)。TDH 平台下的交互式内存分析引擎 Transwarp Inceptor 使用 Spark 作为计算框架,速度极快,且全面支持 SQL,完美满足数据分析系统的运算需求。

4. 问题解决了

我们来看一下 TDH 在该运营商部署的整体架构图,如图 9-4 所示。

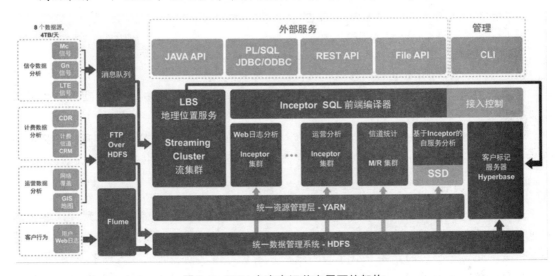

图 9-4　TDH 方案在运营商层面的架构

部署 TDH 之后的工作流程如下。

(1) 先用平台自带的数据导入工具将运营商原本存储在 Windows 文件系统、Linux 文件系统和 Oracle 中的数据导入 TDH 下的分布式文件系统 HDFS 中。

(2) 数据导入完成后,Transwarp Inceptor 利用分布式内存计算得出结果。

(3) 通过 TDH 自带的 JDBC 接口传输到客户端或者其他 BI 和报表工具。

部署 TDH 方案后,运营商的难题迎刃而解。使用原先的 Oracle 系统花两天时间计算都不能完全得出结果的上千个指标,Transwarp Inceptor 在 8 小时内便全部计算完成。

随机选取 4 个 Oracle 可以完成计算的指标与 TDH 作性能对比,如图 9-5 所示。

在和 Oracle 系统作的对比中,TDH 显示出了压倒性的优势。

在完成新系统的部署之后,数据分析系统终于能真正发挥作用了。

(1) 清晰透明地反映出运营商的经营管理状况。

---

① Total Cost of Ownership,整体拥有成本。

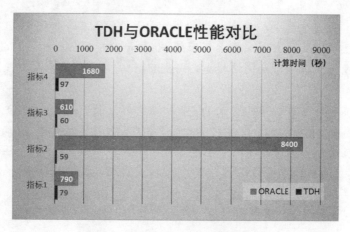

图 9-5　TDH 与 Oracle 的性能对比

(2) 将指标数据传达给决策层。

(3) 帮助决策层迅速准确地找出问题，并发现新的商机。

(4) 对经营数据的分析则可以帮助领导层优化预算与投资，提升资源管理准确性并提高投资效益。

而对网络数据的分析可以帮助运营商优化基站选址，在减少重复投资的同时，提高网络质量。最终通过提升用户体验来减少客户流失，甚至从竞争对手中赢来客户。

5. 让数据说话

通过对用户数据分析，系统自动建立客户标签，即为客户"画像"，做到"比客户本人更了解客户"。运营商在客户"画像"的基础上，基于客户行为来预测潜在需求，推荐和宣传差异化、个性化的产品来引导和刺激用户消费习惯，创造新的收入增长点。

仅仅讨论"用户画像"和"精细营销"或许有些抽象，让我们先以运营商客户手机品牌数据分析为例来具体说明。

图 9-6 所示为客户手机价格分布图，从图中我们看到客户手机价格主要集中在 500～1000 元和 3000 元以上的两个价位，分别占有 26.29%和 18.6%。

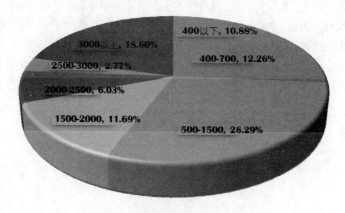

图 9-6　运营商客户手机价格分布

再进一步分析，我们发现在低端市场中，小米占有 700～1500 元市场中的最高份额 (22.9%)和 1500～2000 元市场的第二份额(21.1%，略低于三星)。可见，小米的营销策略还是成功的，在千元机和中端市场脱颖而出，成为新兴的智能终端品牌。

事实上，2014 年的用户数据显示，小米以 4%的市场份额增幅在所有品牌中排名第一，排名第二的是占据市场 3%的苹果。

而在高端市场中，老牌劲旅苹果以 59.02%的份额牢牢占据龙头地位，远超第二名三星的 30.24%。

我们再来看图 9-7。

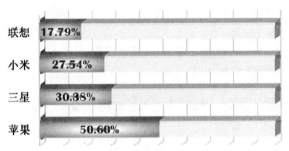

图 9-7　基于用户"换机分析"的品牌忠诚度

苹果手机受欢迎程度我们大家都知道，"果粉"对苹果的忠诚度也不是新闻，根据"换机分析"，即统计分析用户换机前后所用品牌，发现超过一半的苹果用户会再次选择苹果，有着绝对的品牌忠诚度。再分析苹果用户 ARPU(Average Revenue Per User，每用户平均收入)数据，发现苹果用户一半以上为高价值用户(ARPU 大于 80 元/月)，远多于全量市场高端用户的平均值。

从图 9-6 和图 9-7 的数据综合来看，进一步加强对苹果与小米的推广力度将是运营商近期营销重点。

此外，通过对用户 APP 下载、搜索关键词、阅读内容进行分析，运营商制作了用户标签。以苹果用户为例，他们绝大多数(99%以上)下载了微信、QQ 客户端，上网搜索偏好购物类关键词(频率超过 90%)，习惯于阅读经管励志类主题(占据一半以上阅读内容)。所以，苹果用户获得了"爱腾讯""爱购物""爱励志"等标签。

利用类似标签对客户进行靶向性营销，不仅可获得更高营销回报，还可方便用户获得所需，提升服务满意度。

6. 故事尚未结束

目前，该运营商数据分析系统仅处理其所在地区的数据。不过像 TDH 这样的大数据平台具有很强扩展性，只需要通过添加服务器便可扩大规模，提升性能，从而使数据分析系统轻松推广至更大的区域。

当这个成功案例复制到全国各个省份之后，运营商将会得到更全面更准确的信息，同时又会产生新的和地区人群差异相关的有意思的数据。

在移动互联网时代，该运营商的明智选择具有借鉴意义。原本令运营商焦头烂额的海量数据信息，如今通过大数据解决方案，都成为宝贵的数据财富。

通过行之有效的分析方法，不仅可以深度解读用户行为，发现用户消费习惯，创造更多的盈利模式，还可以极大程度发现运营商网络存在的问题，优化运营商网络结构，为运营商更进一步的网络投资提供可靠的决策支持。

这里作的数据分析只是大数据应用于运营商自身业务的冰山一角。大数据还可在其他诸多方面作出贡献。比如，利用大数据在处理半结构化和非结构化数据上的优势，运营商可以轻松处理来自手机终端的图片、音频和视频数据；大数据对流数据的处理能力则可以帮助运营商及时发现网络故障并迅速抢修；根据用户实时地点，运营商推荐各种 LBS 产品。

毫不夸张地说，大数据产品将是运营商在移动互联网时代最重要的工具，让我们期待大数据技术打造的智慧运营商实现逆袭。

案例：利用大数据技术重构室内网优

1. 简述

某电信运营商利用大数据技术建立室内网络质量评估系统，重构了室内网优。由于室内建筑结构和材料是既成因素，那么弱场强区和盲区的存在就无法避免；而高层和大型建筑所呈现的话务高密，从而使局部网络容量不足，形成信道拥塞。这就需要全新的技术来提高处理数据的能力。

2. 背景

在今天，人们对网络的依赖达到了前所未有的程度。用户会选择网络质量高的运营商，而抛弃无法提供优异网络服务的运营商。自然而然地，为用户提供高质量的网络服务成为运营商业务的核心。

网络基站的修建和维护费用是运营商的主要成本之一。我国三大运营商均计划在 2016 年增加 4G 基站的数量，到 2016 年年底，我国将有近 280 万座基站用于实现网络热点的全面覆盖，其中每一个基站的建设费用平均都在百万左右，如图 9-8 所示。

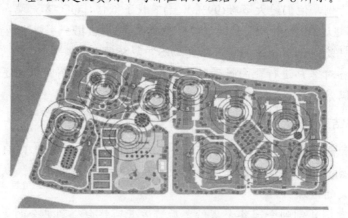

图 9-8   室外基站覆盖示意

这些基站提供的网络质量则会直接影响用户体验进而左右运营商的收入。所以网络优化，即以合理的建设和维护成本提高网络质量，从来都是运营商工作的重心之一。离开了网络优化，无法给用户提供优质的网络服务，运营商会面临失去大批客户的风险。

在今天，由于大部分的话务和流量使用都发生在室内，专门针对室内的网络优化更是运营商工作的一项重要工作。

3. 问题思考

作室内网优存在以下几个难点。

(1) 室内网络受建筑结构、材料等影响，由于建筑物自身的屏蔽和吸收作用，造成了无线电波较大的传输损耗，形成了移动信号的弱场强区甚至盲区。

(2) 高层和大型建筑带来的话务高密很容易使局部网络容量不能满足用户需求，无线信道发生拥塞现象形成信道拥塞。

(3) 相比 2G/3G 网络，4G 室内分布系统更注重精细化的室内覆盖，系统指标不仅要关注场强覆盖值，而且还要关注容量、信号质量、切换、频率、干扰，以及网络建设和维护成本等因素。

因此，在具体的工程实施阶段，工程调测量要远大于以往的量。

我们可以运用 Hadoop 大数据技术来解决数据处理能力的问题，也用它来处理 4G 室内分布系统所需要观测的多项指标，如图 9-9 所示。

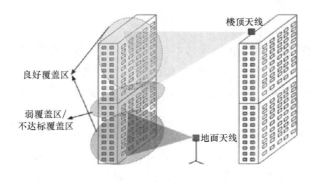

图 9-9　室内网优示意

4. 用户需求

运营商面对的数据量越来越大，同时需要处理的数据量也变得越来越大。

在很多时候，抽样出的样本并不能很清晰地反映出总体的相关性质和状态，运营商希望在尽量多的场景下不再依赖于抽样，而是直接处理全量数据，从而掌握当前网络最真实的状态，而全量数据分析也是大数据不同于传统数据分析的一大特点。

该用户的需求就是提高直接处理大量数据的能力，这就需要强大的内存计算能力的支撑。Hadoop 大数据技术的内存计算是实施海量数据分析的关键技术，可以满足如今运营商大数据量下高计算强度的要求。

5. 挑战

在前大数据时代，科学家研究出了各种抽样和统计的方法来弥补数据处理能力的不足，尽可能地使样本反映全量数据中的信息，效果却仍不尽如人意。

以前，运营商主要利用 DT(路测)/CQT(呼叫质量测试)和用户投诉来发现网络问题。DT/CQT 简言之就是抽查，需要大量人工操作，所以只能抽样选取时间和地点进行测试。

一方面，为保证测试效果，抽样密度就会高，随之人工成本也高。而在进行室内网络测试时，办公楼、居民楼等场所需要测试人员事先办理出入手续，这又进一步增加了测试成本。这些因素导致 DT/CQT 无法大规模、常态化地被应用到网络优化中。

另外，用户投诉则对网络优化的局限性更加明显。大多用户在出现问题时会选择换个地点或者等一段时间重试。而且，即便接到投诉，投诉时的故障场景也大多已经无法重现。

另一方面，运营商所使用的信令数据和 CDR(Call Detail Record，通话详单)数据是反映网络质量的绝佳资源。信令数据记录了信号在通信网络的各个环节(移动终端、基站、移动台和移动控制交换中心等)中传输的情况；CDR 数据则记录了每一次语音、短信或者数据业务的全生命周期的特征信息。相对于 DT/CQT 的抽查，信令/CDR 数据是对全网质量各地点、全天候的普查。

然而，普查的代价是庞大的数据量。就以广东省广州电信为例，其每天产生的 CDR 数据在三千万条左右，而信令数据更是达到了每天四亿条。这些数据并不是每一条都有意义，要在浩瀚的数据中提取出有价值的部分，运营商就必须对数据进行处理和分析，这就需要极高的数据处理能力。事实上，运营商虽然深知信令/CDR 数据对网络优化的价值，却受限于技术无法有效地加以利用。

6. 解决方案

今天，得益于分布式 Hadoop 处理技术的发展，我们能够处理的数据量越来越大，在越来越多的场景下可以不再依赖于抽样而是直接处理全量数据。

在网络优化领域，Hadoop 大数据技术可以帮助运营商快速地处理信令/CDR 数据，从而做到对全网质量的普查。

在这个场景中，Hadoop 大数据处理技术有三个特点是有相关性的。

(1) 能处理非结构化数据的 NoSQL 数据库。随着大数据时代的来临，海量数据的存储给数据库提出了很高的并发负载要求，当前的数据存储往往要面对每秒上万次的读写速度，传统的关系型数据库面对上万次查询还勉强顶得住，但是应付上万次写数据请求，硬盘 IO 就已经无法承受。正常的数据库需要将数据进行归类组织，类似于姓名和账号这些数据需要进行结构化和标签化，但是 NoSQL 数据库完全不关心这些，它能处理各种类型的文档，支持分布式存储，能透明地扩展节点。

(2) 能同时处理海量数据的内存计算。此项技术是对传统数据处理方式的一种加速，是实施海量数据分析的关键技术。相对于传统磁盘的计算量，内存技术可以做到 30 亿次的扫描/秒/核，1250 万次的聚合/秒/核，150 万次的插入/秒，250TB/小时的数据处理，1 亿表单/小时。

(3) 可拓展的并行处理。大数据可以通过 MapReduce 这一并行处理技术来提高数据的处理速度。其突出优势是具有拓展性和可用性，特别适用于海量的结构化、半结构化及非结构化数据的混合处理。

室内网络分析系统是建立在统一的 Hadoop 大数据平台上的，利用一站式 Hadoop 发行版下的新平台(见图 9-10)，综合运用了其中的分布式内存计算 SQL 引擎、分布式 NoSQL 数据库等技术产品组件。

分布式内存计算 SQL 引擎和分布式 NoSQL 数据库作为数据支撑平台中的重要组成部分，分别负责流式数据计算和分布式数据计算。

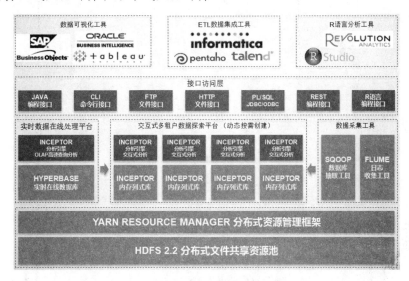

图 9-10　一站式大数据平台示意

我们来看图 9-11 所示的大数据平台的逻辑模块示意图。

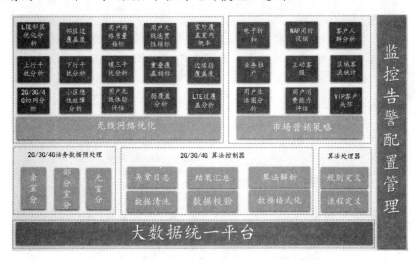

图 9-11　室内网优大数据平台逻辑模块示意

运用 Hadoop 大数据技术打造的室内网络质量评估系统，让工作人员在计算机上只需要点击楼宇便可轻松完成楼宇内网络状况的普查。当然，在"工作人员手指"的背后则是一套复杂的机制。

系统首先需要对信令/CDR 数据进行室内室外数据分离。当电信运营商的测试人员在计算机上点击一幢楼宇时，系统会以楼宇作为中心点，搜索到周围基站的信令/CDR 数据，这就是楼宇附近的话务数据。

为了有效地处理室内外数据，系统要进行数据清洗，然后清洗过的数据会像图 9-12 所示分离成室内数据和室外数据。分离出来的室内数据便可以用来建立针对该楼宇的话务模型。

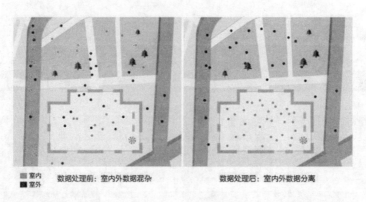

图 9-12　室内外数据分离示意

那么当新的海量数据产生时，只要将新数据和该楼宇的话务模型进行比对，就可以得到楼宇内部的话务数据。然后，再对数据进行准确采集，确保采集到的数据都是有意义的，从而进行更好地整理和归档。

7. 实施效果

这套室内网络质量评估系统重新定义了电信运营商的室内网优，使该电信运营商的室内网络优化从原来的高度依赖人工、只能点式抽样检测变为现在的高度自动化、可以大范围普查网络。电信运营商的网络检测不再受限于有限的地点和时间，测试人员可以轻松获得全网、全天候、全生命周期的网络质量状况，如图 9-13 所示。

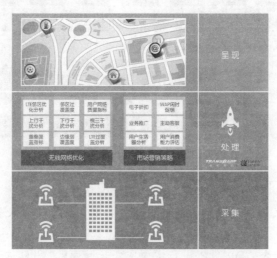

图 9-13　室内网络质量评估系统效果示意

室内网络质量评估系统仅7min就能完成一栋楼宇的网络质量普查。在系统上线的短短一个月内，电信运营商便完成了一万多栋楼宇的室内网络普查。在这套系统的帮助下，他们可以更加精准地优化网络。

比如，运营商可以从话务数据中分析出高ARPU值客户密集的楼宇，加大对这些楼宇内网络的关注，以更好地提高高质量用户的满意度。

而当某栋楼宇突然频繁出现网络拥塞时，工作人员可以用系统对这栋楼宇的话务行为进行分析，判断出网络拥塞是暂时的还是长期的。如果拥塞只是暂时的，可能说明该楼宇正在举办大型活动，在短期内吸引了大量人流，运营商只需在活动期间派出信号车辆来缓解拥塞而不用增加永久新设备，这样可以节省网络建设投资。

信令/CDR数据还能为网络问题的解决方案提供借鉴，帮助运营商决定是增加基站、更新设备，还是调整参数，使投资更加精细化。

通过Hadoop大数据的分布式处理技术，能够有效解决前大数据时代中传统DT(路测)/CQT(呼叫质量测试)和用户投诉以及信令数据和CDR(Call Detail Record，通话详单)的不足。

Hadoop大数据技术高效的内存计算可以做到30亿次的扫描/秒/核、1250万次的聚合/秒/核、150万次的插入/秒、250TB/小时的数据处理、1亿表单/小时这样的处理速度，大大提高了运营商海量数据的处理分析效率，有效缓解了前者的人工测试成本高、用户投入度低以及后者的数据量庞大、有效数据少的缺点。

通过包含数据分离、数据清洗、数据采集的室内网优评估系统，促使室内网优的用户体验也出现了跃进，受众人群迅速上升。

运营商天生具有数据基因，在业务的各个环节都能采集大量的数据。这里，我们已经看到大数据技术在运营商网络优化上的作用，接下来，我们再来看另一个应用场景，看运营商是如何用大数据技术来提升垃圾短信的过滤效果的。

案例：运营商用大数据技术提升垃圾短信过滤效果

1. 简述

某电信运营商利用大数据平台建成垃圾短信实时监测平台，提升垃圾短信的过滤效果。

2. 背景

随着移动通信技术的不断发展，短信已经成为人们生活中不可或缺的工具之一。越来越多的公司用短信来作促销或商业宣传，不过它同时也成为不法分子实施诈骗的重要手段。垃圾短信泛滥，不但占用了电信运营商宝贵的网络资源，还造成了对用户的骚扰，甚至引起用户的财产损失。

据中国信息产业部报告显示，2014年，全国移动短信业务总量7630.5亿条，而垃圾短信的数量居然占了1/4左右，垃圾短信问题正在变得越来越严重。因此，如何对垃圾短信进行智能识别与实时监测，从而提高客户满意度与服务质量，成为当前电信行业亟待解决的问题。

3. 用户需求

运营商需要建设一个能对垃圾短信进行智能识别与实时监测的垃圾短信监测平台，来有效地扼制不法分子通过垃圾短信实施诈骗，减少垃圾短信对用户的骚扰甚至用户的财产损失，从而提高客户满意度与服务质量。

4. 挑战

这个系统在技术上主要有两个挑战。

1) 垃圾短信检测的精度问题。

传统单纯以字符串匹配过滤垃圾短信的方法误检率较高，而且事后增加关键词的手段存在滞后性，我们的垃圾短信监测平台需要更好的研判模型。

2) 监测的实时性问题。

我们的系统需要能够实时完成垃圾短信的过滤，降低垃圾短信到达率，从而提高用户满意度。短信数据具有 24 小时不间断产生、大规模、高并发的特点，垃圾短信检测平台需要有较高的数据处理能力才能够快速进行复杂计算来检测出垃圾短信。

5. 短信过滤原理

我们首先来看下常用的垃圾短信检测方式有哪些。

1) 黑白名单技术

在互联网上和计算机里，很多软件和系统都应用了黑白名单规则，操作系统、防火墙、杀毒软件、邮件系统、应用软件等，凡是涉及控制的方面几乎都可以应用黑白名单规则。黑名单启用后，被列入黑名单的用户(电话号码、IP 地址、IP 包、邮件地址和病毒等)不能通过。

白名单的概念与黑名单相对应。如果设立了白名单，则列入白名单中的用户(如 IP 地址、IP 包、邮件地址等)会优先通过，安全性和快捷性都大大提高。将其含义扩展一步，那么凡有黑名单功能的应用，就会有白名单功能与其对应。

2）　关键词过滤

关键词过滤，指的是在互联网应用和软件中，对信息进行预先的程序过滤、嗅探指定的关键字和词，并进行智能识别，检查是否有违反指定策略的行为。类似于 IDS(Intrusion Detection Systems，入侵检测系统)的过滤管理，这种过滤机制是主动的，通常对包含关键词的信息进行阻断连接、取消或延后显示、替换、人工干预等处理。关键词过滤技术已经广泛应用在路由器、应用服务器和终端软件上，对应的应用场景主要有：网络访问、论坛、即时通信和电子邮件等。

3）　基于规则评分的过滤技术

即基于规则的过滤技术，通过对正常短信集和垃圾短信集的分析，我们可以抽取出垃圾短信的特征，作出各种规则对短信进行评分，从而判断每条信息是否属于垃圾短信。

基于规则方法的过滤技术，其优点是规则集可以共享，因此，可推广性较强，不过规则的生成需要依赖人工，因而时效性和延展性不强。

4）　贝叶斯过滤法

该方法来源于 18 世纪著名数学家托马斯贝叶斯创建的贝叶斯理论，其理论核心是通过对过去事件的分析，对未来将发生的事件作一个概率性的推断。把贝叶斯过滤法应用到垃圾短信的过滤上是通过对大量已经判定的垃圾短信和正常短信进行学习，根据两种短信中相同词语出现的概率对比来确定垃圾短信的可能性。

贝叶斯过滤法的优点是可以自主地学习来适应垃圾短信的新规则。

该方法是目前过滤垃圾短信最为精确也最为普遍的技术之一，准确率可以达到 99%，而缺点则是方法的成功实施需要海量的历史数据。

5）　朴素贝叶斯

该方法是基于贝叶斯定理与特征条件独立假设的一种分类方法。在朴素贝叶斯模型(Naive Bayesian Model)中：

(1)　朴素(Naive)，特征条件独立的；

(2)　贝叶斯(Bayesian)，基于贝叶斯定理的。

根据贝叶斯定理，对一个分类问题，给定样本特征 x，样本属于类别 y 的概率是

$$p(y|x)=p(x|y)p(y)p(x) \tag{9-1}$$

在这里，x 是一个特征向量，设 x 维度为 M。因为朴素的假设，即特征条件独立，根据全概率公式展开，公式(9-1)可以表达为

$$p(y=ck|x)=\prod Mi=1p(xi|y=ck)p(y=ck)\sum kp(y=ck)\prod Mi=1P(xi|y=ck) \tag{9-2}$$

这里，只要分别估计出，特征 xi 在每一类的条件概率就可以了。类别 y 的先验概率可以通过训练集算出，同样通过训练集上的统计，可以得出对应每一类上的，条件独立的特征对应的条件概率向量。

6）　SVM

在机器学习领域，SVM(Support Vector Machine，支持向量机)是一个有监督的学习模型，通常用来进行模式识别、分类，以及回归分析。SVM 方法是通过一个非线性映射 p，把样

本空间映射到一个高维乃至无穷维的特征空间中，使得原来的样本空间中非线性可分的问题转化为特征空间中线性可分的问题。简单地说，就是升维和线性化。升维，就是把样本向高维空间作映射，一般情况下这会增加计算的复杂性，甚至会引起"维数灾难"，因而在计算资源有限的时候很少被问津。但是对于分类、回归等问题，很可能在低维样本空间无法线性处理的样本集，在高维特征空间中却可以通过一个线性超平面实现线性划分(或回归)。一般的升维都会带来计算的复杂化，SVM方法巧妙地解决了这个难题：它应用核函数的展开定理，就不需要知道非线性映射的显式表达式。同时由于是在高维特征空间中建立线性学习机，所以与线性模型相比，不但几乎不增加计算的复杂性，而且在某种程度上避免了"维数灾难"。这一切要归功于核函数的展开和计算理论。

6. 解决方案

在我们实现的这个短信检测平台上，采用的垃圾短信检测方式是朴素贝叶斯和SVM。这个垃圾短信实时监测平台的架构如图9-14所示。

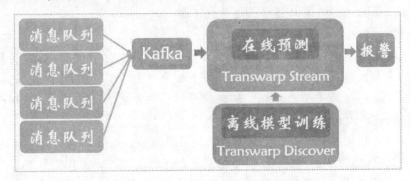

图9-14　垃圾短信实时监测平台架构

该系统的核心模块为"在线预测"模块，是用星环科技的流处理引擎Transwarp Stream来实现的。

平台的工作流程如下。

(1) 运营商的短信从外部加入分布式消息队列Kafka上。

(2) Kafka把信息推送给"在线预测"引擎。

(3) "在线预测"模块利用事先训练好的模型在极短的时间内完成数据转换、特征提取、分析等复杂计算，从而完成实时的垃圾短信判断和预警。

(4) "在线预测"模块判断出的垃圾短信会发送给人工确认，人工检测判断确实为垃圾短信的数据会加入机器学习组件Discover的训练集，用于模型的迭代训练。

(5) 机器学习组件Discover通过离线模型训练，能做到自动迭代，从而不断提升垃圾短信识的识别率。

垃圾短信实时监测平台能够通过流处理技术快速识别出垃圾短信。当短信检测后显示为"true"的时候，则为垃圾短信；检测后显示为"false"，则不是垃圾短信。

7. 实施效果

我们来看系统初期运行的效果，如图9-15所示。

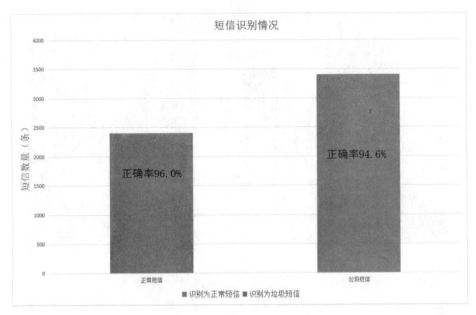

图 9-15　短信识别情况

　　从图 9-15 中，我们可以看到这个系统的效果。对于正常短信，识别正确率为 96%，而对于垃圾短信，识别正确率为 94.6%。随着时间的变化和数据的积累，这两个数字还可以有进一步的提升。

　　垃圾短信实时监测平台中的流处理引擎 Stream 可以快速完成短信数据的转换、特征提取、分析及实时判断预警等，达到实时的垃圾短信过滤效果。

　　每个服务器节点每秒可对 1000～3000 条短信实施过滤计算，也就是说如果要处理每秒100 000 条短信的并发，需要设置 30～100 个服务器节点。当同时需要处理的短信数量增加的时候，我们只需要添加服务器节点就可以满足需求。

9.2　Hadoop 和公用事业

　　电力行业一直都是掌握着城市工业命脉的重要产业，而供电局和发电厂的日常供电又直接影响着人们的日常生活。

　　电力行业的使命是要确保和维护供电系统的正常工作。经过实践和技术方面的多加探索，大家逐渐意识到传统 IT 平台具有较大的缺陷和不足之处，为了更好地做好工作，企业需要依托于全新的技术来维护其日常工作，同时对于电力行业普遍存在的巨额耗电以及及时检修等问题起到缓解作用。

案例：撬动百万千瓦——佛山电力需求侧管理

1. 简述

佛山电力利用大数据技术建立电子需求侧管理平台(Demand Side Management，DSM 平台), 成功制订错峰计划, 保障了发电厂高效稳定地运作。

2. 背景

稳定的电能供给是现代工业的基石, 我国工业的快速发展给电力企业的供电能力提出了一次又一次的挑战。应对这些挑战最直接的方法是增建发电厂来提高发电能力。改革开放以来, 我国的发电厂一度如雨后春笋般出现, 但是随着时间的推移和经验的积累, 我们认识到电厂会给环境带来一定影响。

佛山市作为传统制造业名城, 拥有几千家工厂, 无一不是能耗大户, 日常的耗电给该市的经济发展带来一定的阻力, 也给供电局的供电能力带来了极大的挑战。

3. 问题思考

在我国经济由高耗能、高排放、低效率的粗放发展方式向低耗能、低排放、高效率的绿色和谐发展方式转变的趋势下, 电力企业应当严格地管理发电过程, 关闭低效率高污染的电厂, 建设规范高效的电厂并利用水力、风能、太阳能等清洁能源。

4. 用户需求

实现发电侧的优化将是一个长期的过程, 我们需要通过一项全新的技术实现在短期内缓解供电压力并满足工业生产的需求。于是, 电力企业将目光投向了对用电侧的管理。用电侧管理, 在电力术语中称为需求侧管理(Demand Side Management, DSM), 是通过管理用电方式来减少电力需求达到电力使用效率最大化的管理活动, 如图 9-16 所示。

图 9-16　电力错峰示意

工业用电的错峰和生活用电错峰不同，因为工业生产的用电量极大，一旦错峰不成功，会出现巨大的电力缺口，所以供电局需要为其供电范围内的工厂制订错峰计划，将工厂的生产安排在不同时间段，降低峰值需求。而要使错峰计划合乎工厂的生产规律，就不能"一刀切"地制订计划。而且工厂用电设备繁多，各个环节相互依赖，不合理地安排会对生产过程产生牵一发而动全身的影响。

总之，供电局的需求就是要制订出合理的错峰计划，在保障工业生产的前提下，降低电力需求峰值。

5. 挑战

工业用电错峰在佛山实行已久，但是随着佛山制造业的发展，原有的错峰机制已经无法弥补电力缺口，还给工业生产带来了巨大的压力。

首先，佛山的制造业涵盖陶瓷业、纺织业、有色金属业、电器制造业、装备制造业等多种类型的产业，无法用同一套错峰计划适应用电方式和周期各异的工业用户。

其次，为了更好地分析一个地区乃至一个行业的原始数据，佛山电力总结出了一系列模型，将原始量测数据变为更具描述性的近 20 个指标，包括单厂的月用电量、月平均负荷、月最大负荷出现时段、用能设备平均负荷、用能设备负荷占比、电能单耗等。单企业指标和企业所在行业有直接关系，孤立地看单企业指标会导致描述性偏差，佛山电力还需要计算各个行业中这些指标的均值、单企业和行业的对标(指标对比)以及在行业内的单企业指标排名。将原始量测数据变成指标需要进行一整套的数据处理：将数据从电表处采集、写入存储系统，从系统中读取数据、进行计算以及展现计算结果。这样不仅方便记录，也便于随时将数据调出来检查。

但以上对数据的处理过程却体现出了传统数据库的不足。佛山的制造业每天都要产生上亿条各类用电数据，DSM 平台不仅需要对日积月累达到海量的历史数据进行分析，还要能够处理每天新增的数据。佛山电力原先为 DSM 选择了老牌的传统数据库进行数据处理和指标生成，然而投产不久后，传统数据库便显示出了计算能力的不足，在计算指标时，往往耗时过长，降低了错峰计划生成的效率。

由表 9-1 可知，数据的存储量级会随采集频率提升迅速增长。当采集频率到 30s 的时候，每个月的数据量就会提升到 10.7TB，而这是一个恐怖的数量级。

表 9-1　数据采集频率和数据存储量级

数据采集频率 (分钟/次，秒/次)	数据存储量级(按月计算)
30min	约 182.4G
5 min	约 1094.4G
1 min	约 5.3T
30s	约 10.7T

6. 解决方案

为了解决上述问题，佛山电力选择了适用于处理海量数据的大数据技术。

在这个问题上，工业专家们提出建议，通过挖掘用电过程中产生的量测数据(即工业用户用电设备或设备群上安装的各类电表记录的数据)来分析。

如图 9-17 所示，佛山电力在 DSM 平台上建立了一个用户信息库，其中包含了各工业用户的行业、变压器、用能设备(电动机、通风机、电锅炉、照明设备等)等信息。利用这个信息库，佛山电力可以先对工业用户进行粗略的划分。

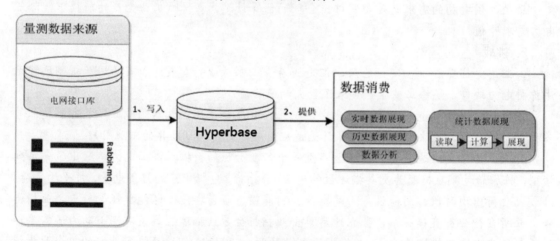

图 9-17　量测数据来源示意

佛山电力利用大数据平台下的新技术来建立全新的 DSM 系统，就能制订出"个性化"的错峰计划，满足电力行业的错峰需求。具体方案如下。

(1) 利用分布式 NoSQL 数据库在经济的商用服务器上搭建大规模存储集群，并且通过向集群中添加服务器来增加存储空间。

(2) 利用分布式 NoSQL 数据库批量地写入数据。

(3) 利用分布式 NoSQL 数据库来读取海量数据，在 DSM 平台上部署分布式 NoSQL 数据库后，实时的量测数据将从生产企业侧通过 RabbitMQ 接入数据库，数据库中的数据再通过调用 API 进行计算、分析和展现。

7. 实施效果

佛山电力选择了一站式大数据处理平台下的实时数据库,来作为 DSM 平台全新的数据支撑系统,有效地解决了 DSM 平台对于改善错峰机制方面的不足之处,使得供电局可以准确地描述用电企业的属性和用电行为,将工业用户细分,为工业用户制订出了"个性化"的错峰计划,规定了不同组别的用电企业在各个错峰需求等级(由电力缺口决定)下的错峰时间和用电频率。

佛山电力配备了新的 DSM 平台,可以快速高效地从分布式 NoSQL 数据库中获取数据,生成错峰计划所需要的指标。与此同时,DSM 平台每天都可以增加新的用电数据,而且为了更准确地评估用电行为,佛山电力可能会提高数据采集频率(比如从每 15 分钟采集一次提高到每分钟一次),数据量会成倍增长。将来,佛山电力还考虑对居民用电数据进行分析,届时,数据量会再一次爆发。所以,存储系统适应数据量增长的能力是必需的。

采用了新的 DSM 数据平台的优势如下。

(1) 分布式 NoSQL 数据库具有存储系统适应数据量增长的能力,并且有着极好的横向扩展能力,可以很好地应对 DSM 平台中每天新增加的用电数据,具有适合 DSM 系统的特性。

(2) 分布式 NoSQL 数据库具有极高的并发写能力,可以批量写入数据,可以满足 DSM 平台中需要写入大量数据的任务,目前 DSM 平台每天的写入达到近一亿条,正好是适合 DSM 平台的应用场景。

(3) 分布式 NoSQL 数据库有极高的并发读能力,还配备了高效的二级索引。而 DSM 系统需要大量读取用电数据,包括一个、一批、一个地区或一个行业内的电表在一个、多个时间点或时间段的量测数据。部署此数据库可以使 DSM 平台能对任意键进行快速查询,提高了指标计算的效率。

有了大数据的帮助,佛山电力得以准确地描述用电企业的属性和用电行为,将工业用户细分,最终制订了一套详细的错峰计划,规定出了不同组别的用电企业在各个错峰需求等级(由电力缺口决定)下的错峰时间和用电频率。

由此,就能够有效地改善错峰机制、弥补电力缺口,使错峰计划更符合工厂的生产规律。新用电侧管理计划的神奇之处在于,它不需要巨额的投资,也不需要浩大的工程,却起到了四两拨千斤的效果。

同时,佛山电力能够为整个佛山市节省用电量,减少电厂投资从而减少污染物的排放量,保护环境,维护市民的人身安全,促进了城市环境的绿色建设。

案例:可视化的供电系统

1. 简述

华南某市供电局通过建设大数据平台,推动了数据的统一管理,实现了供电全景可视化。

2. 背景

今天，中国电力工业面临着能源枯竭和温室气体排放严重的双重挑战，传统的投资拉动增长的发展方式已经面临质疑。从衡量中国电力工业发展的重要指标——装机容量来看，虽然其绝对数字始终在增长，但其增幅已经大大放缓。

一方面，电力工业近年来快速增长透支的产能需要时间消化；另一方面，新的发展需求和规则也在要求新的发展模式。这给中国电力工业的发展提出了新的问题，即我们能否有新的能源载体和新的契机来寻求新的电力工业价值的增长。挑战重重，不过机遇也前所未有。

随着电力企业信息化建设和实用化的逐步推进，信息化数据已经日趋完善，在电力系统中先后建成了生产调度、电力营销和客户服务、经营管理、资产管理等各种应用系统，积累了大量数据。

随着数据量的持续增加、数据类型的日益丰富，以及部分业务产生了对实时数据的应用需求，其中包括流处理监察系统、应对供电局的数据量爆炸增长等。传统的关系型数据平台在数据存储、数据实时处理以及数据有效检索等方面难以继续有效支撑数据管理和应用的需求，在生产环节透明化和设备管理实时性方面都存在着明显的不足，而这给供电局的管理带来了不少问题。

3. 用户需求

鉴于供电行业自身所存在的特性，在供电的诸多环节与系统中，大数据对于供电行业而言，是必不可少的存在。

这次华南某市供电局为了应对不断增长的海量数据，也将目光投放到了大数据平台上。供电局想要做全景可视化大数据平台(图 9-18)的建设，需要满足以下 3 个需求。

(1) 提高处理各种数据的能力，使平台能够支持非结构化数据。

(2) 实现对数据的实时诉求，几乎同步地获取到有用的数据。

(3) 能够有效处理海量数据，实现资源的有效利用。

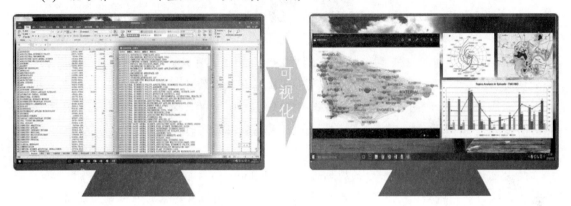

图 9-18　供电行业的可视化需求

4. 问题思考

通过运用 Hadoop 平台下的 MapReduce 和 Spark 技术，我们就有能力来处理海量数据，更好地进行数据管理。

在开源的 Hadoop 体系中有多个项目其实就是为上述问题而设计的，例如：

(1) HBase 和 Cassandra 用于提供非结构化数据的查询和存储；

(2) Spark 内存计算引擎用于提供极高的计算性能；

(3) Spark Streaming 和 Storm 用于进行流处理。

同时，商用的 Hadoop 公司也提供了类似的产品，选取合适的产品对原有的数据处理系统进行添加和补充，将是电力企业问题的解决之道。

我们在第 7 章中已经讨论过商用 Hadoop 和开源平台的区别。简单重复一下，Hadoop 商用系统的优势在于：

(1) 能够更有效地实时处理海量数据；

(2) 计算性能更高，可以快速得出运算结果；

(3) 更好地为海量数据提供存储的"容器"。

5. 挑战

面对供电局所获取的数据爆炸式增长，传统的关系型数据平台已经难以继续有效支撑数据管理和应用的需求。

首先，现有技术缺乏对非结构化数据的支持，大量数据资产未被合理有效利用。当前数据存储主要针对结构化数据的采集、存储、计算和应用提供支持，而无法对图档、文档、日志等非结构化或者半结构化数据提供高效支持。供电局的输变电、配电、营销系统具备对接线图、设备图、用户档案等非结构化数据进行存储和检索的需求，而这类数据具有类型多、数量大、价值密度低的特点，如果采用传统集中存储的方式，即便实现对此类数据的存储，也存在检索效率低下的问题。同时，由于集中式存储的成本高昂、扩展空间有限，也必须按照一定周期用磁带进行归档处理，而归档后的数据一般难以再次有效应用，使大量非结构化数据资源被闲置。

其次，现有技术缺少流式处理的手段，无法支撑各专业对实时数据的应用需求。按输变电、营配信息集成的管理及应用要求，包括 SCADA(Supervisory Control And Data Acquisition)系统，即数据采集监视控制系统在内的多种实时数据对华南某市供电局相关业务的实时监控、评估与分析具有重要意义。而目前现有数据处理架构无法支持对时序数据(也就是时间序列数据，即同一指标按时间顺序记录的数据列)的实时处理，只有记录时序数据，电力行业才能够实时掌控不断增长的数据，以提高数据的实时处理率。

6. 解决方案

输变电设备展示大数据平台的规划，是以 Hadoop 平台技术为基础，以并行/分布式架构为主，结合相应的计算框架，来满足数据存储以及不同计算场景对数据平台服务的要求。开展输变电设备展示的大数据平台搭建部署，在现有数据存储基础之上，为数据采集、存储、计算和应用层，分别构建了对结构化、非结构化以及流式和批量数据的处理能力。

(1) 通过使用 Hadoop 下的分布式 NoSQL 数据库，对图档、文档和日志等非结构化数据进行有效处理。同时通过引入大数据相关技术组件，基于 x86 服务器，搭建新型分布式处理集群；建成分布式框架的大数据管理及服务平台，如图 9-19 所示。

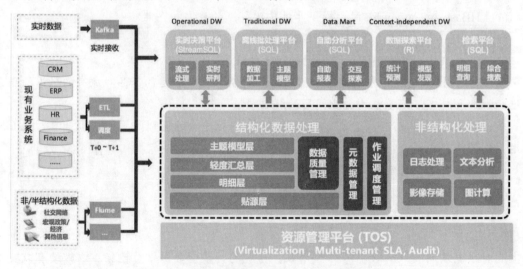

图 9-19　基于大数据技术的数据仓库逻辑架构

(2) 全景可视化大数据平台使用稳定的计算引擎。面对企业级需求，利用大数据技术来解决目前开源 Spark 的不稳定性、难可管理性和功能性不够丰富的问题。Spark 的不稳定性主要体现在服务质量得不到保障，在用户使用的过程中，如果出现故障则没有售后服务。

通过新平台的分布式内存计算 SQL 引擎，来逐条处理海量数据，保障"全景"，即用户全方位的服务体验，如图 9-20 所示。

图 9-20　可视化大数据平台示意

华南某市供电局利用大数据平台实现了全方位的供电全景可视化，图 9-21～图 9-24 所示均属该供电局的示意图集，通过输变电配变负载、变电站电压、负荷曲面以及售电量构成分析来实现该市供电全景可视化。

图 9-21　输变电配变负载示意

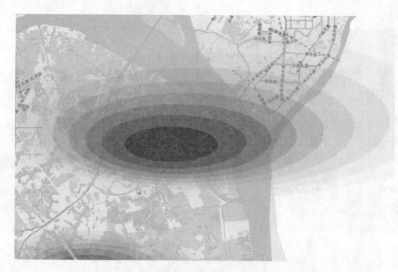

图 9-22　变电站电压示意

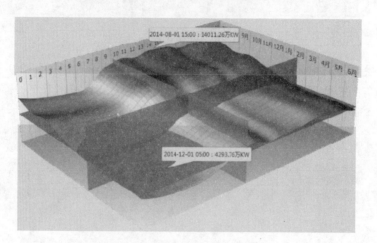

图 9-23　输变电负荷曲面示意

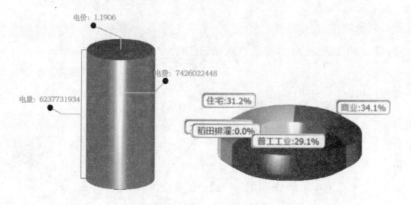

图 9-24　售电量构成分析示意

7. 实施效果

华南该供电局利用大数据平台建立起的全景可视化大数据平台完全区别于过去的旧有系统，更加符合当下的数据量与发展趋势。通过建立全景可视化大数据平台，供电局能够对海量数据实现同步存储、实时检索、查询与处理，完成了治理模式从杂乱、无头绪向同步进行的变革以及管理方式从无序向有序的变革。

新平台的具体效果如下。

(1) 新平台具有稳定的 Spark 计算引擎。面对企业级需求，开源 Spark 的主要问题在稳定性、可管理性和功能不够丰富上。开源 Spark 在稳定性上有比较多的问题，在处理大数据量时可能无法运行结束或出现 Out of memory、性能时快时慢、有时比 Map/Reduce 更慢、支持的 SQL 语法仍然非常有限、无法应用到复杂数据分析业务中等。计算引擎在被修改后，其功能和性能的稳定性极大地提高了，数据平台能够稳定地运行 7×24 小时，并能在 TB 级规模数据上高效进行各种稳定的统计分析。

有了稳定的计算引擎，就能够对电力数据的后台系统进行完整的分类和规划，对各种业务系统进行共享和共通，从而真正实现供电行业的数据运行。

(2) 新平台拥有当下最完整的 SQL 支持。新的 SPARK 产品实现了自己的 SQL 解析执行引擎，可以兼容现有的基于 Hive 开发的应用。

有了完整的 SQL 支持，就能够接收海量数据，有效减少数据拥塞、干扰和屏蔽。

(3) 新平台还支持 Memory+SSD 的混合存储架构，支持多数据源载入，并且在分布式机器学习技术上有着更好的表现。而开放式的 API/接口使用户的程序开发人员可以根据项目的实际需求，利用 API 编写自己的应用程序。用户的使用场景不限于 SQL 或者存储过程。

有了新的混合存储架构，就可以通过多个数据源通道导入数据，对供电局不同的环节和系统进行分门别类，各项内容一目了然。

(4) 新平台下的分布式内存 SQL 引擎开始支持非结构化数据，不仅可以对结构化数据提供支持，同时也可以对图档、文档、日志等非结构化数据提供高效支持。同时，归档后的数据也可以再次被有效应用，使大量非结构化数据资源不被闲置。

(5) 新平台也实现了流式处理的手段，能够支撑各专业对实时数据的应用需求。按输变电、营配信息集成的管理及应用要求，包括 SCADA 在内的多种实时数据对于华南某市供电局相关业务的实时监控、评估与分析具有重要意义。通过改进后的数据处理架构可以支持对时序数据的实时处理。

通过 Hadoop 平台建设，华南某市供电局可以快速实现各类信息的自助查询、高端分析，为公司的分析和决策提供最方便、直观、可操作的可视化窗口，进而提升供电局资产绩效管理的优化，如图 9-25、图 9-26 所示。

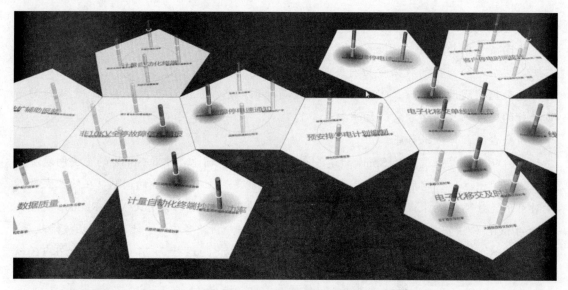

图 9-25　输变电应用监控示意一

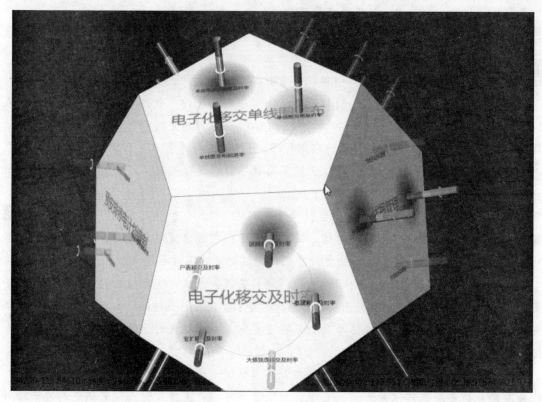

图 9-26　输变电应用监控示意二

　　不难发现，Hadoop平台的建立，为华南某市供电局带来了极大的裨益。供电局利用大数据技术进行节省的电量、减少污染的排放、实施节能环保举措以及更好地进行数据的存储、实时处理以及有效检索。

9.3　Hadoop 和"智慧工商"

据公开资料显示，2016 上半年，全国新设市场主体 783.8 万户，同期增长 13.2%，平均每天新登记约 4 万户，包括平均每天新增的 1.6 万户企业，全国各类市场主体累计达到 8078.8 万户。各级部门、机构掌握了上述市场主体从出生到消亡的大量数据和信息，如各类市场主体信息、信贷信息、执法投诉信息等。

早些时候，信息公开的理念并不为公众与政府所重视，加之信息技术的局限，大量企业或市场主体信息静静地搁置在各级部门档案室或者数据库中，只能为内部少数有需求的人服务。随着信息技术的发展和在大众中的普及，社会自上而下逐渐意识到由海量数据所组成的信息资源的战略价值。

不过实现这一过程的基本前提是，有一个统一的可以跨部门、跨机构、跨区域的企业信息大数据平台，提供信息共享，这对优化政府部门服务、提高市场信息透明度、帮助市场健康发展等有着长远深刻的意义。

案例：大数据推动企业信息公开与信息共享

1. 简述

星环科技帮助中国工商总局打造了基于 Hadoop 的企业信息大数据平台，运用大数据方法推动企业信息公开与信息共享，有助于打破不同区域、不同部门之间的信息鸿沟，可为国家落实创新驱动战略提供重要手段，也可为研究中国创新发展提供新视角。

2. 问题

在服务层面，政府的管理部门服务理念相对落后，服务方式陈旧；注册等级手续烦琐，行政审批效率不高；缺乏强有力的统计检测和健全的守信激励制度；没有良好的政府服务绩效方案，整体信息服务水平落后。

政府部门信息服务的滞后与企业日新月异的情报需求形成鲜明反差。市场监控层面也亟待运用大数据的方法加强和改进。

(1) 需要健全事中事后监管机制。

(2) 加快建立统一的信用信息共享交换平台，健全信用承诺制度和失信联合惩戒机制。

(3) 建立产品信息溯源制度，特别加强电子商务领域市场监管。

(4) 充分运用大数据方法，制定和调整监管制度与政策，推动形成全社会共同参与监管的环境与政策。

搭建统一的企业信息大数据平台，是推进政府与社会信息资源开放共享的重要一环。一方面促进市场信息公开，加大企业信息开放力度；另一方面又能推进政府内部信息交换，有序促进全社会信息资源开放共享。

3. 需求

针对上述问题，企业大数据信息平台既要有高性能、可扩展、多接口的特点，还要满足各类企业、各级机构部门之间的多种需求。

广义的企业(或称市场主体)有企业、个体户等多种类型，不同类型市场主体，在工商、银行等领域具有不同的应用场景，仅以企业这类市场主体为例，便可看出搭建这一平台的诸多需求。图 9-27 展示了企业设立/变更/备案/注销登记的流程。

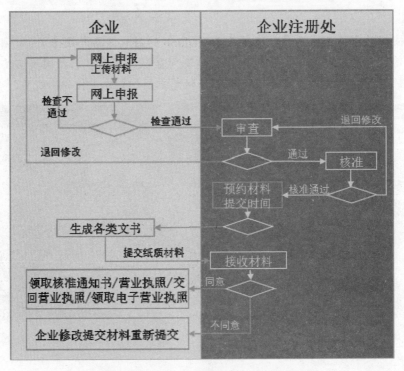

图 9-27　企业设立/变更/备案/注销登记流程

从图 9-27 中我们看到，企业登记注册信息涉及多种结构化、非结构化数据，且数据量庞大。在千万级的企业和市场主体数量背景下，对这一大数据平台要求苛刻。

仅针对上述工作流程，构建其大数据平台需要有以下特点。

(1) 拥有海量且易扩展存储空间，来应对大基数高增量的存储。

(2) 能够存放企业多维度信息，以及多种类型的非结构化数据，如图片、文件、音视频等。

(3) 满足数千万市场主体的高并发操作，快速准确地响应用户的查询。

(4) 扩展到全部的市场主体类型以及多机构部门的众多需求，这一平台至少还需要提供多应用接口，满足当前及未来的各种需求。

(5) 数据结构严谨，多维度信息之间相互关联，以便建立统一完整的信用体系。

(6) 提供多种数据分析与挖掘工具，以便于发掘工商数据价值。

4. 挑战

我们将时间锁定在该企业大数据平台搭建的 2013 年之前。根据公开资料，当时我国市场主体数量已经超过 5000 万个，原有信息平台采用 DB2 搭建。作为一套经历了二三十年检验的关系型数据库管理系统，DB2 在非大数据应用场景下，无疑是很好的数据库解决方案：完整的 SQL 支持、稳定的执行引擎、完善的开发工具等。

不过在大数据应用场景下，PB 级的数据规模、海量并发操作等极大增加了执行引擎的运算时间，甚至对于某些跨多表的复杂运算，无法得出结果；而面对指数级的信息增速，DB2 性能的扩展显得力不从心；大数据环境下，多维度的数据挖掘、全局数据的动态分析、复杂多样的应用场景等，已经远远超出了单一产品的应对能力。

此时学术界、工业界，大数据、云计算、分布式、Hadoop 等一系列概念或产品大热，为搭建呼之欲出的企业大数据平台提供了思路。

5. 解决方案

经过多方位的考察与验证，最终由星环科技来担此重任，打造基于 Hadoop 的企业信息大数据平台。

图 9-28 中展示的是星环科技 TDH 最新版本的框架。

图 9-28　星环科技 TDH 平台架构

Hadoop 之所以能成为备受关注的解决方案,最主要的原因是 Hadoop 提供的并不是一个像 DB2 这样的单一数据库产品,而是提供了一个有无限想象空间的分布式框架。

在今天,任何单一产品或技术已经不可能解决大数据的全部需求与难题,只有开放的、可以方便部署多种产品和应用的分布式框架,才能为逐个解决难题提供可能。

我们在这个案例中说的企业信息大数据平台,便是在这一理念之下搭建的产品,事实证明了这一部署的前景和远见。随着 Hadoop 生态系统不断完善,多种开源或商业应用的发布,对接在其上的功能更可以说"只有想不到,没有做不到"的。

企业信息大数据平台架构如图 9-29 所示。

该大数据平台的底层是 Transwarp Hadoop 分布式文件存储引擎,提供基础的分布式文件系统作为存储引擎,YARN 作为资源管理框架,组合了一系列 Apache 项目,提供数据的采集、存储、数据同步、批处理、工作流分析以及全文搜索等功能。

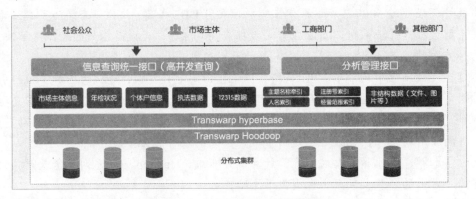

图 9-29　企业信息大数据实施效果

Transwarp Hyperbase 实时数据库是建立在 Apache HBase 基础之上,融合了多种索引技术、分布式事务处理、全文实时搜索、图形数据库在内的实时 NoSQL 数据库。Hyperbase 可高效支持企业的在线 OLTP 应用、高并发 OLAP 应用、批处理应用、全文搜索或高并发图形数据库检索应用等。存储的数据主要有市场主体信息、年检状况、个体户信息、执法数据、12315 数据等,以及文件、图片等多种类型的非结构化数据。在此基础上还建立了主题名称索引、注册号索引、人名索引、经营范围索引等。

应用层面提供信息查询统一接口,应对公众、市场主体、各级部门的高并发查询;提供多分析管理接口,便于后期大数据平台的功能扩展。

6. 实施效果

该企业信息大数据平台在具体性能方面优势如下。

(1) Hyperbase 支持高效的全文索引,面对现有的亿级数据,快速名称匹配和搜索可以在 300ms 之内返回查询结果,相比原系统,极大提高了用户体验与工作效率。

(2) 单机支持最高每秒 500 次的查询,足以应对上亿用户并发查询操作。

Inceptor 分布式数据库上系统对数据的存储和分析能力大大提高,清晰保存了大量的历史数据。对企业历史快照的查询可以让用户跟踪企业变更信息,掌握企业生命周期的变化规律，抓住企业发展的脉搏。一方面管理部门可更便捷地对企业加以监管，另一方面企业可快速掌握经营过程，发现问题。

基于 Hadoop 的大数据企业信息大数据平台搭建完成之后，帮助多级机构和部门摆脱了困境。存储变得高效、廉价且易于扩展，事务处理便捷高效，至少在数据存储层与计算层，新的解决方案有了巨大的进步。

7. "大数据+企业"

我们用直观例子来看这个平台究竟为我们提供了些什么。

在全新的企业大数据平台上，基于 Apache HBase 的实时 NoSQL 数据库 Hyperbase，可以帮助用户在秒级别内高效准确地发现企业与企业之间、企业与相关人员之间的关联性，系统给出以下三种功能。

(1) 用户给定一个企业，系统可以找出各层级与之有关的企业和人员的信息。

(2) 用户给定出法人、股东、高管的证件号码，系统可以找出各层级与之有关的企业的人员信息。

(3) 用户给定多个企业，系统可以通过对全库数据进行扫描，直观地呈现给客户。

我们来看图 9-30。

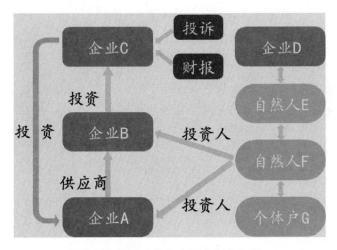

图 9-30　常见企业与自然人相关关系

从图 9-30 中我们看到，现实中企业与自然人关系多种多样，企业之间常见的关系有：

(1) 供应链上下游关系(如企业 A 与企业 B)；

(2) 投资关系(如企业 B 投资企业 C)；

(3) 投诉关系；

(4) 合作关系等。

自然人之间可能存在的关系有：

(1) 亲属关系；

(2) 合作关系；

(3) 上下级关系等。

而自然人与企业之间又会存在投资关系、投诉关系等。这些多层的关系之间会形成纵横交织的关系网络。

传统的数据库解决方案在揭示这些关系时其表现是差强人意的，少数性能卓越的产品，在应对大数据场景时也纷纷败下阵来。

新的企业大数据平台上是这样做的：当我们查询某家企业时，平台迅速反馈企业的相关资料与信息，同时发现与之相关联的企业信息。

在图9-31示例中，每一个节点表示一家企业，节点之间的连线表示企业之间的某种关联。在这个关系中，企业2明显处于局部网络的中心位置，企业1则表示与企业2高度相关的行业分支。预测企业2的一举一动，将会影响其周围数家企业的发展，拥有绝对话语权；企业2可以是基础软件提供商，抑或是基础通信商，真实对应的企业本文中已全部隐去。

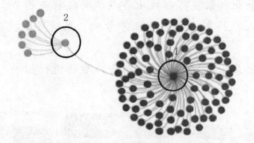

图9-31　企业关联分析1

在更为复杂的关系中，企业1与企业2处于图9-32中方框标识的位置。在10个企业群体中，企业1依然处于中心位置，企业2为9个次级中心之一；企业1通过9个次级中心，与最外圈多家企业产生间接关联。

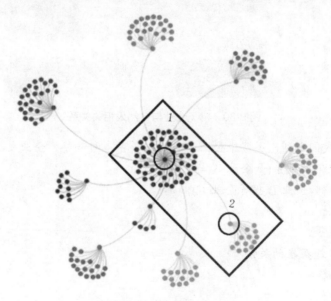

图9-32　企业关联分析2

再来看另一种情形：

在图 9-33 中，节点 1、节点 2、节点 3 形成三个辐射状中心，分别与周围多个节点形成直接关联；三个中心通过节点 4、节点 5 形成间接关联。企业 1、2、3 在该企业网络中处于核心位置；企业 4、5、6 则起到关键桥梁作用，并使得企业 1、3、4、5 形成环状结构。在银行信贷评估过程中，环状结构值得特别关注，任何一家企业出现坏账情况，都将产生恶性连锁反应。诸如此类的例子还有很多。

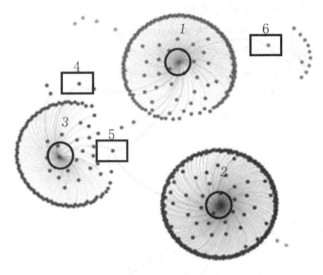

图 9-33　企业关联分析 3

需要指出的是，在数据完善、关系完整的前提下，小规模的企业关联网络通过传统数据仓库、数据挖掘等技术，是可以通过不同的方式实现的，但大规模的企业关联网络，则会消耗传统解决方案大量宝贵时间，甚至完全超出其计算与分析能力，如图 9-34 所示情形。

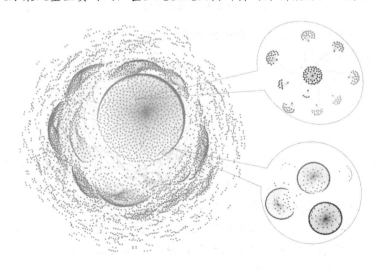

图 9-34　大规模企业关联图谱

图 9-34 展示了以某大型国有企业为中心的企业关联图谱，节点数超过一万个。

在社会网络或社会网络研究中，网络中的点表示一个个研究实体，边表示实体之间的关联，点与边分别有多种度量指标来衡量其中心性、中介性、权重等，图 9-34 只是由单一种类节点、单一关系构成的单层网络。多类型节点、多种关系构成的多层复杂网络目前在学术界依然是研究前沿与难点，工业界还未形成有效应用。

回到上述单层复杂网络中，度是最基本的指标，度表示与某一节点直接关联的节点数。统计企业的度分布会发现一个有趣的现象。

图 9-35 中纵坐标表示企业数量，横坐标表示企业的度(即与某企业直接关联的企业数)，企业的度呈现出典型的幂律分布(或称长尾分布)，大多数的企业只与 1 家或少数几家企业直接关联，而少数企业与多家企业关联，图 9-34 所示的某大型国企与 980 家企业直接关联，是该网络中企业的度的最大值。

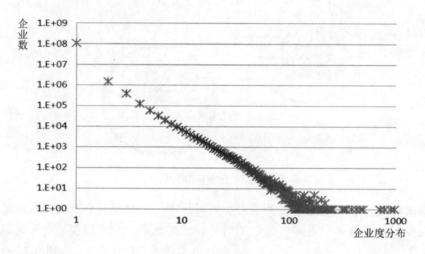

图 9-35　企业度分布

通过上述关联分析，可以透视诸多有价值的信息，比如：

(1) 企业关联关系；

(2) 资金走向路径；

(3) 企业担保可靠性；

(4) 企业信用保障；

(5) 供应链走向等。

扩大到更广阔的范围，对某一行业或全行业企业进行上述关联分析，经过可视化工具可以得到超过千万节点的企业关联图谱。

大规模的关联分析直接反映出某一地区、某一行业的企业整体面貌，可为政府部门开展产业调整、优化资源配置、平衡区域发展和制定中长期发展规划等提供关键决策支持。企业据此可以正视自己在行业中所处的地位，根据行业发展前景与趋势，及时调整企业发展方向，帮助企业制订中长期发展规划。

这只是企业信息与大数据结合的冰山一角。

在可预见的时间内，企业数据存储并可扩展不再是制约条件，发现隐藏在海量数据中的价值和有用信息将是大数据应用的关键。以企业大数据为基础，可以帮助有关部门在服务层面改进服务方式、简化行政事务流程、建立健全信用制度、完善服务绩效考核；在市场监管层面，可健全事中事后监管机制、加快信用信息互换、推进产品信息溯源、优化市场与政策；同时也帮助企业简化办事流程、节约审批时间，并快速获取关于企业经营与发展的各项竞争情报，最终为企业提供全面、优质、定制化的服务，并健全和完善市场监管制度，保障市场高速高效运行、良性健康发展。

经过三年多的反复摸索，企业大数据信息平台上的多项应用逐个上马，基于 Hadoop 的大数据平台被证明是可靠和行之有效的解决方案。

在企业大数据信息平台上，未来会出现更多的应用场景，更多机构、部门或平台，会进行信息融合并开放共享，也会有更多应用部署在这个大数据平台上，让我们拭目以待。

9.4 Hadoop 和政务云

在本节中，我们来看一个佛山市的大数据市政管理平台的案例，能够对数据进行更加有效的全面管理，从而有效地减少意外事故。

案例：佛山市大数据政务云打通线上线下数据

1. 简述

佛山市基于 Hadoop 构筑了开放共享、敏捷高效、安全可信的大数据市政管理平台，更好地做到了对政务数据的管理。

2. 背景

社区安全一直是政府工作的重中之重。而在 2015 年的新年来临之际，却发生了一个巨大的安全事故。2014 年 12 月 31 日 23 时 35 分，正值跨年夜活动，因很多游客市民聚集在上海外滩迎接新年，上海市黄浦区外滩陈毅广场东南角通往黄浦江观景平台的人行通道阶梯底部有人失衡跌倒，继而引发多人摔倒、叠压，致使拥挤踩踏事件发生，造成 36 人死亡、49 人受伤，如图 9-36 所示。

即便时至今日，外滩踩踏事件在人们心中留下的阴影依旧挥之不去，而正是从这个事件开始，人们对社区安全投以更多的关注。

在 2016 年元旦前后，"彩色汾江、点亮佛山"亮灯、迎新年倒计时电视直播晚会等一系列跨年活动，相继在佛山市中心的中山公园、文华公园举办，仅文华公园电视塔广场的跨年倒数晚会现场，活动举办方就有数万人参加。

面对公共安全隐患，为了更好地保障现场的秩序与安全，在 2016 年元旦之前，佛山市政府决定首次应用社会综合治理云平台来保障活动的安全举行。政府是希望通过建设云平台来保证现场工作人员配置的合理性，一旦人流量过大，将及时疏散，避免出现意外。同时，还能够更好地提升政府的监管力度，维护社区安全，从而保障人民的人身安全。

图 9-36　外滩踩踏事故现场

这是佛山市大数据政务云平台的一个切实需求。

3. 问题思考

可怕的踩踏事故历历在目，而如何从根源上直面问题，才是各市真正值得思考的内容。佛山市吸取了外滩事故的教训，开始考虑利用大数据新技术来实时地掌握各区域的人流情况，以减少意外情况的发生。

如果要直观地看访客数量，我们可以采用热力图的方式。所谓热力图，是以特殊高亮的形式显示访客热衷的页面区域以及访客所在的地理区域的一种图形表示方式。访客量数依次按照红、黄、绿逐级递减，热力图显示某一区域为红色，则表示该区域的访客人流量巨大；如果为绿色，则表示访客数量是在可控范围之内的。

图 9-37 为 2014 年 12 月 31 日外滩跨年时踩踏事件的热力图。

从图 9-37 中可以看出当天在陈毅广场跨年人群的数据，红色区域表明当时广场附近处于水泄不通的状态，继而引发了大面积踩踏事件。据综合监测显示：事发当晚外滩风景区的人员流量在 20 时至 21 时约为 12 万人，21 时至 22 时约为 16 万人，22 时至 23 时约为 24 万人，23 时至事件发生时约为 31 万人。这个数字已经超出了外滩地区能够承受的人数。

4. 用户需求

佛山市要建立一个大数据市政管理平台，能够对数据进行更加有效的全面管理，从而有效地减少意外事故的发生。

减少事故的发生并不是这个平台唯一要做的事情，平台还需要做到的是：

(1) 保障政府工作的顺利运行；

(2) 实现对内对外的数据公开，促进政府工作透明度以及群众监管力度；

(3) 对各个相关单位的数据进行统一存储。

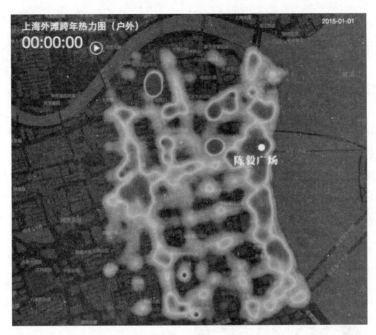

图 9-37　外滩踩踏事件热力图

5. 挑战

尽管佛山市政府想出了社会综合治理云平台的绝妙点子，但实施起来却并非想象中那么轻松。

传统的政务模式存在的问题如下。

(1) 政府各部门的电子政务系统各自经营，分散建设、管理、运行导致重复建设、信息孤岛、投入高收益低等问题。

(2) 在管理上难以与组织内部工作流程有机结合，无法形成动态的应用模式。

(3) 缺乏统一的规范导致功能缺失、信息更新缓慢、交互性差等问题。

(4) 电子政务的建设还存在重建设轻应用、重硬件轻软件的状况，对网络资源的利用率不到 5%。

市政领域必不可少的就是会涉及大量的数据，包括内部数据和外部数据。而如何准确有效地对这些数据进行统一的管理、检索、查询与处理，成为目前政府部门面临的一大难题，因为传统的数据库无法很好地继续支撑规模巨大的数据量。

内部数据包含应急办、公安、流管办的数据以及其他一些视频数据。

外部数据则包括周边政府部门和一些社会资源，以及来自互联网的数据，比如网站、微博、社区、物联网的数据。

这些数据来自不同的数据源，而且都有各自不同的类型和格式。面对这些数据，政府部门有效的政务管理就成为一大挑战，这里有很多难点：

(1) 共享难；

(2) 存储难；

(3) 关联难；

(4) 分析难。

正是由于上述的诸多问题，新的市政管理平台需要更好地对数据进行整合、处理、共享和挖掘分析。如何让海量数据的整合和分析，逐步成为可能，是这个平台的使命。

6. 解决方案

佛山市基于政务数据的管理，在星环科技 TDH 平台的技术支撑下，建立了三大平台与一大中心(见图 9-38)。

(1) 市政基础数据融合平台；

(2) 市政数据监测预警平台；

(3) 市政数据共享平台；

(4) 市政监督管理与决策中心。

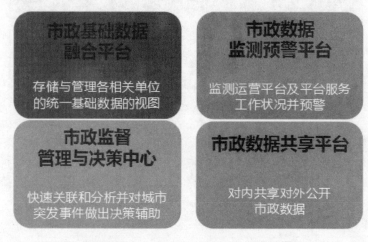

图 9-38　市政管理大数据平台规划

1) 市政基础数据融合平台：对各相关单位的统一基础数据进行存储与管理的视图

政务云接入的外部数据接口是各式各样的，因而基于 TDH 的基础数据融合平台提供的是通用标准接口，而不是基于某一种特定数据库系统的数据接口。所以在新增数据源的时候，不需要新增特定的适配器，这样也不会影响到接入的外部数据的传输质量，其结构如图 9-39 所示。

2) 市政数据监测预警平台：监测运营平台及平台服务工作状况并预警

在公共交通方面，以地铁为例，地铁的数据源包括地铁闸口的进出刷卡信息、地铁内监控视频，而对应的数据分析就是统计任意时间维度的出入人流、历史同期数据对比分析，以及基于地铁网络监测的人群动态预测。这样一来，数据处理的价值就在于预测未来半小时内通过地铁闸口的人数，当超出报警阈值时，有关方面就会在 5min 内实施限流疏导措施，从而避免事故的发生。

图 9-39 佛山综治云平台基础数据平台设计

图 9-40 所示的是 2015 年 12 月 31 日晚中山公园(上)和文华公园(下)人流情况的热力图。

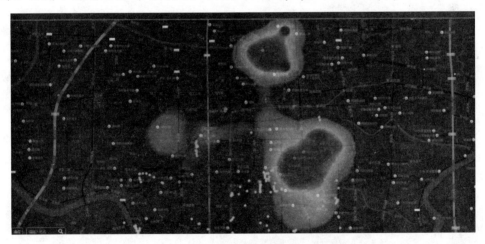

图 9-40   佛山市 2016 跨年倒计时活动实时人流热力图

3) 市政数据共享平台：对内共享，对外公开市政数据

一方面，政府 21 个委办局接入的基础数据，包括：常住、流动人口数据，房屋基础数据，国土、公安地址数据，城市基础设施数据，应急人力、装备数据，工商法人数据，城市事件数据……

另一方面，基于各委办局基础数据整合后的数据提供数据共享，如总人口数据，基于多种维度统计分析后的人口数据，工商信息统计分析后的数据，地图、地址与人口分布关系数据等。

4) 市政监督管理与决策中心：快速关联和分析并对城市突发事件作出决策辅助

通过市政设施基础数据信息采集系统对城市部件和事件进行数据的采集和信息的整合，由此将信息传输和共享给智慧市政综合监督管理指挥决策中心，将结果反馈给各级专业部门，各级部门再将结果反馈给决策中心，决策中心凭此对各级专业部门进行绩效评价。

三个平台和一个中心之间是相互关联的，它们有效地把以下这些数据整合在一起：

(1) 工商数据；

(2) 交通数据；

(3) 公安数据；

(4) 来自互联网上微博用户的反馈数据；

(5) 来自城市基础设施的数据。

7. 实施效果

基于Hadoop的大数据平台能够大大节省初始投入、缩短上线时间、简化运行维护、按需快速弹性扩展。

佛山市政管理平台的三大平台与一大中心的实施效果如下。

1) 投诉的"秒级"响应

云平台是社会治理、城市管理和应急处置的指挥中枢，在云平台区中心的大屏幕上，点击鼠标就可以显示街头监控的街景、企业商户信息、道路交通情况、网络舆情等内容，依靠一张图管起了一座城。同时，全区过千网格员的手机、数万摄像头就是云平台的"眼睛"，电话、微博、微信等接受"投诉"的渠道就是云平台的"触角"，通过云平台的"眼睛"和"触角"，能够将各任务分流到相关责任单位快速跟进。

由此，云平台实现了"秒级"响应，问题第一时间被发现、第一时间交办，推动第一时间解决。

2) 管理更精、统筹更广更深

佛山市社会综合治理云平台通过在2.5D、平面、测绘、街景四种地理信息图层中叠加城市部件、摄像头等信息，实现查看区域环境的管理情况、建立人口数据库等。图9-41所示为城市事件统计及数据分析的相关内容。

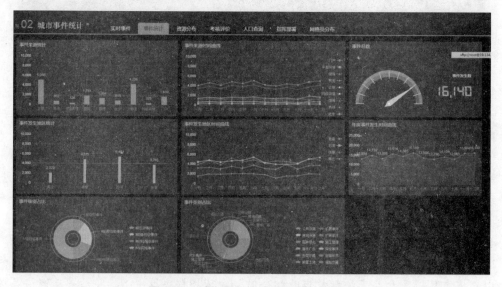

图9-41 城市事件统计及数据分析示意

　　除了政府内部的资源，如学校、市场、小区等的视频资源也逐步整合到这个云平台上。此外，云平台上还整合了各类执法资源，可进行综合巡查和执法。除了原有的网格员，还发动学校、单位、商场等，在更小颗粒的微网格指定网格员，提供更多细分化的数据。

　　正是因为有了更充足的大数据，云平台能够看得更细，通过综合调用各种资源就能更及时地发现问题，并且更有效率地交办任务。除此之外，云平台对于数据融合、平台预警、监督决策、数据共享方面也有极为重要的意义。

第10章
Hadoop 与
"衣食住行"中的"食"和"行"

在第 9 章中我们讲述的行业应用相对规模都比较大，而在本章中，我们给大家介绍的应用是"衣食住行"中的"食"和"行"方面的两个案例。 上海市的食品流通安全信息追溯系统和锦江集团的"私人订制"旅游大数据方案都有其独特之处。

10.1 Hadoop 和"食"

在本节我们来看一个上海市的食品流通安全信息追溯系统，这个系统实现了食品的分类管理及有效监督。

案例："让你能放心吃"的食品安全管控系统

1. 简述

上海市政府通过大数据平台建立了食品流通安全信息追溯系统，实现了食品的分类管理及有效监督。

2. 背景

食品安全关乎百姓健康，是全社会共同关注的民生问题，而上海的食品市场有其独特之处。

1) "外援"繁荣流通行业

受资源、环境等客观条件约束，不少城市的食品供给对外依赖程度较高，导致食品产业链过长，一旦某个环节信息缺失，食品"身世"就会模糊，对食品安全监管造成挑战。

上海全市食用农产品的七成要靠外省市供应才能满足；全年消费约 350 万吨猪肉，也有 75%来自外省市。

除了批发市场，更多食品开始通过电商、超市、产地直营店等流通环节进入上海的千家万户。这种依赖"外援"、流通环节多的食品消费和产业结构，使上海成为一座名副其实的食品"流通城"。

2) "减量"提升产业质量

和食品流通业的繁荣相比，上海本地食品生产行业近年似乎进入了"减量期"——获得食品生产许可证的企业连续 8 年减少，从 2010 年年底的 2210 家减少到 2015 年年底的 1531 家，减少了近 1/3，数量之少已创近 8 年来的新低。

2015 年，全市相关监管部门共注销或吊销 6571 张各类食品生产经营企业证照，占到 2014 年全市有效食品生产经营企业许可证数量的 3%。

"减量"并非坏事，企业数量合理减少，是优胜劣汰的必然结果，换来的是整个产业质量的提升。从量化分级管理的结果来看，2015 年有 22.3%和 60.6%的上海食品生产企业分别达到 A 级和 B 级。与此同时，仅有 17.1%的食品生产企业被评为 C 级，为 2010 年以来食品生产企业获"差评"比例最低的一年。

3) 监测风险"扫除"隐患

为客观反映上海各类食品安全的状况和趋势，及时发现食品安全问题和隐患，为食品安全科学监管提供重要依据，上海已在全市 16 个区县设置了 500 个固定监测采样点和若干临时监测采样点，从而将本市食品供应主渠道的风险监测覆盖面提高至 95%，主要食品种类覆盖率达 95%以上。在此基础上，上海 2015 年共监测 24 大类 12 742 件食品(含食品添加剂和餐饮具)，涉及 427 项指标、36.9 万项次，食品监测总体合格率为 97%，同比上升 0.3%，为近 10 年来的最高水平。

4)　社会监督日益专业

2015 年，上海监管部门以错时监管、飞行检查为主要手段，开展日常巡查、监督检查和专项执法检查共计 50.3 万户次，同比上升 63.3%，发现问题企业 3.1 万户次并予整改和处罚，同比上升 106.7%。按照国家相关部门统一部署，结合本市实际，开展了农村食品市场、冻肉产品、生猪屠宰、食用盐等 26 项专项整治。

在这个背景下，与上海食品安全相关的犯罪案件依然屡见不鲜。据分析，2015 年上海市与食品安全相关的犯罪案件主要呈现以下三个特点。

(1)　违禁加工食品和假冒合格食品的现象仍然存在，比如将过期食品重新加工销售、用 "垃圾肉" 冒充合格肉、用低档酒冒充高档酒、违法加工海鲜等。

(2)　食品非法添加和滥用食品添加剂的现象仍时有发生，比如加工小龙虾、麻辣烫、牛肉汤时违法添加罂粟壳，加工油条时添加过量明矾，用工业烧碱泡发鱿鱼，在保健食品中添加西布曲明等。

(3)　跨区域作案趋势明显，比如违法犯罪分子利用互联网销售假冒伪劣食品，通过非接触方式达成交易意向，产、供、销过程具有较高的隐蔽性，加大了案件查处的难度。

3. 用户需求

为推进食品流通安全信息追溯体系项目，上海市建立了食品流通安全信息追溯系统(肉菜流通追溯项目中的食品主要为蔬菜、牛羊肉、水产和粮食四类农副鲜活产品)。上海市有关部门在本市批发环节逐步推行食品产销对接和电子化结算，在零售环节推广使用追溯电子秤的基础上，推进本市食品流通管理的规范化和信息化建设，提升本市食品质量安全保障水平。

该系统建设的主要内容：围绕食品流通中的食品及其经营者，以蔬菜、牛羊肉、水产、粮食等的生产经营企业和检测中心信息采集系统为基础，整合各流通环节企业的现有信息资源，通过对基础数据的采集、整合、处理、存储，建立上海市食品流通安全信息追溯系

统，形成本市从基地、加工、批发到零售终端的全过程、全方位的食品安全监管信息网络，并为国家和市政府职能部门决策提供信息支持。

该食品流通安全信息追溯系统主要由以下几个子系统组成。

1) 猪肉流通追溯子系统

按照要求，上海市政府需要在目前已建成的系统上增加 1000 家标准化超市、94 家标准化菜市场的猪肉追溯子系统和完成 5 家批发市场的分割肉追溯系统软件的升级改造和安装实施，按照商务部的要求对销售终端的软件进行功能改造，包括销售打单管理、基础数据下载管理、交易数据上传管理、销售数据实时写入等。

2) 蔬菜流通追溯子系统

上海市政府在本市 365 家标准化菜市场、56 家大卖场、16 家蔬菜批发市场和 10 家团体采购已建成的蔬菜流通追溯子系统基础上，进一步扩大蔬菜流通追溯子系统覆盖面，对蔬菜流通追溯子系统扩容与升级。

3) 水产流通追溯子系统

上海市政府在本市 30 家标准化菜市场和 2 家水产批发市场已建成的水产流通追溯子系统基础上，进一步扩大水产流通追溯子系统覆盖面，对水产流通追溯子系统扩容与升级。

4) 牛羊肉流通追溯子系统

上海市政府参照本市猪肉、蔬菜和水产流通追溯系统的建设模式，建设覆盖宰畜场、批发市场等流通环节的牛羊肉流通追溯子系统，其中包括牛羊肉宰畜场追溯系统、牛羊肉批发市场追溯系统。并且，有关部门会在原肉菜流通数据中心的基础上，扩展牛羊肉流通数据中心，实现牛羊肉各流通环节间的数据综合分析。

5) 粮食流通追溯子系统

上海市政府参照上述其他流通追溯系统的建设模式，建设起了覆盖批发市场的粮食流通追溯子系统，并在原肉菜流通数据中心的基础上，扩展粮食流通数据中心，实现粮食各流通环节间数据综合分析。

4. 解决方案

上海市有关部门想到借助基于 Hadoop 的大数据平台下的分布式 NoSQL 数据库，来更好地管理食品安全管控系统。选择的数据系统是星环科技的 Transwarp Hyperbase 数据库。

Hyperbase 数据库是建立在 Apache HBase 基础之上，融合了多种索引技术、分布式事务处理、全文实时搜索、图形数据库在内的实时 NoSQL 数据库。Hyperbase 可高效支持企业的在线 OLTP 应用、高并发 OLAP 应用、批处理应用、全文搜索或高并发图形数据库检索应用。

上海市政府的流通追溯、维护监管系统有如下方案。

1) 肉菜流通信息追溯解决方案

肉类蔬菜流通追溯体系建设解决方案是建立在目前食品流通领域和档案领域信息化建设成功经验的基础上，以"食品流通关系民生，档案追溯保障安全"为目标，通过采集、整合、处理、存储各食品流通企业(屠宰、批发、配送、零售等)的档案信息资源，在基于 Hadoop 的大数据平台下，依靠分布式 NoSQL 数据库来进行历史数据的管理和查询，建立肉类蔬菜流通追溯体系城市管理平台，形成区域性食品流通全过程、全方位的安全监管信息网络，由此实现食品流通环节从源头到终端的信息追溯。图 10-1 所示为肉类蔬菜流通追溯体系城市管理平台结构。

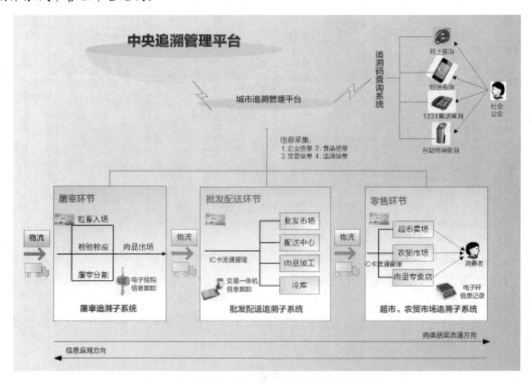

图 10-1　肉类蔬菜流通追溯体系城市管理平台结构示意

肉类蔬菜流通信息追溯系统用户群覆盖面非常广，包括屠宰企业、批发市场、产销对接企业、农贸市场、超市和团体采购等。各个流通节点会通过专线或宽带和中心机房进行数据交换。同时，该系统接受社会公众以溯源码为依据的查询，也就是说，公众可以对此平台进行实时监督并及时给出反馈。

2) 食品安全全程追溯解决方案

食品安全全程追溯解决方案是在云计算、物联网、移动互联和大数据快速发展的环境下，为食药监局、四级监管单位以及相关委办局部门建立的，实现食品安全分段分级监管信息实现互联互通。在监管区域内(以市级为例)，基于 Hadoop 的大数据下的分布式 NoSQL 数据库可进行历史数据的查询和管理，从而建立起统一、规范、权威的城市食品追溯云平台。

该平台以食品追溯数据中心、指挥中心、运维监管中心、信息服务中心为基础保障，建立起覆盖全区农业生产、食品加工、流通、消费和进出口等各环节经营主体的全程食品安全追溯体系，实现追溯物联网采集数据、跨部门数据对接、分布式+集中式存储管理、数据应用挖掘、官方二维码认证、权威信息发布和公众便捷查询等功能，帮助食药监等部门提升区域内食品安全监管执法效率、应急处置能力和社会公信力。其结构组成如图 10-2 所示。

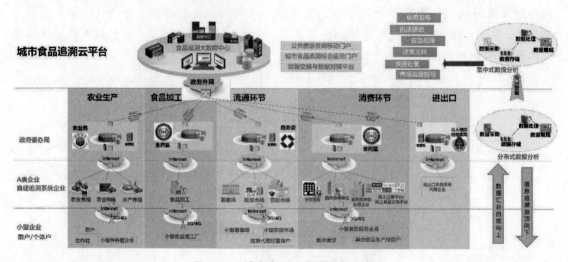

图 10-2 城市食品追溯云平台示意

3) 食品流通追溯体系运维监管解决方案

食品流通追溯体系运维监管解决方案主要用于对整个追溯体系中的应用系统与设备运行情况进行实时监测，并及时提供监测数据，同时还能对整个追溯平台中出现的故障给出及时的报警。

该解决方案中引入了大数据关联分析功能，可以对系统运行数据进行关联分析，为管理决策提供总结性与预见性的报表支撑，其结构组成如图 10-3 所示。

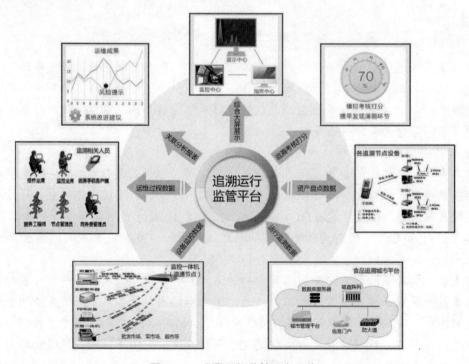

图 10-3 追溯运行监管平台示意

4)　食品追溯信息服务云平台解决方案

食品追溯信息服务云平台是食品质量安全追溯领域专业的第三方云服务平台。该平台基于云计算、物联网、移动互联和大数据等技术，面向政府食品安全监管部门、食品生产经营企业、协会及团体、设备供应商、运维服务商和广大消费者。

该平台同样是通过分布式 NoSQL 数据库搜索和管理历史数据，从而提供全面、规范、快捷的追溯系统定制开发和食品安全信息咨询服务。该平台通过建立三大实体中心和三大平台共同运营机制，实现"从田间到餐桌"的全产业链的全程信息追溯，从而帮助政府监管部门、食品企业和社会参与机构及团体建立起标准、高效、先进的追溯体系，由此提升我国食品安全多方共治的总体管理水平，如图 10-4 所示。

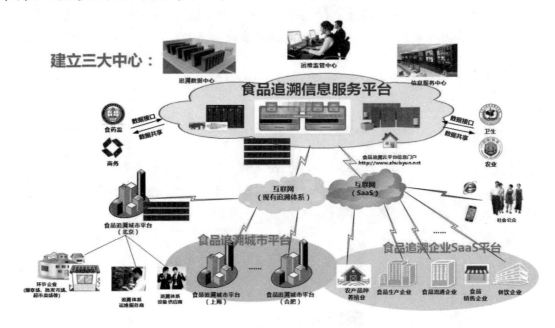

图 10-4　食品追溯信息服务平台示意

食品追溯信息服务平台的三大中心分别是：

(1)　追溯数据中心；

(2)　运维监管中心；

(3)　信息服务中心。

而三大平台分别是食品追溯信息服务平台、食品追溯城市平台和食品追溯企业 SaaS 平台。

在三大平台中，食品追溯城市平台会囊括环节企业(如屠宰场、批发市场等)、运维服务商和设备供应商；食品追溯信息服务平台会接收食药监局和商务部门的共享数据，并由此与卫生和农药部门进行相应的数据共享；食品追溯企业 SaaS 平台则囊括了通过互联网获取的农产品种养殖业、食品生产企业、食品流通企业、食品销售企业和餐饮企业等的各项内容。

5) 智慧农场解决方案

食品安全机关以农业信息资源管理为核心，面向水产养殖、畜禽养殖、设施园艺、水利灌溉、生态环保等诸多行业，涉及农林、环保、水务等多条线，结合智能优越传感器技术、工业控制技术、物联网技术、移动互联网技术、云计算等多种技术，提供多样化、可定制化的以农业生产行业为主的信息化解决方案。

智慧农场解决方案依托信息发展农业物联网云平台，此平台是食品安全机关为响应国家互联网+农业的政策大方向，依据基于 Hadoop 的分布式 NoSQL 数据库而建设开发的一套用于农业精细化、自动化、智能化生产管理的解决方案，可以进行历史数据的查询。该平台基于 B/S 架构设计，用户可以通过计算机、手机、IPAD 等与互联网相连接的设备随时随地登录平台，实时监测农业生产单元的状况和环境数据，管理与生产相关的环境设备，配置或修正生产单元的运行策略，同时也提供多种扩展功能，以满足不同用户的定制化需求。

智慧农场大数据平台架构分为四层，如图 10-5 所示。

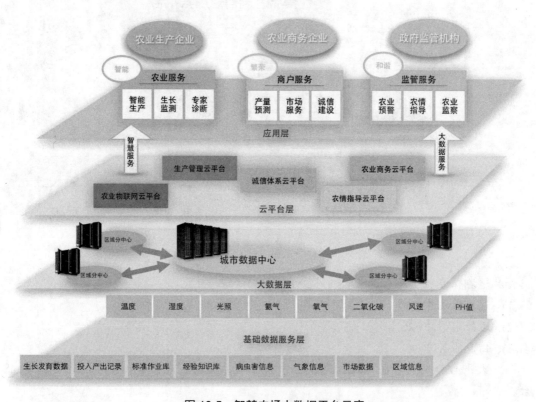

图 10-5　智慧农场大数据平台示意

(1) 基础数据服务层。 主要提供基础数据的采集和数据提取接口等服务，包括基于物联网传感器等获取的基础生产环境监测信息，日常记录的农作物生长发育、投入产出信息，为农业服务的公众信息等。

(2) 大数据层。 主要负责整个平台数据的集中存储、处理、分析等。

(3) 云平台层。 主要针对不同应用方向提供不同的应用平台，包括农业物联网云平台、生产管理、农情指导、农业商务、信用体系等。

(4) 应用层。 整个平台当前主要针对农业生产企业、农业商务企业、政府监管机构等不同客户类型提供特定的应用服务。

综上所述，上海市食品安全管控系统所包含的 5 个方案都沿袭了相同的思路，即基于 Hadoop 下的分布式 NoSQL 数据库，为历史数据的实时查询提供了平台。

5. 实施效果

分布式 NoSQL 数据库上系统对数据的存储和分析能力大大提高，清晰、保存了大量的历史数据。对食品行业历史数据的查询可以让用户实时跟踪企业变更信息，一方面，管理部门可更便捷地对食品行业各企业加以监管，另一方面企业也可看到自身存在的问题，并努力加以改正。

在具体性能方面：

(1) Hyperbase 支持高效的全文索引，面对现有的亿级数据，快速名称匹配和搜索可以在 300ms 之内返回查询结果，相比原系统，极大提高了用户体验与工作效率；

(2) 单机支持最高每秒 500 次的查询，足以应对上亿用户并发查询操作。

以下为上述 5 个方案的具体实施效果。

1) 肉菜流通信息追溯解决方案

整个解决方案既实现了软件、硬件、网络的集成，也实现业务、技术、数据的集成，还实现了监管机构、流通企业和社会公众的集成，是真正的食品流通追溯一体化解决方案。

(1) 全程记录并联通全国食品安全信息。实现了屠宰场、批发市场、超市卖场、集贸市场等流通环节企业的食品安全信息全程记录，达到环环相扣、一码追溯、全国互联的效果。

(2) 保障各环节之间自动衔接的完整性和可信度。通过采用电子挂钩、IC 卡、电子秤、条形码、电子标签等技术手段和措施，实现了各环节之间的自动衔接，减少了人为干预，保障了信息追溯的可信度。

(3) 给出完整可靠的流通追溯信息。按照档案管理的要求对食品流通环节的相关信息进行记录和管理，使其更具真实性、完整性、可用性和安全性等，实现了信息追溯过程的证据保全。

(4) 建立分布式架构，多方位满足流通企业、监管机构、消费者的需求和自身再扩张。两层分布式架构的建立，既考虑到了流通环节企业操作的即时性和安全性，也考虑到了监管机构的统一监管和统计分析，还为广大消费者提供了信息追溯的快捷和方便，同时也为将来更大规模区域性食品流通追溯数据中心的建立奠定了基础。

2) 食品安全全程追溯解决方案

(1) 设定了灵活的云平台建设模式。云平台建设模式可根据实际情况采取政府投资、企业出资或者政企共建等新型模式，依托于云端计算资源、存储资源和软件资源的优势，纳入食品生产经营主体、检验检测机构、认证机构、协会组织和社会第三方，打造城市/区域统一官方食品追溯平台和综合门户。

(2) 建立了城市/区域级别的食品安全大数据中心、指挥中心、运维监管中心、信息服务中心四大中心,并建立了食品安全预警应急机制,保障食品安全监管长效运营。有了这四大基础支撑中心,就能够较好地保障食品安全的监管力度以及反应措施等,打破了分段分级监管局限。

(3) 灵活的数据采集和数据对接方式,打破委办局分段分级追溯信息"数据孤岛"的局限,实现了农业种养殖、生产加工、流通和消费的全程追溯信息的互通互查。

(4) 设定了官方统一标准认证管理查询。融合了分段监管的市场准入机制和追溯码体系标准,实现了全程追溯信息二维码自动绑定,提供官方权威的食品安全追溯认证管理和信息查询。

(5) 系统柔性配置能够实现快速架构。基于云模式的 SaaS 软件云服务,为执法部门、环节监管企业、协会机构等快速定制应用系统,满足了不同用户的个性化需求,提升了软件平台的生命力。

(6) 实现了定制化便捷移动应用。为各部委单位、监管食品企业、行政执法人员、社会公众提供权威的信息查询通道和移动终端便捷信息交互手段。

3) 食品流通追溯体系运维监管解决方案

该方案为食品流通追溯体系软硬件的运行维护定制设计,依据 ITIL、ISO 20000 标准提供流程化、规范化的运维支撑。

(1) 通过监控平台、服务管理平台、溯源监控一体机、移动端 APP、微信端有机结合的方式,有效解决了追溯体系中追溯设备数量大、位置分散、使用人员素质参差不齐造成的管理困难,实时监控追溯体系中每个节点的状态信息。

(2) 提供导入、录入等方式将追溯体系中上万条资产信息分类存放,并与监控有机结合,实时查看联网资产的状态。资产盘点功能采取高频、超高频 RFID 结合的方式,定期会对资产进行快速盘点,及时更新资产变动情况,从而避免由于追溯设备分散、难以管理造成的国有资产流失与人为损坏的问题。

(3) 打造了追溯知识库,将大量数据进行整合与录入。将追溯行业相关的平台安装、使用、维护,追溯设备的安装、维修,追溯相关的法律法规、业务知识进行日常的积累与录入,切实解决人员流动、运维公司变化造成的运维知识技能匮乏、服务能力下降的问题,将运维经验转化成真正有益于追溯体系管理的财富。

(4) 为各商委、商务局实时逐项分析当前数据与考核标准之间的差距,让管理者有的放矢,及时补救,在考核评比中获得满意的成绩。

(5) 通过大数据关联分析,将实时监测到的监控数据、运维数据、交易数据、资产数据整合成具有建设性、前瞻性的报表,为管理者未来的决策提供有效建议与数据支撑。

4) 食品追溯信息服务云平台解决方案

(1) 云平台提供农产品种养殖、食品加工、流通和销售各环节的一体化食品追溯解决方案,覆盖食品全产业链十大业务类型,实现了物联网信息采集、流程再造、数据上传对接和全程追溯信息一码追溯到底功能。

(2) 为需要纳入追溯体系的食品企业、机构和团体提供云模式的 SaaS 软件云服务,投入少、见效快，统一平台的专业运营维护。

(3) 平台融合国际、国家、行业和企业追溯码标准，系统自动绑定追溯信息，实现一批一码、一箱一码、一品一码等赋码功能，并提供追溯凭证输出、产品防伪和第三方查询验证等功能。

(4) 为会员单位、运维人员、社会公众提供权威的统一入口和便捷追溯移动终端应用。

(5) 平台融合食品种类和环节信息的广泛性和多样性，实现了食品企业、政府监管部门全程追溯信息数据共享和无缝对接。

(6) 应用功能柔性配置使得我们可以根据企业情况进行快速定制化系统开发，满足各类食品生产经营企业实现追溯的业务需求。

(7) 云端运维服务和在线监控。实现各级追溯平台体系系统运营和基础设施的运维服务和在线监控。

(8) 可为企业、机构和团体提供品牌营销、品牌宣传、企业 ERP、供销存、流程再造等系统的快速定制化开发的增值服务。

5) 智慧农场解决方案

前端核心技术自主研发，良好的成本控制使得前期设备投入成本降低，保持技术先进的同时经济实用。

(1) 无论是传统养殖模式还是工厂化养殖车间，都可实现自动化测控系统的有效融入。

(2) 基于集群，系统的可靠性与保障性都有保障。

(3) 通过手机 APP 可实现远程测控、预警推送、视频监控、二维码管理等功能，方便实用。APP 应用用户可直接通过手机监测商品、追溯商品的生长过程，可以授权用户查看园区实时养殖的视频、水质数据。

有了上述的平台解决方案，上海市的食品安全监督维护体系整体上有了质的飞跃，实现了食品流通从源头到终端的全方位监督与管控，大致保障了本市千家万户的健康生活。

10.2　Hadoop 和 "行"

10.1 节讲的是 "衣食住行" 中的 "食"，在这一节，我们来看 "行" 的一个案例。

案例：锦江集团的 "私人定制" 专属旅游

1. 简述

锦江集团采用 Hadoop 技术，打造了基于大数据技术的在线旅游电子商务平台，提供私人定制的专属旅游服务。

2. 背景

"世界这么大，我想去看看"，一句话道出了很多人的心声。当我们终于放下眼前的顾忌，背起行囊，踏上心目中的远方，却发现现实与期待差别如此巨大。从名山大川到蓝天碧海，所到之处无不人山人海，如图 10-6 所示。

就如同电影《私人定制》中，葛优、白百合等人组成"私人订制"公司，专为客户量身定制的圆梦方案一样，当我们站在人头攒动海滩上争夺一席立足之地时，不禁期待：现实中的"私人订制"旅游在哪里呢？

图 10-6 旅游领域需要私人定制

作为一家以酒店、旅游和租车为核心业务的综合性旅游企业，锦江集团很早便顺应互联网与电子商务潮流，开展了在线旅游电子商务平台。

作为竞争对手，类似的旅游电商大多提供同质化的固定旅游方案，毫无亮点与新意，有人将有各种名目的旅游线路总结为"上车睡觉，停车撒尿，下车拍照"。锦江集团希望找到改变这一局面的出路。

3. 问题思考

电子商务领域，富有远见的互联网思维无疑是支撑企业长期发展的关键。而进入大数据时代之后，大数据相关技术以摧枯拉朽之势席卷多个领域，交通、物流、政务、媒体、运营商、电子商务等行业迅速迎来天翻地覆的变化。多个行业应用的成功转型表明，"互联网思维+大数据方法+旅游"是锦江集团的最佳选择。

我们首先需要采用一定的方法，将多年积累的旅游方案进行分类并优化，为每个方案制作产品标签，实现旅游资源公司层面的集中调度。

其次根据用户个人信息、消费习惯、浏览与检索历史、消费历史等，通过一定的方法，为用户制定个性化标签，实现平台对用户的深度学习与了解，做到为用户"画像"。

最后把产品与用户标签对接，精准获取客户群体，实施精准营销。

4. 困难

解决思路很简单，但实践过程中却遇到各种问题。传统的数据处理框架在非大数据规模上的性能与表现卓越，不过锦江集团经过多年的发展，有 1500 万注册会员以及 2000 万潜在客户，已经远远超过传统框架的处理能力。

理解客户行为和了解客户需求对我们来说是至关重要的，我们需要有更加强大的分析引擎和成熟的模型来深度了解客户，以精准定位。

在数据存储上，客户消费喜好、年龄、家庭状况、消费频次、消费金额、出行方式等多维度信息需要相对性价比高的可扩展方案，也用来应对海量的内部信息与外部数据。

在数据挖掘上，除了上述常见标准维度上的信息外，还需要客户属相、星座、出行历史、社交网络上的信息、历史位置等信息。

在推荐系统上，需要更加精确的算法实现产品与用户需求的匹配，甚至根据用户需求，私人定制专属的方案。

业务开展的种种困难以及"互联网+大数据"应对思路，引导甚至逼迫锦江电商向以 Hadoop 为基础的大数据平台方向迈进。

5. 解决方案的选择

锦江集团在全面商用 Hadoop 系统之前曾经表示过质疑，为此锦江基于星环 TDH，进行了一系列大数据平台产品验证。

首先锦江验证 Hadoop 产品的可行性。与开源 Hadoop 相比，TDH 企业级 Hadoop 的 SQL 引擎执行性能提高 10 倍左右，超过 MPP 数据库，比开源 Spark 稳定；各组件经优化，保证业务不间断稳定运行；支持最完整的 SQL 以及高效内存/SSD 计算。

其次验证了企业级 Hadoop 解决商业问题的可行性。与开源 Hadoop 相比，TDH 企业级 Hadoop 支持超过 50 种分布式统计与机器学习算法，整合了超 5000 多个 R 语言算法包，可轻松实现用户数据采集、挖掘；能灵活处理多种结构化、半结构化、非结构化数据的全方位需求；支持流式 SQL 与流式机器学习突破了传统数据库瓶颈，把耗时长的离线服务转变为在线服务；横向几乎可以无限扩展，使企业级 Hadoop 可作为全局数据中心，提供统一服务。

经过系统的验证，最终锦江集团选择了星环基于 Hadoop 的 TDH 大数据平台。

6. 实施效果

锦江旅游平台的后台推荐系统实施效果如图 10-7 所示，该系统共分为 4 层。

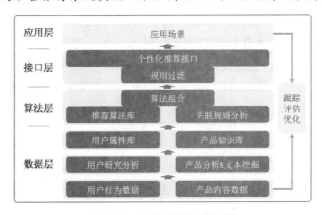

图 10-7　后台推荐系统示意

（1）数据层。数据层以用户行为数据和产品内容数据为基础，经过分析与挖掘，形成用户属性库和产品知识库。

（2）算法层。算法层包含由多种算法与关联规则构成的算法组合。

（3）接口层。经过接口层过滤规则，最终对接多应用场景。

（4）应用层。应用层根据应用场景反馈，对用户属性、产品知识以及推荐规则等进行跟踪、评估和优化。

前端网页呈现效果如图 10-8 所示，我们能够准确作出热门推荐；用户注册登录后，根据用户个人属性，系统发现并推荐最佳旅游方案；用户还可提出需求，系统反馈最佳私人定制方案。

图 10-8　前端界面示意

通过用户对网站的访问，我们会得到大量基于用户行为分析。

7. 标签与推荐系统

在锦江大数据平台上，标签体系与智能推荐系统是最为核心的功能。

首先依托该电商 1500 万会员和将近 2000 万潜客，深度学习和挖掘客户数据，依据 RFM 模型和客户信息，形成客户消费喜好、年龄、家庭状况、甚至星座、属相、消费频次、金额、出行方式等信息并计入客户标签，形成客户标签体系。再对客户标签进行聚类分析，形成客户分群。如此，便能精准获取客户群体，实施精准营销。

再依据酒店与旅游等各类型产品特征，建设和挖掘产品标签，形成产品标签体系。

然后经过一定的机器学习挖掘过程，将客户标签和产品标签对接，根据各类标签分析权重，建设智能化推荐系统。

该推荐系统分为线上和线下两种渠道，除了面向大众的营销职能之外，也逐步成为针对电商的会员关怀体系和精准服务体系中重要的基础环节。

我们来看一下标签与推荐系统是怎么构造的。

8. txKmeans 算法

K-means 是聚类分析中使用最为广泛的算法，被大量运用于电商的商品标签系统。[①]它把 n 个对象根据他们的属性分为 k 个聚类以便使得聚类满足：同一聚类中的对象相似度较高，而不同聚类中的对象相似度较小。基本算法如下：

1：选择 K 个点作为初始聚类中心；

2：Repeat：

　　A. 将每个点按照计算的距离划分到距离该点最近的中心，形成 K 个点簇；

　　B. 重新计算每个点簇的中心；

　　Until：点簇不发生变化或达到最大的迭代次数。

锦江大数据平台上借助的就是经过改造优化的分布式 K-means 算法——txKmeans。

txKmeans 通过对输入文件中的训练数据进行学习，生成一个 kmeans 聚类模型，具体用法如图 10-9 所示。

Description		训练数据，生成一个 kmeans 聚类模型
Usage		txKmeans(object,centers,iter.max,nstart=1,sep,outputFilePath)
Arguments	object	输入数据：支持分布式数据集(RDD)、Table 数据(Inceptor 中抽取的数据)
	centers	初始化聚类中心的数目
	iter.max	最大的迭代次数
	nstart	随机选取初始中心的次数，根据 nstart 的值多次初始化数据中心，并选取最优值，默认值为 1
	sep	样本数据的分隔符
	outputFilePath	预测结果保存在 HDFS 或者本地的路径
Value	kPoints	聚类中心，以矩阵形式返回
	label	样本聚类后的类标，返回一个分布式数据集

图 10-9　txKmeans 使用方式示意

打造推荐系统的第一步是将这些景点进行聚类，为每一类打上标签，以便下一步的细分。系统会从景点的描述中获取主题，例如 "人文" "户外" "美食" 等，得到类似图 10-10 所示数据。

	人文	美食	教育	户外	……
上海东方明珠	1	0	1	0	……
上海云南路	1	1	0	1	……
上海科技馆	1	0	1	0	……
……	……	……	……	……	……

图 10-10　推荐系统的标签示意

[①] 国际权威的学术组织，数据挖掘国际会议 ICDM (the IEEE International Conference on Data Mining) 在 2006 年 12 月评选出了数据挖掘领域的十大经典算法。在这十大算法中，K-means 算法高居第二位。

这样，图 10-10 中每个景点对应的数据都可以看作一个高维向量：

上海东方明珠：(1,0,1,0,…)；

上海云南路：(1,1,0,1,...)；

上海科技馆：(1,0,1,0,...)。

这些向量可以让我们将一个个景点看作高维空间中的一个个点，对这些点使用 K-means 算法，就能够将描述相近的景点聚在一起，得到初步的景点聚类。

以一段代码为例：

```
# 初始化
sc <- discover.init(kerberos = F, inceptorserver2 = F)

# 方法一：读取HDFS上的数据
data <- txTextFile(sc = sc, path = "hdfs:///tmp/demo/data")

# 执行分布式kmeans算法
res1 <- txKmeans(object = data, centers = 5, iter.max = 10, sep = ",")

# 方法二：抽取Inceptor中数据
sqlCon <- txSqlConnect(host = "172.16.2.131:10000", dbName = "default")
table <- txSqlQuery(sqlCon, query = "select * from kmeansdemo")

# 执行分布式kmeans算法
res2 <- txKmeans(object = table, centers = 5, iter.max = 10)

# 绘图展示
all <- txCollect(object = res2$data, sep = " ")
library(ggplot2)
centerX <- res2$kPoints[, 1]
centerY <- res2$kPoints[, 2]
p <- ggplot(all, aes(V2, V3))
p + geom_point(aes(colour = factor(V1), shape = factor(V1))) +
  geom_point(aes(x = centerX, y = centerY),
        color = "blue", size = 5, shape = factor(6))
```

代码执行效果如图 10-11 所示。

图 10-11 中，彩色的实心点为数据的散点图，通过 txKmeans 计算后得到数据的中心为 KPoints；蓝色的空心点就是聚类后的中心，该图清晰地展现了聚类效果。

接下来，根据用户属性，用类似过程进行聚类分析，并分配标签，做到为用户画像。

最后利用其他机器学习算法，比如 Apriori 算法、协同过滤等，打造旅游线路推荐系统。

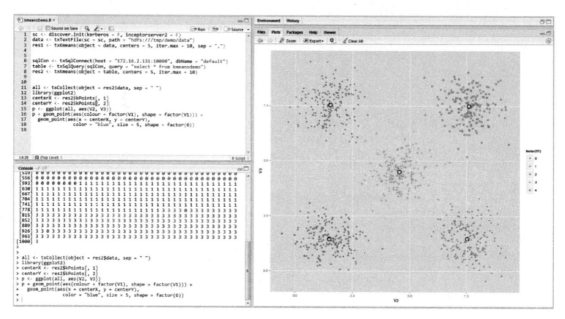

图 10-11　推荐系统实施效果示意

9. 最终效益

锦江电商 Hadoop 大数据平台建成已有近 3 年时间,是锦江集团大数据战略的重要部署,也是大数据在旅游与电子商务领域又一次富有成效的实践。

基于大数据的客户服务体系以及动态客户价值体系,完美地实现一对一精准营销和智能化推荐,开启了现代旅游大数据营销新篇章。

在未来,随着用户与产品分析模型和推荐系统的不断完善,以在线方式打造私人订制的专属旅游服务将成为人们出行的不二选择。

第 11 章

Hadoop 和行业应用之三

本章中我们为读者解读的是以下的概念和案例:

❖ Hadoop 在金融行业是怎样应用的?

❖ 大数据可以如何帮助金融公司作风控?

❖ Hadoop 在医疗领域可以有怎样的应用?

❖ 我们可以怎样解决健康档案的安全性问题?

❖ Hadoop 在物流领域可以有怎样的应用?

❖ 广播电视领域可以怎样向 Netflix 公司学习, 做出自己的《纸牌屋》产品来?

在金融领域，大数据的应用是所有行业中比较早的，所以在本章中我们为读者提供了两个和金融相关的案例。我们认为金融的核心要素是风险和数据，而其实风险的判断很多时候也是基于数据的，所以，这两个案例的着眼点都在于风控。

另外，在医疗、物流和媒体领域都会有大量的数据产生，本章中的另外几个案例分别是属于这三个领域的。

11.1 Hadoop 和金融

国务院在正式印发的《促进大数据发展行动纲要》中特别指出要发展新兴产业大数据，大力培育互联网金融等新业态。

互联网是以数据为核心的，而金融更加要用数据说话。

我们认为中国的消费金融和供应链金融在未来的若干年中会经历爆发式的增长，而巧的是，这两个领域都是和大数据密切相关的。如果要做好消费金融，就需要掌握和了解消费者各个方面的真实数据；而要做好供应链金融，企业的各方面数据也是我们必不可少的。

在过去的若干年中，数据增长速度非常迅速，导致原有的金融数据仓库在处理这些数据时存在架构上的问题，无法通过业务层面的优化来解决。譬如一个省级农信社的数据审计类的数据通常在十几 TB 到数百 TB，现有基于关系数据库或者 MPP 的数据仓库方案已经无法处理这么大数据，亟须一种新的具有更强计算能力的架构设计来解决问题。

11.1.1 金融的大数据属性

金融机构管理的就是数据，而金融机构使用数据来作分析和挖掘也由来已久。

比如从 30 年前开始，银行和保险业就通过建立用户信息和交易记录的数据仓库和分析模型来提高利润并降低风险；比如证券公司所提供的产品在今天主要以数据交换的形式存在于数据后台系统之中。

金融是基于数据的，原本就继承了数据分析的基因，因而从一开始，数据就是金融管理的核心，直接或间接存在于金融管理的每一个环节。如果我们充分发挥数据的作用，可以让数据在金融运营的各个环节中都为我们助力。

下面，我们简单介绍一下如何在金融领域应用数据挖掘技术。

1. 关联规则挖掘技术

采用数据挖掘中的关联规则挖掘技术，可以成功预测银行不同客户的需求。一旦获得了用户的需求信息，银行就可以改善对不同客户的服务项目。其实包括银行在内的很多企业一直都在开发新的沟通客户的方法，而这些新方法很多时候就依赖于数据挖掘产生的信息和规则。

2. 侦测欺诈行为的数据挖掘技术

对于侦测(Fraud Detection)欺诈行为的数据挖掘技术在电话公司、信用卡公司和保险公司都有着广泛的应用，因为在这些行业中，每年由于欺诈行为而造成的损失都非常可观。而数据挖掘可以从一些信用不良的客户数据或者历史欺诈交易中找出相似的特征并预测可能发生的欺诈交易，以达到减少损失的目的。

3. 计算还款能力

大数据技术为信息的收集、存储和整理提供了一个更大、更快、更有效率的平台，并且让这些信息更流畅地匹配起来。通过对应的数据模型，金融机构可以更好地辨识出个人和企业的行为特征，从而对其信用状况合理评估。

把每个人的相关数据导入，我们就可以通过一个数据模型自动地算出每个人的还款能力。

我们通过几个简单的场景来对金融行业如何运用数据作直观的了解。

(1) 有些银行在自己的 ATM 机等待屏幕上放置了顾客可能感兴趣的本银行的产品信息，供使用 ATM 机的用户了解。而对于不同的客户其操作过程中等待屏所显示的内容是不同的，等待屏幕上显示的就是通过数据挖掘系统分析出的这个客户最有可能购买的产品或者服务。

(2) 如果商业银行的数据库中显示，某个高信用限额的客户更换了地址，这个客户很有可能新近购买了一栋住宅，因此会有可能需要更高信用限额或者更高端的新信用卡，也可能需要一个住房改善贷款，而这些产品都可以通过信用卡账单邮寄给客户。

(3) 当客户打电话咨询银行客服的时候，数据可以有力地帮助电话销售代表，因为客服代表的计算机屏幕上能显示出客户的特点，同时也显示出顾客会对什么样的金融产品感兴趣。

在互联网上，我们有更加丰富和完整的数据，对于参与金融的各方来说，信息相对会变得更加对称。把金融市场运营充分互联网化，可以减少交易成本并提升效率。金融大数据挖掘发展的主要方向，就是在基于互联网数据开发的基础上加速挖掘金融业务的商业附加值，搭建出不同于银行传统模式的业务平台和数据分析平台。

11.1.2　金融企业的风险控制

对于金融平台，风险控制是最重要的。银行看起来是最能赚钱的，但它其实也可能是欠钱最多的，世界各地银行 80%以上的资金都来源于大众的存款，因此银行其实是社会上最大的债务人。

只要一家公司试图通过运作来盈利，那它就可能有风险。而这里的风险可能来自各个方面。

(1) 内部操作；

(2) 内部运营；

(3) 交易方；

(4) 第三方；

(5) 市场。

风险甚至还可能来自商业模式本身。

风险控制可能是传统金融机构比新兴互联网公司更占优势的地方。现代银行已经经历过数百年的风雨，每过几十年就会经历一次金融风暴，而每一次金融风暴都是对风险控制体系的一次磨炼和提升。

我们认为，基于大数据的风险管控应该分四步走。

1. 全面风险视图的建立

通过建立数据交互渠道，获得税务、司法、环保、工商等在线信息，通过爬虫等技术手段获得舆情信息，并利用半结构化和非结构化数据加工分析技术，将这些数据转化成结构化数据，加工整合形成全面的客户征信视图。在此基础上，不断进行迭代设计，完善业务需求。

2. 客户线上信息识别

通过人脸识别、反欺诈侦测技术来核实客户身份的真实性及申请者是否存在欺诈行为。一般来说，人脸识别系统包括图像摄取、人脸定位、图像预处理，以及人脸识别(身份确认或者身份查找)。系统输入一般是一张或者一系列含有未确定身份的人脸图像，以及人脸数据库中的若干已知身份的人脸图像或者相应的编码，而其输出则是一系列相似度得分，表明待识别的人脸的身份。

在线反欺诈是互联网金融必不可少的一部分，常见的反欺诈系统由用户行为风险识别引擎、征信系统、黑名单系统等组成。为了进一步提升反欺诈能力，设备指纹技术、代理检测技术、生物探针技术被应用到反欺诈系统中，从多维度降低风险。

3. 信用评分模型建设

智能模型是一种欺诈风险量化的模型，它利用可观察到的交易特征变量，计算出一个分值来衡量该笔交易的欺诈风险，并进一步将欺诈风险分为不同等级。智能模型会在客户交易的第一个行为开始进行分析，给客户的每一个动作赋予相对应的风险分数，为智能性反交易欺诈授权策略提供科学依据，对欺诈风险高的交易可以拒绝授权和展开调查。

银行风险主要集中在注册、登录、借款、提现、支付、修改信息这 6 个业务场景。如注册场景中的虚假注册、垃圾注册；登录场景中的撞库登录、暴力破解等；借款场景中的多头借贷、信用恶化；提现和支付场景中出现异常。

4. 实时风控技术框架

针对个人线上消费贷款的风控需求，反欺诈系统需具备稳定、快速、准确的特点，以平衡业务拓展、客户体验和风险控制三方的矛盾。通过引入反欺诈风险规则引擎，可以将不断变化的业务规则剥离出来，进行动态管理和多规则多重组合，从而使系统变得更加灵活，适用范围更加广泛。在交易过程中，通过实时计算当前交易和历史交易特征的偏离值，如平均交易金额、常用的交易类型等，计算该笔交易发生欺诈的概率。

其中反欺诈引擎的交互流程如图 11-1 所示。

图 11-1　反欺诈引擎的交互流程

案例：江苏银行树立"e 融"及风控标杆

1. 简述

江苏银行通过建立融创智库大数据平台，成功推出独具特色的各项 e 融产品并实现实时风控。

2. 背景

金融行业在发展大数据能力方面具有天然优势：在开展业务的过程中积累了海量的高价值数据，其中包括客户信息、交易流水等数据。有数据显示，中国大数据应用投资规模以五大行业最高，其中第一是互联网行业，占 28.9%；第二是电信领域，占 19.9%；第三是金融领域，占 17.5%。而金融领域中银行又是重点，占 41.1%。在金融银行业，数据的获得渠道不断拓宽，银行获得客户相关信息的渠道与方式也在不断创新，自然而然出现了信息不对称等问题。

面对着巨量的数据宝藏，每一家银行都需要回答这样的问题：如何充分利用外部开放数据和银行自有数据，让数据资产迸发出能量。

江苏银行大数据平台建设起步于 2014 年年底，2015 年年中初见成效。截至 2015 年 6 月，江苏银行资产规模达到 1.2 万亿元。目前江苏银行利用大数据技术开发了一系列具有一定社会影响的大数据应用产品：如"e 融"品牌下的"税 e 融""享 e 融"等线上贷款产品，基于内外部数据整合建模的对公资信服务报告，以实时风险预警为导向的在线交易反欺诈应用，基于柜员交易画面等半结构化数据的柜面交易行为检核系统等。

3. 问题思考

与其他行业相比，大数据对银行业更具潜在价值。

(1) 大数据决策模式对银行更具针对性。发展模式转型、金融创新和管理升级等都需要充分利用大数据技术，践行大数据思维。

(2) 银行数据众多，不仅拥有所有客户的账户和资金收付交易等结构化数据，还拥有客服音频、网点视频、网上银行记录、电子商城记录等非结构化数据。

江苏银行成立 8 年来，积累了大量的内部数据，以往受限于高性能存储的成本和数据并行化处理能力，占总存储量 80%以上的数据是"死"在系统里的。

以对私客户的活期账户为例，一张拉链表的数据量就达数百 GB，运行在 IBMP6 系列小型机上的 Oracle 数据库统计表的行数就要 3 个小时，若需要全量回算历史数据，为避免影响生产，需要将数据导出到另外的数据库上，花费几天时间。又如，诸如"柜员操作记录"这样的半结构化数据每天产生的数据量达几个 GB，生产环境只能保留最近几天的数据，其他数据存储在磁带库上，使用时需花费大量的人力将数据从带库中导出。

为减少贷前审查的录入成本，开发纯线上贷款产品等，江苏银行陆续引入税务、法院、工商、黑名单等外部数据。

随着内外部数据量的快速增长，大规模数据处理和实时响应的需求使得传统的数据处理平台遭遇瓶颈，江苏银行急需探索新的数据架构，采用新的数据处理技术。

4. 客户需求

在新的形势下，银行业需要加强大数据应用。

(1) 基于大数据的图分析与流处理技术，快速统计历史数据、一段时间窗口的信息流和触发计算的事件，并匹配模型，需要在百毫秒级别内进行响应。

(2) 处理非结构化数据。整合网页、文本、JSON、XML、图像和语音等非结构化数据，将其转化成结构化字段。

(3) 通过引入和整合人行征信、税务、工商、公安、法院、电信服务商、P2P 平台等网络数据源，实现客户的云数据 360 度画像标签。

(4) 探索基于并行数据处理技术环境下 R 语言的运用，实现客户担保圈关系的自动挖据，自动标识预警担保圈的形成。

为了更有效地处理数据众多的问题，可以通过整合内部和外部数据，构建出一个全新的数据库，从而对数据进行规整和处理。

5. 挑战

该银行面临的挑战主要来自传统的 Oracle 数据库的三方面不足之处。

(1) 速度过慢。在录入或输出数据时，传统的 Oracle 数据库存在回顾历史数据长时间无响应、反应时间过长等问题，这样会拖慢正常的生产速率和效率。

(2) 存储空间小。除了已经在数据库中的海量数据外，银行每天都在新增各种数据。

(3) 无法处理非结构化的数据。银行每天都在产生大量的结构化、半结构化和非结构化数据，而这已经超出了传统的 Oracle 数据库处理能力范围。

6. 解决方案

有了上述设定好的目标，江苏银行将实施建设融创智库大数据平台。

从 2014 年起，江苏银行对互联网金融进行了多方面探索和实践。为解决产品设计中的风险管控问题，江苏银行基于 Hadoop 的开源式的大数据分布式处理技术平台，整合了内外部海量数据，开发了风险数据集市、资产负债管理集市、监管报送集市等多个内部数据集市，打造了面向全行的开放共享大数据平台——融创智库。

为应对海量数据的快速查询，江苏银行自主设计研发了大数据云分析平台，名为搜 e 融。基于此平台，全行员工都可以查看报表、定制报表、挖掘和分析数据，其页面如图 11-2 所示。

图 11-2　江苏银行搜 e 融大数据分析云平台页面

基于搜 e 融平台，江苏银行还推出了独具特色的 e 融产品。利用基于大数据技术的决策模型进行系统自动审批，替代传统人工审批，极大地提高了业务办理效率。享 e 融个人纯线上贷款通过从网贷平台调用反欺诈风控系统接口，对申请网贷业务的客户进行反欺诈甄别，并拒绝触犯反欺诈规则的申请客户。

另外，银行建设工作的应用也涉及了风控领域。

江苏银行作为城市商业银行，风险控制的核心是解决信息不对称，从而更好地实现银行与客户之间的信息平衡。大数据风控系统除了在贷前阶段提供风险事件识别功能，还提供贷后监控功能，对已放款的借款用户进行监控，通过批量计算客户风险分值的方式，一旦发现借贷人在贷款期间发生逾期记录、重复借贷或者经济法律纠纷等造成风险评分恶化的情况时，及时通知客户经理或后台管理部门，提早防范风险。

江苏银行风控产品上线两周即收到近6000笔申请，线上的反欺诈风控系统能快速识别出风险事件(调用结果反馈约200ms/次)。其中高风险贷款事件占比约1%，需人工审核确认的贷款事件占比约9%，如图11-3所示。在发现的贷款风险事件中，失信风险事件约占8.9%，异常借款事件约91.1%。通过决策引擎可以发现各类风险情况，如一天内同一设备或账户借款次数过多(一天37次)；不在手机归属地借款事件；3个月内同一身份证在多个平台进行多头借贷(同一身份证向17个不同平台申请借款)，有效地帮助风控部门识别出潜在欺诈风险，提高了决策效率和准确性。

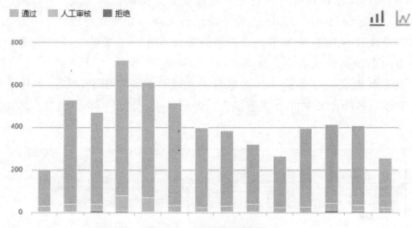

图 11-3　风险事件统计

依托融创智库平台，江苏银行开发了基于内外部大数据的信用风险预警系统和操作风险监控系统。信用风险预警系统通过对客户内外部数据的持续分析，挖掘客户风险特征，形成预警指标、模型和黑名单库，并运用于授信业务的贷前、贷中和贷后各环节。目前已上线了380多个预警指标，实时推送到客户经理计算机、PAD和手机等各种终端设备上。操作风险监控系统每天晚上对当天发生的所有交易进行扫描，根据部署的46个监测模型，对操作风险、数据质量、营运风险、业务预警、风险限额等5个方面进行排查，自动推送预警监测信号，并提示经办机构第二天开展核查、整改和违规积分。

以江苏银行"享e融"个人纯线上贷款项目为例，目前该项目的大数据反欺诈风控主要应用于登录贷款场景的风险控制，各种场景的常见风险如图11-4所示。

同时，江苏银行还在此平台的基础上开设了税e融。在江苏银行小微企业税e融项目中，通过检索指定网站如新闻、论坛、博客、微博、平面媒体等，从互联网采集半结构化数据，匹配客户，全面、准确、及时地获取与客户有关的网络信息，深层次的对互联网舆情信息进行分析和挖掘，协助完善预警策略。

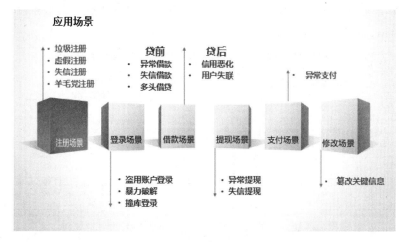

图 11-4　场景风险示意图

7. 实施效果

融创智库大数据平台是一个开放共享式的平台，可以替代传统的数据仓库，支持海量数据的存储和高速运算，在内外部数据整合、历史数据查询、数据存储计算等方面颇具优势。全行各个部门、各个分支机构都可能通过该平台进行各类数据的统计、分析、查询和建模。融创智库大数据平台不仅可以供行内各个业务部门及分行使用，还可以供子公司、金融机构及高校、机关及社会团体使用。

江苏银行各项 e 融产品在投入实施后，均取得了显著成效，具体效果如下。

(1) 享 e 融产品具有纯线上、高效率的特点。客户从申请提交发起到后台对客户进行相关数据搜集、分析、审批出额度结果仅需要 5～7 秒。

(2) 在税 e 融产品投入使用后，很好地促进了江苏银行小微企业贷款的开展，具有良好的用户体验效果和风险管控效果。截至某月，税 e 融产品的业务量见表 11-1。

表 11-1　税 e 融产品结果

产　　品	申请笔数	已放款笔数	放款金额	逾期笔数
税 e 融	44 982	4858	2 561 327 000	暂无

(3) 新的企业数据仓库平台是基于 Hadoop 大数据的，硬件投资仅为原来的 1/3，整体处理能力却获得了 5～10 倍的提升，解决了商业银行数据应用困扰多时的若干问题。搜 e 融平台实现了对海量数据的实时查询，能够较好地保障员工在工作中的查看、定制、挖掘及分析等操作流程。

(4) 此外，江苏银行还建立了实时风控系统。

这个实时风控系统名为"阿拉丁"，具体数据流示意如图 11-5 所示。

"阿拉丁"平台是于 2014 年 6 月份上线的大数据在线平台，是基于海量数据仓库进行查询、展示、交互、分析的整体解决方案，用户功能包括即席查询、自助报表、可视化分析等。"阿拉丁"平台由数据、指标和工具三个组成部分，其所依托的数据仓库整合了该银行 100 多个交易源系统，包括存款系统、贷款系统、理财系统、风险系统、柜员系统、实物黄金、ATM、手机银行等。

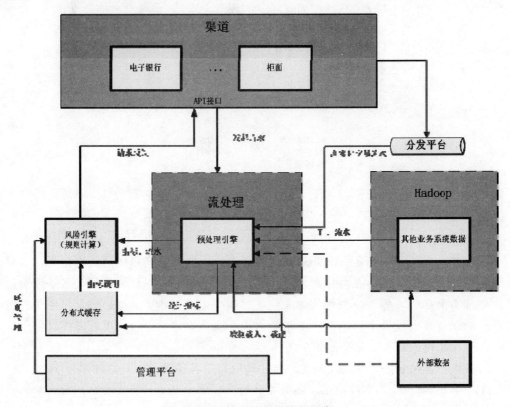

图 11-5　风控系统数据流向示意

大数据有助于提升金融市场的透明度，通过从海量的数据中快速获取有价值的信息以支持商业决策，可进一步推动金融业的发展；大数据有助于促进互联网金融企业实现精准营销、规避风险、优化经营绩效、提高运营效率，增强企业融资的便捷性和经济性。

同时，利用大数据技术可以逐步解决金融格局演变、信用评估、风险管控、信息安全等一系列难题。除了协助传统商业银行建立风险管控体系外，大数据还可以在征信共享、寻找新业务和客户价值、多渠道协同精准营销、精细化资本管理、优化产品、改善客户体验及提高决策科学性等方面开展更多的应用，逐渐形成新一代智慧银行的建设三部曲——数字化、信息化和智能化。

案例：某互联网金融公司用 Hadoop 做风控支撑系统

1. 简述
某互联网金融公司想要搭建一个大数据风控支撑平台。

2. 需求
该金融公司构建这个大数据平台的目的是要建立完善的数据化风控模型并能在决策引

擎和评分卡系统上使用。

　　金融公司产品的申请、审批是准实时的，风控、贷后、支付系统在线上是实时的，贷款期限最多可以到 15 个月。这些金融产品都是小额信贷产品，在线上是按照图 11-6 所示的模式来运行的。

图 11-6　金融公司线上产品贷款流程

　　金融公司的主要产品都可以在线上完成全部的操作，而各地的线下部门则不以"获客"为主要工作重心，主要负责客户维护、贷后管理和衍生机会的开发。

　　该金融公司最终目标是完成一个信用借贷的全流程管理系统，通过建立精细化、智能化和场景化的大数据评分体系，提高筛选优质借款人的效率和准确性，把小微信贷的设计、申报、发放、风控等业务以流水线作业方式进行批量化操作，打造互联网金融领域的"信贷工厂模式"。虽然说金融公司要求的是一个大数据风控支撑平台，其实在我们看来，他们想要做的就是一个底层的数据系统。

　　3. 问题思考

　　对于互联网金融平台，有一个好的数据化风控系统是关键。作好风险管理是一家金融公司，特别是一个互联网金融平台的核心竞争力，这些平台要用金融机构级别的风控标准来严格要求自己。

　　传统的风控模式，无论是银行、中小信贷机构还是互联网金融公司，他们大多关注的是静态的风险，是对风险的静态预判。而我们认为作好风控其实更加重要的是动态的数据，是用户数据模型的动态变化，而动态数据和静态数据相比其数据量变化会大很多。

　　Philip Jorion 曾经说过，对于风控模型，变化是唯一的常量。社会在变化，经济环境在变化，商业环境在变化，企业在变化，而每个人也都在不断变化，所以当我们在研究用户数据的时候，不能仅从静态的角度来看待任何一个客户和他的贷款申请。

　　我们可以通过研究分析不同个人特征数据相对应于不同产品的违约率，建立数据风控模型和评分模型，来掌握不同个人特征对某个产品违约率，并将其固化到风控审批的决策引擎和业务流程中，来指导风控各个环节工作的开展。

　　我们这个风控支撑系统，其核心理念是基于数据的决策流程，可以称之为大数据风控。而大数据风控是互联网金融乃至传统金融风控的必然趋势，它的发展将会给金融领域带来巨大的变化。而同时，大数据风控一定是一项体系性工程，不是一蹴而就的。

　　对于金融公司的风控支撑系统，我们规划的是 8 个字。

　　(1) 发现；

　　(2) 监控；

(3) 预警;

(4) 管理。

工作人员从数据中可以发现风险、产品的表现、潜在的客户和机会;通过数据的变化来随时调整算法和数据模型;当数据变化导致新的风险或者机会出现的时候,及时预警;而对于各个部门的工作人员来说,通过数据平台来作管理意味着决策有了依据,真正可以做到 data-driven decision making,以数据为依据作决策。当有了完善的数据系统之后,就要以上面的 8 个字作为我们的目标。

注: 发现、监控、预警和管理这 8 个字是从金官丁同学的热璞公司的监控产品上借鉴过来的,因为运维的监控系统有和风控系统一样的需求。

在我们看来,任何和用户选择以及属性相关的数据都是我们需要采集的,对构建用户模型都是有价值的,因而也都是信用数据。而这些数据的价值主要在于:

(1) 提高效率;

(2) 降低人工在各个环节工作的比例从而降低人工失误的机会,并且保持整体的一致性;

(3) 直观展示数据;

(4) 持续跟踪用户的状态变化并及时提出预警;

(5) 根据实际状况随时进化模型。

我们在第 1 章上描述过"用户画像",用户画像和其相关的数据信息都是我们需要记录的。这些内容包括:

(1) 身份信息;

(2) 教育信息;

(3) 职业信息;

(4) 社交信息;

(5) 金融信息;

(6) 交通信息;

(7) 通信信息;

(8) 资产信息;

(9) 法律信息;

(10) 医疗记录;

(11) 学习记录;

(12) 社交记录。

4. 解决方案

基于数据的风控一定是一项长期的体系化工程,需要大数据技术和风控运营管理相结合,比如加强贷后监测需要进行的动态数据监控。

我们为金融公司设计的数据化风控平台包含了(见图 11-7):

(1) 智能化金融-数据集市(底层);

(2) 模型体系(中层);

(3) 政策(应用层)。

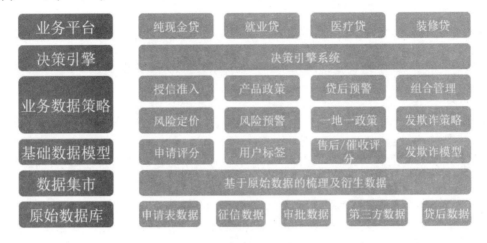

图 11-7　数据平台的三层架构

我们来看数据集市是如何实现的。

该数据平台架构的底层分为两大体系(见图 11-8):

(1) 可以实时查询的分布式数据库系统;

(2) 做异步数据分析和数据挖掘的大数据系统。

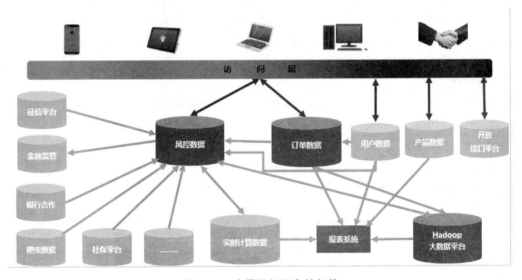

图 11-8　底层数据平台的架构

11.2　Hadoop 和医疗

在医疗领域会产生大量的数据。利用数据挖掘技术可以预测手术的成功率、用药的效果、诊断，或是流程控制的效率等。使用频率最高的可能是医用 DSS(Decision Support

System，决策支持系统)，它根据病人的不同症状、病人的特殊属性和各种疾病的相关性来做诊断。

我们来看一个案例。

案例：基于 Hadoop 的智慧疾控中心

1. 简述

大数据 Hadoop 平台为浙江省疾控中心实现了智慧疾控平台的建设。

2. 背景

2003 年突如其来的"非典"疫情，考验了当时刚刚组建的中国疾控体系。在迎战"非典"的过程中，暴露出中国的疾控体系力量薄弱，缺乏整合资源有效应对的能力。

随着国家对疾病预防控制事业的重视程度不断提高，疾控力量不断加强，信息化技术的应用也得到相应的发展。但受制于起步晚和投入少，我国疾控工作依然存在资源整合能力不够、信息链断层、智能信息化工具缺乏的情况。

3. 问题思考

浙江省在全国范围来说是个经济相对发达人口众多的经济大省，一方面经济发达促使了人的流动非常频繁，这给预防和监测传染性疾病工作增加了很大的难度；另一方面经济发达也增加了市民对健康和避疫的需求。传统的疾控工作形式既需要投入大量的人力物力，又很难见效，尤其是实时性和准确性不能得到满足。

疾控工作关系到老百姓的身体健康，因此不容轻视，政府需要建立一个涵盖到医疗体系方方面面的疾控平台，来进行全省范围内病情实时的查询检索、全面分析以及有效监控等。

4. 用户需求

浙江省疾控中心决定借由大数据技术着手建立省智慧疾控平台，从而满足四大目标五大要求。

1) 功能性目标

(1) 建设全省实时病情库。该病情库的数据来源于各医院的医疗管理系统，医疗管理系统的数据上报能力由平台提供。

(2) 建设智慧分析引擎，实时分析病情库的更新，并上报给平台上各级部门的图形化监控系统。

(3) 通过健康指数发布平台对外发布健康状态，支持利用开放接口向互联网网站、电视台、报纸主动提交数据信息。

(4) 支持汇总面向全省的健康监控。

2) 可靠性要求

(1) 各家医院数据上报要完整和及时，并且不能被泄露。

(2) 病情数据分析要准确、科学和可靠，不能误判误报。

(3) 多级监控平台的数据交流时要安全和不丢失。

3)　稳定性要求

(1)　对外指数数据发布系统要有电信级稳定级别。

(2)　分析数据和库数据存储要稳定和安全，需支持灾备和冗余。

5. 挑战

在智慧疾控平台的具体建设问题上，我们首先来看系统的原有架构，如图 11-9 所示。

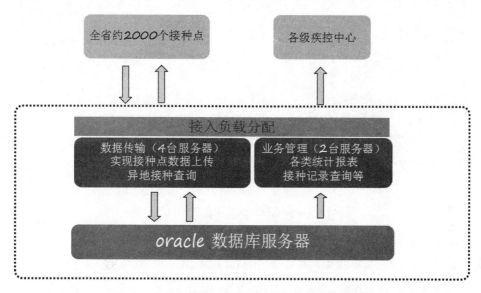

图 11-9　浙江省疾控中心旧的 Oracle 传统架构

在图 11-9 中，我们首先看到的是旧有平台在基于 Oracle 传统架构的局限性。

(1)　数据量过于庞大，全省有 1000 多万儿童，2.5 亿条记录，每年新增约 70 万条儿童的数据。Oracle 的性能由单台服务器性能决定，但单台服务器的价格昂贵，而且性能有上限。

(2)　疾控中心数据库中包含医疗影像、电子病历等大量的非结构化数据或半结构化数据，由此带来了计算压力大、速度慢的问题，全省儿童个案查询耗时在 10 分钟以上。

(3)　原有的数据传输机制具有缺陷，传输的质量不可控制，这导致平台在几处设备上存在单点隐患。

(4)　业务需求的不断增加也使得业务功能需求变化，让原有的架构不能满足要求。

6. 解决方案

浙江疾控部署了省级的 Hadoop 平台作为智慧疾控中心的核心，提供全省的历史病情记录和增量数据记录的清洗、存储和查询，其工作流程如图 11-10 所示。

(1)　原省平台数据进入 Hadoop 平台的数据处理模块，数据处理模块再将平台的数据推送入 Hadoop 数据仓库，最后进行人工审核。

(2)　以接种疫苗为例，将接种点的各种数据通过数据同步组件进入数据处理模块，再和原省平台数据的通过路径一样，进入 Hadoop 数据仓库，最后进行人工审核。数据经过人工审核后，又被返还到 Hadoop 数据仓库中，进入数据同步模块，回到数据同步组件，最后输出为接种点数据，实现了有效地数据输出。

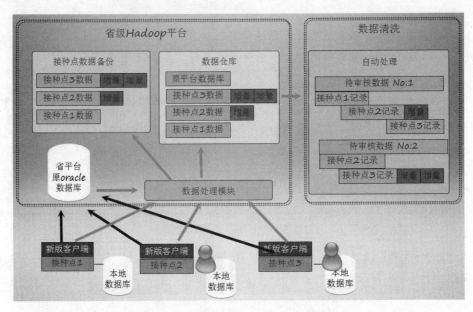

图 11-10　省级 Hadoop 平台工作流程示意

面对庞大的数据量，数据清洗在省级 Hadoop 平台的运作中非常关键。数据清洗包含数据收集、自动处理、人工审核三大块，如图 11-11 所示。

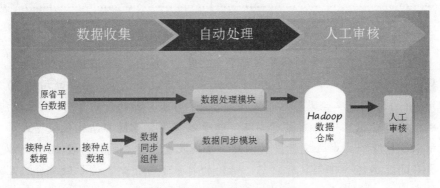

图 11-11　数据清洗概要说明

清洗后的数据将存入 Hadoop 平台的分布式文件系统中。分布式文件系统的横向扩展性可以轻松容纳海量历史记录以及快速增加的增量记录。Hadoop 平台还向上层应用提供查询，让全省的病情情况可以实时发布到媒体和下级疾控中心。

7. 实施效果

有了全新的 Hadoop 大数据平台，浙江省政府就能够利用分布式平台以及分布式计算来实现对省平台的改造。

(1) Hadoop 技术提供分布式文件系统，可以充分利用服务器本地的存储空间，在一定程度上满足高速增长的海量数据，实现全省 2.5 亿条记录的同步存储。同时，Hadoop 技术还提供分布式计算框架，能够进行大规模的数据运算，一定程度上缓解了之前全省儿童个案查询耗时在 10 分钟以上的窘境，减少了计算压力大、速度慢的问题。

（2）Hadoop 技术提供丰富的数据表结构，轻松实现复杂的数据结构关系，针对原有的数据传输机制所具有的缺陷以及传输质量不可控问题，可以减少平台两处设备存在的单点隐患，同时为复杂的数据清洗提供了方法。

（3）Hadoop 技术能够扩张随业务需求增长的业务功能，根据业务功能的划分向互联网网站、电视台、报纸提交相关部分的数据信息。

在图 11-12 中，浙江省省级 Hadoop 中心将清洗完的数据分别发送至宁波市及杭州市平台，实现了面向全省的健康监控，能够有效掌控数据并及时给出准确、科学、可靠的反馈，并且由安全路径护送可以保障医疗信息不被泄露。与此同时，在疫苗接种方面，各基层接种点可以直接向省级 Hadoop 中心传送接种点本地数据，再由省级 Hadoop 中心将清洗完的数据返还至各基层接种点，以确保信息的准确与安全。

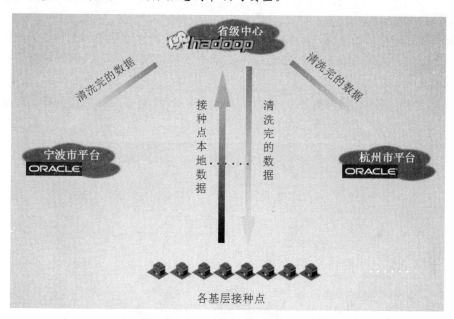

图 11-12　数据清洗路径

新的大数据平台在性能上突破了原有的局限，可以通过横向扩展硬件，通过分布式计算提高效率，从而解决了原本 Oracle 数据库服务性能上限不够高的问题。

8. 健康档案和安全性问题

在过去的几年中，我们看到无数的方案，介绍这朵云和那朵云如何可以便利地存储健康医疗数据。而其实，在云端存储病人的信息，包括个人信息、病情、诊断方案和检查结果等，在技术上已经没有问题，可以选择的供应商也很多。其最大的没有解决的问题是如何做好安全性、隐私性和实用性的折中。

今天现有的电子健康档案(EHR)通过卫生服务记录、健康体检记录及疾病治疗与调查记录这三方面获取信息，然后进行统一汇总，以求做到一方录入，多方使用的目标。不过现有的系统有以下问题。

(1) 集中式系统和分布式共享天生就是有矛盾的。

(2) 没有哪家医疗机构愿意无偿提供自己的数据。

(3) 目前的体系依然是以一家医院或者一个社区为基本单位，无法有效做到真正的一方录入，多方使用。不同的医疗机构无法获取患者的健康档案和历史记录。

(4) 无法有效避免患者信息泄露。

(5) 无法避免患者的隐私被篡改。

(6) 当安全性和隐私性有足够的保障时，访问的便利性又有了问题。

事实上，在本节的案例中，因为所有的节点都是属于"体制内"的，所以数据访问权限的问题并没有凸显出来。如果再进一步，上述系统还需要和医院共享一些详细的病患资料，那么上述的问题就会出现。

事实上，笔者认为，区块链技术能够为医改提供很好的解决方案，特别是在医疗健康领域更是有着先天的优势。

在基于区块链的信息系统上一切信息都有着 ID 匹配和权限获取的制约，既能保证患者信息的公开透明，又能尊重和保护患者隐私。基于区块链的系统还能保证数据不被篡改，防止对患者造成危害。

事实上，如果有人能够做出第一个基于区块链的 Hadoop 系统，那么其在医疗领域的应用会是令人兴奋的，如图 11-13 所示。

图 11-13　区块链技术可以用在医疗健康领域

11.3　Hadoop 和物流

从 2013 年起，我国快递行业的规模随着电子商务的井喷出现了快速的扩张。天文数字的市场需求给快递公司带来了巨大的商机和前所未有的挑战。

快递行业公司众多，快递公司应该如何在竞争激烈、人力资源价格上升的趋势下维持经济的服务盈利呢？

案例：Hadoop 技术助中国邮政 EMS 迎战"双十一"

1. 简述

中国邮政 EMS 利用流处理技术做到对全国所有包裹投递状态的实时监控。

2. 背景

图 11-14 所示是 2014 年、2015 年全国快递业务收入。

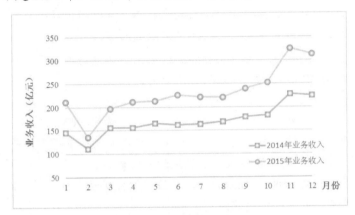

图 11-14　全国快递业务收入

据国家邮政局统计，2015 年，全国快递服务企业业务量累计完成 206.7 亿件，同比增长 48%；业务收入累计完成 2769.6 亿元，同比增长 35.4%。

那么在每年的"双十一"等网购高峰期，快递公司是如何应对爆发的包裹数量(见图 11-15)，避免"快递"变"慢递"呢？

图 11-15　双十一"爆仓"乱象

3. 问题思考

随着物联网 RFID 技术的成熟,快递各生产环节都逐渐数字化,由此产生了海量的数据。这些数据是快递公司宝贵的财富,分析这些数据来对双"十一"的趋势作出预测,快递公司就能做好准备应对包裹暴涨的需求;利用这些数据对全国各处理中心的收寄和运载能力进行监控从而优化调整出班投递计划,在合理的成本下处理高强度的物流。

4. 用户需求

中国邮政 EMS 需要利用快递各个环节上产生的数据(包括已接收、留存件、已下单、未下单、已投递、未投递、揽收员、地址、已封发、已发运、未发运等)来达成下面几个目标。

(1) 实时监控全国包裹的投递状态,在包裹状态异常时发出预警。

(2) 提供包裹投递状态的查询,使得客户可以随时跟踪包裹的状态。

(3) 海量生产数据的存储。

(4) 历史数据的分析和挖掘,来做到对业务的优化。

5. 挑战

(1) 实时性的挑战。要做到对包裹投递状态的实时监控,EMS 需要在数据流入时进行计算来完成数据清洗和统计,由于快递业务复杂度很高,数据量很大,并且非常"脏乱",EMS 需要"瞬时"对数据完成多项操作才能做到实时监控。

(2) 快速即席查询的挑战。EMS 的数据系统需要能够让工作人员和客户可以从大量的投递数据中快速检索到包裹的投递状态。

(3) 计算量的挑战。对海量历史数据的分析和挖掘需要大量复杂计算,EMS 需要在合理的时间内完成计算得到生产优化方案供决策层使用。

(4) 数据量峰值的压力。在以"双十一"为代表的包裹数据量峰值时期,EMS 的系统需要能够应对远高于平时的压力。

6. 解决方案

中国邮政 EMS 搭建了一个数据平台来对它在全国的揽投部、处理中心和集散中心的数据进行处理。平台将 ESB[①]流来的数据实时动态加载进数据库进行处理和统计并生成实时报表。在数据平台的搭建上,EMS 作出了下面的选择。

(1) 使用流处理技术处理 ESB 上流来的数据,完成包裹投递状态的实时监控。流处理就是指源源不断的数据流过系统时,系统能够不停地连续计算,适合 EMS 生产过程中数据不断产生、流入的场景。

(2) 选用有优秀索引机制的数据库提供即席查询,合理的索引可以大大提升检索记录的速度。

(3) 选用表达能力强的 SQL 引擎对历史数据进行统计分析,为优化方案服务。

(4) 针对数据量大和对计算速度要求高两个难点,EMS 选择了以计算速度见长的内存计算框架作为底层,利用内存优越的随机读写性能,不仅使流处理应用速度更快,也缩短

---

① ESB 全称为 Enterprise Service Bus,即企业服务总线,它是传统中间件技术与 XML、Web 服务等技术结合的产物。

了对海量数据进行统计分析所花的时间。

图 11-16 是 EMS 的最终解决方案流程图。

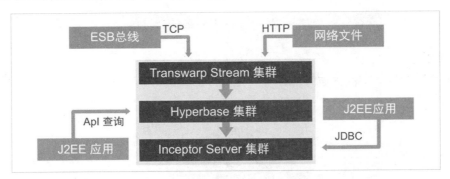

图 11-16　中国邮政 EMS 大数据平台

这套方案的工作流程如下。

(1) 从 ESB 总线和网络文件加载数据到 Transwarp Stream 流处理集群中进行数据清洗和统计，去掉生产设备数据中的噪声，提取出时间、地点、投递员、状态等重要信息，用于实时监控。

(2) 将清洗和统计后的数据存入 Transwarp Hyperbase 数据库，提供快速即席查询，让工作人员和客户能够随时查询到包裹状态。

(3) 利用 Transwarp Inceptor 内存计算引擎对 Transwarp Hyperbase 中存储的数据进行统计分析。

(4) 利用系统的 API 将数据提供给上层 J2EE 应用。

7. 实施效果

中国邮政 EMS 原先的数据处理方案每次在分析数据时都需要对所有数据进行一次全面 ETL(萃取—转置—加载)，导致查询延时在 20 分钟以上，完全无法进行实时查询。实施内存计算 + 流处理方案后，EMS 实现了对生产环节数据的实时监控。具体效果如下。

(1) 实现数据实时导入。数据从 ESB 总线上流入、平台处理完毕到查询结果显示的整个过程不超过 1s，数据导入平均速度为每秒 1700 条。

(2) 数据处理时间迅速。平台中流处理集群对单条数据的处理在毫秒级完成，平均一条记录从流入平台到进入 NoSQL 数据库只需要 1～2ms。

(3) 数据查询简单高效。EMS 的 J2EE 应用要求的秒级查询能由平台轻松胜任。而平台提供的 Java API 和 JDBC 接口可以非常简单地与现有系统进行集成从而实现数据查询，对于现有的企业级开发环境极其友好，应用迁移难度很小，EMS 工作人员可以无学习成本的上手使用。

11.4　Hadoop 和媒体

《纸牌屋》的故事作为大数据的成功应用案例，流传已久。如果我们这本讲述大数据案例的书中，连《纸牌屋》的案例都没有提到，那么好像有些于理不合。

所以在本节，我们就向读者们介绍一个"重塑纸牌屋"的案例。

案例：在广播电视上再现"纸牌屋"

1. 简述

华数传媒利用基于大数据的技术建设新的数字媒体平台，为用户提供精准的广播电视，如图 11-17 所示。

图 11-17　华数数字媒体平台

2. 背景

在中国，广电系统正经历着数字化浪潮的冲击，纯网络化的影视播放给传统广电运营商带来很大挑战。新媒体行业百花齐放，同时出现了各式各样的平台。不过，并没有哪一家媒体成功构建起自己的护城河，用户的忠诚度并不高，所以各媒体的用户群也并不那么稳定。为了稳定用户群的数量，各家媒体使出浑身解数，采用各种方式比拼内容资源。还有一些不计成本的运用一些新技术，也不乏平台运用大数据的采集、计算、分析，为运营中的各类业务提供有效决策支撑。

在竞争激烈的大环境下，华数传媒敏锐地意识到，要想在网络上生存下来，占据一席之地，现在就必须以用户的需求作为产品的发展策略，以适应未来发展的数据基础架构为依托，打造"精准"的内容并且"精准"地传播。通过数字媒体平台充分挖掘消费者潜在的需求，并让他们习惯通过线上支付购买媒体，是数字媒体商业模式能否成功的关键。

互联网发展到今天，数字广告也有了飞速的发展，2015 年美国数字广告营收达 596 亿美元，创历史新高，同比增幅超过 20%；而在中国，数字广告行业 2015 年市场营收也达到 260 亿美元，在互动营销方面展现出很多新的发展趋势，而很多新的趋势和产品在很多时候都是以数据为基础的。

借助大数据技术的发展，华数要打造自己的智能媒体平台，形成有丰富价值的第一手数据，构建属于自己的受众数据库，培养自己的忠实用户。

3. 《纸牌屋》带来的思考

在讨论华数的大数据平台之前，让我们先来看一下《纸牌屋》给我们带来的新思路。

　　《纸牌屋》是近年来影视界应用大数据技术的成功案例。美国的 Netflix 公司是一家在线影片租赁提供商,在 Netflix 公司,拍什么、给谁看、谁来拍、谁来导、谁来演、谁来配、什么时候播、怎么播等都由数千万观众的真实细致的喜好统计数据决定。

　　Netflix 公司利用后台技术记录下用户的位置数据和设备数据存储在公司的大数据系统中主要包括:

　　(1)　用户收看过程中所做的收藏、推荐到社交网络的行为;

　　(2)　在观看过程中暂停、回放、快进、停止的动作;

　　(3)　用户观影后给出的评分;

　　(4)　用户的搜索请求;

　　(5)　用户询问剧集播放时间;

　　(6)　用户所采用的设备等。

　　Netflix 公司对这些数据进行分析后发现,喜欢观看 BBC 老版《纸牌屋》电视剧的用户,大多喜欢大卫·芬奇导演或凯文·史派西主演的电视剧;而如果要让电视剧有更多的人观看,在片中适当的环节必须要有阴谋、背叛、色情等关键词标签。于是,Netflix 投资一亿美元拍摄了新版《纸牌屋》,请大卫·芬奇执导、凯文·史派西作主演,并且在整个剧本中设计了让观众喜欢的各种剧情,如图 11-18 所示。

图 11-18　纸牌屋构思示意

　　不出所料，《纸牌屋》的第一季获得了巨大的成功。在其播出之后的一个季度，Netflix公司就获得了300万新的付费用户，而《纸牌屋》系列到2016年已经播到了第四季，成为很多观众喜欢并翘首以盼的美剧。正是因为Netflix懂得用户所好，利用大数据技术成功地提升了用户的服务体验，才能够大举获得成功。大数据技术的应用让Netflix赚得盆满钵满。

　　有了良好的学习榜样，华数也想利用大数据技术来投用户所好，打造类似《纸牌屋》的用户体验。

4. 用户需求

　　整个广电领域的技术与网络差异化越来越小，各家媒体的运营效果没有太大差别。这时，服务体验成为用户选择运营商的重要因素，而互联网新媒体的强力冲击使得广电行业必须与这些互联网媒体拉近技术差距。华数作为广电行业的领头羊必须在用户体验服务上保持充分的竞争力，所以如何才能深挖用户价值、分析用户喜好、在现有大数据平台基础上做大做强、保持技术领先优势以及保障市场竞争优势，成为华数目前最关心的问题。

　　华数传媒对新的大数据平台有三方面的需求。

1) 实现数据采集、存储和转发

　　可通过大数据技术来满足海量、多来源、多样性数据的存储、管理要求，支持平台上数据爆发式的增长，并提供快速实时的数据分析结果，迅速作用于业务。这样一来，华数传媒就可以在第一时间为用户提供真实、实时高效的数据。

　　华数可以为目标用户提供包括最热播的电影、电视剧、少儿影视、视频新闻、视频栏目、直播等内容的实时榜单和周期榜单，使得用户能在第一时间了解网络上内容运营的总体情况，其平台页面如图11-19所示。

图11-19　华数媒体平台示意图

2)　实现个性化用户推荐

基于对原始数据的分析和决策判断，在大数据平台之上整合业务能力，为用户提供融合的和个性化的内容服务。

符合用户自身偏好特征的剧集和栏目会被推荐。"大家都在看啥""猜你喜欢""热播 Top-N""内容关联推荐"等列表推荐也都会针对每个用户作个性化定制。当然，电影、电视剧、视频新闻和栏目的推荐，均来自系统对客户自身喜好的鉴定，从而实现真正的"个性化"。

3)　可实现从内容传输到内容制造

使用大数据挖掘技术先于观众知道他们的需求，预知将受到追捧的电视节目和内容。另外，还可通过观众对演员、情节、基调、类型等元数据的标签化，来了解受众偏好，从而进行分析观测，为后续的和第三方的影视制作等内容开发提供数据支撑。

当我们对用户进行标签化之后，就可以对其进行归类、聚类和汇总，以便于华数传媒直观地知晓和预判用户流向。同时，各栏目、页面的浏览和收藏等操作也会被归档用来分析什么样的内容是哪些用户所喜欢的。

5. 挑战

目前，在数字化浪潮的冲击下，传统的数据平台已无法支撑日益扩张的海量影视数据，单就视频推荐页面中每天推荐视频的数据模型涉及的数据就高达几十亿，并且数据还在以秒级为时间段飞速增长着。

运营商难以精准地推出专为用户量身打造的个性推荐，只能一味地传输数据，却不能保证这些数据是否真正符合用户的口味。

同时数据的采集、存储和转发由于技术上的限制也遭遇了一定的困境，使得用户体验处于相对低的水平。

6. 解决方案

华数传媒基于一站式 Hadoop 发行版构建了新的大数据平台，综合运用了其中的 Hadoop、分布式内存计算 SQL 引擎、分布式 NoSQL 数据库等技术产品组件。

在新平台上，分布式内存计算 SQL 引擎和分布式 NoSQL 数据库作为数据支撑平台中的重要组成部分，分别负责流式数据计算和分布式数据计算。

分布式计算 SQL 引擎对互联网电视、互动电视的数据进行实时采集，继而通过流式数据计算工具进行数据整合；而分布式 NoSQL 数据库对呼叫中心和宽带分析的数据进行离线采集，接着通过分布式数据计算工具达到数据整合的目的。

该平台具体数据架构如图 11-20 所示。

华数的新平台整合了各个相关数据源数据，包括 Portal、CA[①]、CDN(内容分发网络)、用户使用浏览信息、AAA(华数的认证系统)、BOSS(华数的计费系统)结构化数据、用户基本信息、消费数据、用户上网流量数据、网管数据等。

---

① CA 卡即 CMMB 移动电视 CA 解密卡，用于 CMMB 移动电视终端设备上，针对部分对 CMMB 加密的城市的终端设备。

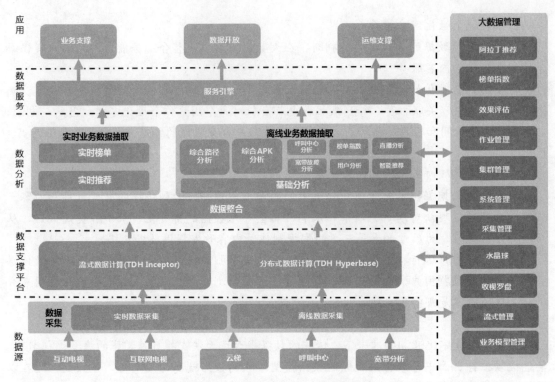

图 11-20　华数大数据平台整体架构

华数大数据平台的逻辑结构如图 11-21 所示。

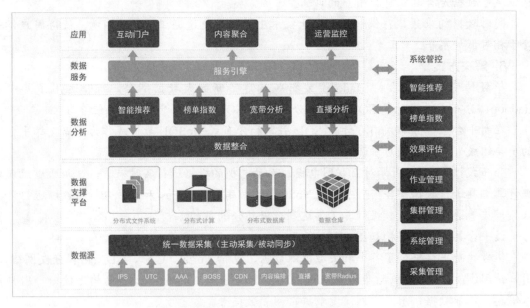

图 11-21　华数大数据平台逻辑结构

华数的大数据平台能够帮助实现的功能如下。

(1) 提供基于全量数据的实时榜单。以时间 (小时/天/周) 、用户等维度,对点播节目、直播节目、节目类别、搜索关键词等进行排名分析、同比环比分析、趋势分析等。地区风向标主要以城市和时间等维度分析点播排行、剧集排行、分类排行、热搜排行及用户数量的变化等。另外，从时间、频道、影片类型、剧集等维度，根据在看数量、新增数量、结束观看数量、完整看完等分析用户走向。

(2)　新媒体指数分析。通过对用户行为分析获取很多的隐性指标，从侧面反映用户对业务的认可度、用户的使用行为习惯等。

(3)　智能推荐。运用新的大数据基础架构，通过对用户行为数据的采集分析，进行精准画像，使用智能推荐引擎，实现信息的个性化推荐 (TV 屏、手机、PC)、个性化营销 (个性化广告、丰富产品组合、市场分析)。基于可持续扩展和优化智能推荐算法，以及大数据带来的实时数据交互能力，为每一个用户量身定做的推荐节目极大提高了产品的到达率。

7. 实施效果

在新平台的快速分布式数据查询引擎上，华数实现了对海量数据的秒级查询。而且新平台之上的大数据分析引擎能帮助华数传媒构建规范的指标分析和衡量体系，为业务运营提供强有力的指导。

在新平台上，有以下的成果体现。

(1)　实现了数据的采集、存储和转发。满足了海量、多来源、多样性数据的存储、管理要求，支持平台硬件的线性扩展，提供快速实时的数据分析结果，并迅速作用于业务。

(2)　提供了基于全量数据的实时榜单。以时间 (小时/天/周)、用户等维度，对搜索关键词等进行分析。

(3)　实现了个性化用户推荐，即智能推荐。通过使用智能推荐引擎，为每一个用户量身定做的推荐节目极大提高了产品的到达率，为用户提供融合、个性化的内容服务，增强了用户忠诚度，实现信息的个性化推荐和个性化营销。

(4)　实现了新媒体指数分析。通过对用户行为分析获取很多的隐性指标，从侧面反映出用户对业务的认可度、用户的使用行为习惯等。

第 12 章

特殊场景下的 Hadoop 系统

随着数据量的不断提升，无论是对于企业还是个人来说，其不断积累的冷数据会越来越多。在本章的第二部分，会为大家介绍如何对冷数据作专门的处理。

❖ Hadoop 是如何满足实时系统要求的？

❖ Hadoop 可以对冷数据处理作怎样的优化？

在本章中，我们介绍的场景、应用和处理方式是相对比较特殊的。

本章之前的大部分案例中，实时信息的处理都不是重点，在本章中，我们会介绍实时系统是如何通过 Hadoop 来实现的。

12.1　Hadoop 和实时系统

在之前的大多数场景中，Hadoop 应对的多数是非实时的场景，就算有秒级的响应速度，系统本身并没有太多这方面的要求。

Apache Tez 就是为了实时处理的目的设计的，在印度语中"Tez"就是很快的意思，Tez的设计响应时间是秒级的。Tez 设计的一个使用场景就是用户提出一个 Hive 查询，并且在几秒之内得到想要的结果。

无独有偶，Apache Flink 也是这样类似的一个项目，而有趣的是，在德语中，"Flink"也是"很快"的意思。Flink 项目设计的理念是在同一个系统之中对批处理和流处理的操作进行快速处理。

不过其实在很多应用场景中，我们并不需要用到 Tez 或者 Flink 这样专门的系统，而是用 Hadoop+Spark 就能满足需求。

> **案例：燕山石化打造有实时管控的"智能工厂"**

1. 简述

中国石化利用大数据平台建立设备预知维修系统，建设智能工厂。

2. 背景

炼油和化工行业是典型的流程型生产模式，工艺过程高度依赖设备的长期、稳定、安全和高效运行。因此，设备维护对炼油化工企业至关重要，任何一台关键设备因故障停机都可能导致数以百万甚至千万级的经济损失。

设备维护分为三种：

(1) 预防性维护；

(2) 预知性维护；

(3) 事后维护。

流程型行业的特点决定了对于非关键类的设备可以采取事后维修的方式，以降低维护成本。不过对于关键类的设备必须采取预防性维护和预知性维护相结合的方式，以保证设备能够长期可靠运行。对于预防性维护，通常利用 3～4 年一次的生产装置大修对设备进行解体维修。而在设备运行期间，主要依靠每月的计划维护工作对设备进行预知性维护。

3. 问题思考

中国石化北京燕山分公司(下称燕山石化)制订月度维护计划的依据主要是设备管理人员的经验、现场设备运行过程中表现出来的故障现象，以及公司规定的强制保养项目。但是人为经验是有局限性的，是缺乏继承性的，这就导致了燕山石化的维护计划不能够完全满足设备安全可靠运行的要求，"过修"和"失修"情况并存。

例如，某企业要求对往复式压缩机每 4000～5000 小时进行一次解体中修，多数情况下对机器解体的时候会发现核心部件(包括活塞、活塞杆、活塞环、导向环、十字头等)均处于良好状态，此情况属于"过修"。

对于一些特殊工况下的设备，如在高温、高盐环境下工作的设备，按照通用的检修规程进行检修，存在个别部件在检修周期内频繁损坏的情况，此情况属于"失修"。

"过修"导致维修成本的增加，甚至会导致在维修过程中引入新的故障模式；"失修"导致设备非计划停车，甚至引起一些安全事故。

如何能够利用设备运行状态数据和工艺数据，通过数据分析、数据挖掘等技术制订科学合理的维护检修计划，减少对人为经验的依赖，成为企业亟须解决的问题。

目前，已经在燕山石化的设备上安装了各种传感器，随时随地记录设备的压力、流量、温度等状态数据，可以通过对其状态数据的分析和挖掘，寻找状态数据和设备异常之间的联系。当设备运行出现异常时，通过状态数据在设备发生故障之前就提前安排停车检修。

4. 用户需求

为了大幅减少甚至杜绝"过修"和"失修"的情况，燕山石化需要一个设备全生命周期预知维修系统(下面简称系统)，能够利用设备运行状态数据，通过数据分析、数据挖掘等技术制订科学合理的检修维护计划，使维护计划满足设备安全可靠运行的要求。

当设备出现运行异常情况时，系统需要能够做到提前发现设备故障，提前进行生产计划调整和物资准备，从而减少非计划停车时间，来保障不会出现数额巨大的经济损失，以稳定燕山石化的经济效益。

5. 挑战

建设这样一个系统的主要挑战在于"提前"两字。

要实现"提前"，系统必须做到：对设备生产数据实施全方位、高频率的采集以及对采集到数据的深度挖掘和实时监控。为了全方位、高频率地采集数据，采集策略设计如下。

(1) 大型机组主要在线采集轴瓦位移的时域波形数据和温度数据，数据采集周期为3～5s。

(2) 机泵以在线或离线方式采集振动速度或加速度、温度等数据，在线监测方式的数据采集周期为1h，离线监测方式的数据采集周期为1～7天。

(3) 系统从实时数据库系统中获取设备所对应的工艺参数，包括压力、温度、流量、液位、介质组分等，数据采集周期为1～5s。

依据该数据采集策略和中石化集团的设备总量，预计数据规模可以达到1～5PB/年。这对系统的数据处理能力是很大的挑战。

6. 解决方案

因为传统的关系型数据库已经无法处理如此大规模的数据，所以该项目引入了大数据平台作为数据获取、转换和计算平台。大数据平台部署在5台服务器组成的集群上，包括内存计算、分布式NoSQL数据库和流处理模块，在服务/工具层提供数据挖掘实时流处理，系统架构如图12-1所示。

我们来解释一下图12-1中展示的系统架构层级。

(1) 数据层。数据层主要功能包括数据接口和数据存储。数据层提供多种类型的数据接口和工具，例如：JDBC/OPC/SQOOP/KAFKA等，这些数据接口和工具保证了实时的传感器数据可以高效传输至预知维修系统。数据存储主要包括小型关系型数据库和分布式NoSQL数据库，用于存储结构化数据和非结构化数据。

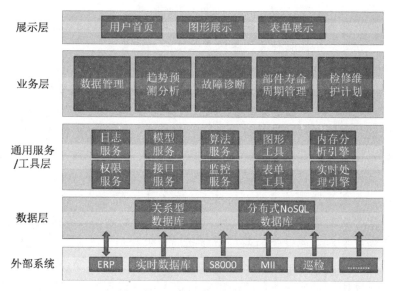

图 12-1　燕山石化大数据系统架构

（2）通用服务及工具层。通用服务与工具层主要功能包括日志服务、模型服务、算法服务、图形工具、内存分析引擎、权限管理、监控范围、表单工具、流处理引擎。

（3）业务层。业务层主要功能包括数据管理、趋势预测分析、故障诊断、部件寿命周期管理、检修维护计划等。所有业务逻辑、模型、流程等都在该层次实现。

（4）展示层。展示层主要功能包括用户首页、图形展示、表单展示等。该层次是人机接口，用户通过该层次查看系统的各类输出结果，并可以进行相关的业务流程处理。

（5）外部系统。外部系统主要功能包括 ERP、实时数据库、S8000、MII、巡检等数据传入数据层的行为。

燕山石化系统使用该大数据平台运行以下的这些应用。

（1）基于规则的故障诊断。它利用了经典诊断分析技术和专家系统理论，通过对所获取的数据进行故障征兆提取，再依据诊断规则，自动输出设备将要或已经发生的故障情况以及处理措施。

（2）基于案例的故障诊断。它在系统中构建了案例模型，并且从企业历史故障记录中提炼总结了若干故障案例作为原案例保存在大数据平台中，设备当前运行状态作为目标案例实时与原案例进行相似度计算，当相似度达到预设值时，系统给出与设备当前状态相似的历史故障案例及相似度。

（3）劣化趋势预测功能。该功能应用了数据平台中提供的若干算法，包括聚类、分类、回归、神经网络、灰度模型等，对所采集到的数据进行分析预测，系统自动给出设备所处的状态类别和参数达到报警的时间。

① 聚类。聚类分析又称群分析，它是研究分类问题(样品或指标)的一种统计分析方法，同时也是数据挖掘的一个重要算法。它是由若干模式(Pattern)组成的，通常，模式是一个度量(Measurement)的向量，或者是多维空间中的一个点。它以相似性为基础，在同一个聚类

中的模式之间比不在同一聚类中的模式之间具有更多的相似性。[①]

② 分类。分类是指按照种类、等级或性质分别归类。

③ 回归。回归分析是一种数学模型，是指研究一组随机变量$(Y_1, Y_2, \cdots, Y_i)$和另一组$(X_1, X_2, \cdots, X_k)$变量之间关系的统计分析方法，又称多重回归分析。通常$Y_1, Y_2, \cdots, Y_i$是因变量，X_1、X_2、$\cdots$，X_k是自变量。

④ 逻辑性的思维是指根据逻辑规则进行推理的过程。它先将信息化成概念，并用符号表示，然后根据符号运算按串行模式进行逻辑推理；这一过程可以写成串行的指令，让计算机执行。然而，直观性的思维是将分布式存储的信息综合起来，结果是忽然间产生想法或解决问题的办法。这种思维方式的根本之点在于：信息通过神经元上的兴奋模式分布储在网络上；信息处理是通过神经元之间同时相互作用的动态过程来完成的。

⑤ 灰度模型是在灰色理论的基础上建立的数据模型。灰色理论认为尽管系统的行为现象是朦胧的、数据是复杂的，但它毕竟是有序的，是有整体功能的。灰数的生成，就是从杂乱中寻找出规律。同时，灰色理论建立的是生成数据模型，不是原始数据模型。[②]

同时劣化趋势预测功能还引入了自适应报警的概念，系统通过自适应报警算法模型进行计算，能够针对每个设备的每个测点给出符合当前工况的报警阈值。当然这种自适应报警阈值一定在符合相关企业和国家标准的前提下才能发挥其作用。

(4) 部件剩余寿命预测功能。系统利用设备启停和历史部件更换信息以及设备故障诊断和预测结果，通过计算得到部件的剩余寿命并对小于预设值的部件进行实时报警提醒。

7. 实施效果

利用大数据平台为燕山石化带来的全生命周期预知维修系统实现了以下功能。

(1) 对数据的实时分析计算，使设备故障诊断和趋势预测等功能的延迟控制在5s之内，完全满足了客户对实时性的要求。

(2) 通过对各类数据的分析，颠覆了传统中人们的经验思维。很多看似无关的数据，却对设备故障产生着实实在在的影响，例如，设备运行效率过低时，设备故障发生的概率增大等，这就要求做好工艺参数的控制。

(3) 利用大数据分析自动生成的检修维护计划，保证了设备维护更有针对性，减少了"过修"和"失修"现象。

(4) 大数据分析最有价值之处在于能够在设备出现故障时就发现设备的潜在故障，大大减少了生成装置的非计划停车，从经济方面和安全方面为企业带了巨大的价值。

图12-2所示为系统自动给出的一个故障诊断结论。

---

① 关于聚类分析的介绍，如果读者想要了解更多的内容，可以参见我们在1.3节中做的描述。

② 灰色预测的数据是通过生成数据所得到的预测值的逆处理结果。比如，我们可以用灰色预测来得出河流的未来水质状况、股票的未来价格等。

图 12-2　燕山石化故障诊断结论

我们来看一个实际处理的预警。

2015 年 12 月 26 日，在某企业催化裂化装置烟机发电机组开机时，技术人员发现发电机轴振动超标(设计报警值为 80μm)，最大值高达 86μm；利用智能预知维修系统进行自动诊断分析后，认为机组存在动静碰摩的情况，系统给出如下建议：

(1)　检查轴系平衡、对中状况是否良好；

(2)　检查轴系的稳定性是否良好；

(3)　检查和调整动静间隙。

燕山石化的技术人员对系统给出的诊断结论和处理建议进行了分析讨论，最终确认诊断结论和处理建议是比较符合实际情况的。经检查发现发电机轴瓦间隙偏小，轴系对中存在偏差。通过对发电机轴系重新找正，复测发电机转子与定子之间的气隙，将发电机定子垫高 2 mm；同时将发电机轴瓦间隙调整在允许范围之内。再次开机，待机组升速后，测试烟机发电机轴最高振动值为 49μm，在允许范围之内，机组投入正常运行。

与过去的人为管理经验相比较，此系统大大减小了局限性，同时有效减少在设备的故障报修方面出现的延迟与误判。

如果我们将这套系统推广到其他大型工厂、设备间等，也能有效减少"过修"与"失修"现象，维持高效科学的整体管理。

12.2　Hadoop 平台的一些特殊场景实现

所谓冷数据，指的是活动不频繁、很少访问甚至有可能永远不会被访问的数据。因为我们并不能确认这些数据在未来是否会被再次访问，所以还不能把它们删除。比如你这些年来拍摄的照片，大多数时候它们是安静地躺在磁盘上的，不过偶尔你可能会想要去翻一下照片，找一下当年的同学，而这个频率对于大多数人来说是很低的。

再比如，笔者个人在新浪云、百度云上都有几个 TB 的数据，而到目前为止，只有两次在线下文件丢失的情况下才访问过这些数据。而对于新浪和百度来说，我的硬盘备份就是冷数据，其中的绝大部分内容是不会被再次访问的，但是如果内容丢失又是我作为用户所不能接受的。

随着数据量的不断提升，无论对于企业还是个人来说，其不断积累的冷数据会越来越多。如何存储这些冷数据呢？如何降低存储这些数据的成本呢？这都是我们需要关注的重点。

对于冷数据，一个典型的应用场景如下。

数据在导入 HDFS 后的一段时间内访问频繁，在一段时间后访问频率降低甚至正常状态下不访问。

我们可以通过设置该数据的冷却时间，当这些数据到达冷却时间后，会自动触发降副本的进程。

相对于传统的数据库系统，使用 Hadoop 来作存储的性价比本来就比较好，因为 Hadoop 系统选用的硬件设备都是比较廉价的，是由系统来维护数据的一致性。那么，在 Hadoop 上对于冷数据的存储，我们是否有办法让它的性价比变得更好一些呢？

场景： **对于冷数据的存储处理**

某家大型机构有海量的数据，其中有数十个 PB 的数据是冷数据，也就是说:

(1) 很可能在可见的未来这些数据是不会再被访问了；

(2) 这些数据不能被删除，因为存在一个很小的概率是依然有人会访问中间的某些数据。

对于这家机构，星环科技使用 Transwarp HDFS 中 Erasure Code 功能来降低数据的副本，不过同时依然需要保证数据的完整性，因为这些数据在未来的某个不确定时刻依然可能会被访问。

我们来看图 12-3。

图 12-3　优化 HDFS 对冷数据的存储

　　Erasure Code 可配置策略选择 HDFS 中对应于冷数据的目录，通过 Raid Server 监控，当这个目录下的文件在指定生命周期结束之后，将其副本数降低为 1，并由 10 个数据块生成 4 个冗余校验块，将 3 倍存储开销降低到 1.4 倍。

　　在数据可靠性方面，Erasure Code 在 14 个数据块中可容忍任意 4 个块丢失，而对于冷数据来说，我们认为这个可靠性已经是足够的了。

第 13 章

Hadoop 系统的挑战和应对

本章中涵盖的内容包括:

❖ 在 Hadoop 平台上可能遇到哪些问题?

❖ 如何应对集群的硬件故障?

❖ 如何解决 Hadoop 系统的安全性问题?

❖ 如何应对 Hadoop 系统的隐私问题?

❖ 如何解决 Namenode 的高可用性问题?

在前面章节中我们介绍了 Hadoop 系统的优势以及可以应用的场景，几乎覆盖了所有大的行业以及人们生活的各个环节，而在本章我们主要讨论 Hadoop 平台上风险点的预估和应对机制，分析平台可能存在的风险点以及对应的处理机制。

关注这些内容的主要目的是考察我们搭建的 Hadoop 开源系统或者所选择的 Hadoop 供应商是否能够对未来的风险进行预估和防范，同时是否具备合理的处理和应对机制。

13.1　Hadoop 系统使用须知

首先我们要再次重申的是Hadoop系统并不是一剂万能良药，并不适合所有的应用场景。

随着 Hadoop 被广泛地应用，对这个系统的吐槽和抱怨也呈指数级地增长。在第 4 章中我们提到过的 Andrew Oliver 就曾经抱怨过在 Hadoop 上作错误排查其实是一件非常痛苦的事情，因为大部分开源工具对于错误的反馈都是 "Failure，no error returned."(失败，错误未知。)换句话说，"有事儿发生了，祝你好运。"

很多非商业性的环境和大量的互联网公司中使用的都是开源的Hadoop系统和配套的工具，因而出现难以预估的情况是时有发生的，但这些在商用 Hadoop 系统中其实都是不存在的。

Hadoop 大数据平台还是一个年轻的系统，我们来看一下这个系统上常见的一些问题。

(1) 可能平台维护人员缺乏 Hadoop 系统运营调优的能力，对平台出现的问题不能及时地处理或者处理超时，无法达到生产系统的要求。

(2) 用户审计系统缺失，导致用户做的操作违规之后，无法事后追责；或者当操作人员进行误操作删除数据之后，无法回收数据。

(3) 多租户用户功能不完善。

(4) 无效或者极低的资源利用率，或者无法有效管控计算资源。

(5) Hadoop 集群没有有效的扩容、备份和恢复机制。

(6) 基于 Spark 的系统，其性能和稳定性相对较差，特别是早期的版本。

(7) 集群数据完整性无法保障。

(8) 集群磁盘存储内容不均衡导致某些节点磁盘写爆，而有些节点的磁盘使用率很低。

(9) 平台接口开放性差导致应用开发迁移成本过高。

例如，Namenode 正在写 edits 文件[①]时突然宕机或者使用脚本去复制 edits 文件的时候导致复制的 edits 文件中存储的操作记录字段不完整。此类 edits 文件在被合并的过程中可能会抛出 EOFException 导致合并失败，从而使得 Namenode 上的文件状态变得不确定。

[①] edits 文件是 Namenode 中的系统日志文件，记录数据文件的信息，请参见 3.2 节中关于 Namenode 的内容。

案例：众多的小文件会导致 Hadoop 的故障

在迅雷公司，开源组件 Hadoop 在公司业务快速增长的情况下，存储和计算能力没有跟上，主要体现在硬件资源扩容会比数据增速慢一些，所以系统平台组在申请硬件资源的同时，往往需要极限优化配置，缓解集群压力，不过依然还是无法根本解决问题。

在进行极限配置的时候，Hadoop 系统可能会发生一些不可预知的错误，如图 13-1 所示。

```
            at org.apache.hadoop.util.Shell.run(Shell.java:182)
            at org.apache.hadoop.fs.DU.access$200(DU.java:29)
            at org.apache.hadoop.fs.DU$DURefreshThread.run(DU.java:84)
            at java.lang.Thread.run(Thread.java:722)
Exception in thread "refreshUsed-/data2/complat/hadoop/data" java.lang.OutOfMemoryError: Java heap space
java.lang.OutOfMemoryError: Java heap space
java.lang.OutOfMemoryError: Java heap space
java.lang.OutOfMemoryError: Java heap space
java.lang.OutOfMemoryError: Java heap space
java.lang.OutOfMemoryError: Java heap space
java.lang.OutOfMemoryError: Java heap space
java.lang.OutOfMemoryError: Java heap space
Exception in thread "refreshUsed-/data4/complat/hadoop/data" java.lang.OutOfMemoryError: Java heap space
            at java.io.BufferedReader.<init>(BufferedReader.java:98)
            at java.io.BufferedReader.<init>(BufferedReader.java:109)
            at org.apache.hadoop.util.Shell.runCommand(Shell.java:211)
            at org.apache.hadoop.util.Shell.run(Shell.java:182)
            at org.apache.hadoop.fs.DU.access$200(DU.java:29)
            at org.apache.hadoop.fs.DU$DURefreshThread.run(DU.java:84)
            at java.lang.Thread.run(Thread.java:722)
java.lang.OutOfMemoryError: Java heap space
12/06/2016 14:39:32 32227 jsvc.exec error: Still running according to PID file /tmp/hadoop_secure_dn.pid, PID is 26289
12/06/2016 14:39:32 32169 jsvc.exec error: Service exit with a return value of 122
```

图 13-1　Hadoop 系统报错

问题表现如下：

从 2016 年 6 月 12 日开始，部分数据节点开始经常重启。经过分析，发现是因为数据节点内存不够，报 OOM 内存无法分配(见图 13-1)。

6 月 15 日，平台一次性修改了多台数据节点的内存，这时 Namenode 拒绝工作，不响应数据节点发出的心跳，不刷新心跳健康状态，导致超时后 Namenode 的监控线程认为数据节点已死，把这些节点都逐一移出集群，到最后把所有的数据节点全部都移出集群。

重启 Namenode 节点之后，问题依旧反复。

1. 问题分析

因为随着数据量的变大，特别是在系统中存储了大量小文件时，每个数据节点需要记录每个数据块的元信息，所以内存消耗变得很大，导致内存溢出。

我们可以大概计算一下小文件的个数对系统的影响。

(1)　每个小文件相关的信息需要保存在 Namenode 节点的内存中。

(2)　每个数据块相关的信息也需要保存在 Namenode 节点的内存中。

(3)　每个文件和数据块的存储信息大概在 150 字节。

(4)　如果有 1 万个小文件，每个都占用一个数据块，那么就需要占用 3MB 内存。

(5)　如果一个 Namenode 节点的内存是 4GB，那么它只能处理千万级的文件数量。

(6)　如果一个 Namenode 节点的内存是 40GB，那么它只能处理亿级的文件数量。

(7)　如果文件系统中的小文件数量过多，上了十亿级的单位，那么一般商用的服务器都没有足够的内存来支撑。

出现 OOM 问题之后，导致大量数据节点不断重启。每个数据节点启动时需要发心跳向 Namenode 汇报本数据节点的 block(数据块)信息，并会根据 Namenode 上记录的 block 信息得到需要恢复到本数据节点的 block。

由于一次性启动大量数据节点，并且因为 Puppet(Puppet 是一个开源的软件自动化配置和部署工具，使用起来很简单而且功能强大)重启有先后顺序的间隔，导致大量需要记录在 Namenode 上的 block 要恢复或移动，以至于 Namenode 内存消耗过大，从而导致 Namenode 发生 GC[①]问题，导致节点挂死。

2. 解决方案

调大 Namenode 内存和 Namenode 的 GC 算法策略，并让数据节点分批启动，给 Namenode 消化恢复 block 的时间，从而最后让 Namenode 启动成功。

解决问题的长期措施是，随着数据量和数据块个数的增加，应该持续调大数据节点和 Namenode 的内存大小，避免数据节点不断重启。而这就意味着当我们在作系统规划的时候，需要向前规划，不要只考虑眼前的需求。

13.2 Hadoop 平台风险点预估

在本节中我们将和读者们探讨的是 Hadoop 平台上可能出现的风险点，特别是当集群系统中的服务器数量和存储的数据已经具有或者可能会有一定规模的情况下。

13.2.1 Namenode 的单点故障和系统的可用性

虽然说 Hadoop 系统标榜的是高可用性，不过 Namenode 是系统的一个软肋。在 Hadoop 系统之上，Namenode 是一个 single point of failure (SPOF)，单一失败点。

业内的很多专家早就指出过这个问题，就算是数据的安全性有了很好的保障，一旦 Namenode 失效，整个系统也就变得不可用了。如果我们的 Hadoop 系统不能很好地解决 Namenode 的高可靠性问题，那么 Hadoop 系统从整体上来说是有漏洞的。

Namenode 失效导致的非计划停机引起的最大损失来自业务中断和收入减少，我们需要耗费资源来发现问题、解决问题，然后让系统恢复运行。

我们通常所说的系统可用性(availability)也就是系统正常运行时间的百分比，在业内用 N 个 9 来将其量化，比如 99%的可用性就是 2 个 9；99.9%的可用性就是 3 个 9 等。

系统可用性和允许宕机的时间对比见表 13-1。

---

① Garbage Collection，垃圾回收。

表 13-1　系统可用性和宕机时间对比

可 用 性	百 分 比	年允许宕机时间
基本可用	99%	3.5 天
较高可用	99.9%	8.5 小时
高可用	99.99%	53 分
极高可用	99.999%	5 分
超高可用	99.9999%	53 秒
基本不宕机	99.99999%	5 秒

从表 13-1 中我们可以推测出，如果 Namenode 节点每年出现两次故障，平均每次 40 分钟的恢复时间，那么系统就只能称为"较高可用"，不能满足"高可用性"的要求了。

对于我们接触的大部分企业组织来说，完成 5 个 9 或者 6 个 9 的高可用性目标其实是没有必要的。因为在我们看来，99.99%甚至 99.9%的高可用性对于绝大部分机构其实是足够的，而不必考虑 5 个 9 的高可用性目标，其更加关键的原因在于实现高可用性的性价比不高。

当然在某些行业，比如交通、医疗等，极高可用性至关重要，我们必须要达成 5 个 9 或者 6 个 9 的可用性目标，不管为此要付出多大的成本。

13.2.2　集群硬件故障导致平台可靠性与可用性大幅降低

参考运行维护大规模服务器(500 台以上)集群的经验，我们总结一下 Hadoop 系统会出现的软硬件故障。

1. 硬件设备报损

(1)　因为我们使用的是普通硬盘，其年损失率在 4%～5%。以 1000 台服务器，每台服务器平均 12 块硬盘的集群为例，平均每天都需要更换 2 块硬盘。

(2)　少量的电源、内存周均损坏一个。

(3)　CPU 故障发生相对较小，比例可以忽略不计。

当发生硬件故障的时候，如果运维体系设置合理，平均单主机故障恢复时间约为 10～20 分钟，而且单主机的故障并不影响整体集群的性能。

2. 软件故障

Hadoop Namenode 核心节点年均重启 1 次，只有少量是故障情况，主要还是由于硬件升级的需要。而每次重启 Namenode 需要重新加载的时间约为 40min，在这个时间段内系统是无法访问的。

值得庆幸的是，Hadoop 集群配置参数调整不需要重启，而且 Hadoop 集群上的数据节点 Datanode 打补丁(Patch) 的过程是不影响使用的。

另外，Hadoop 的 HDFS 集群上非常容易出现机器与机器之间磁盘利用率不均衡的情况的。比如当集群中添加了一些新的数据节点时，数据存储是很不均匀的。

如果 HDFS 出现磁盘利用率不平衡的状况，会引发很多问题，比如：

(1) MapReduce 程序无法很好地利用本地计算的优势；

(2) 机器之间无法达到更好的网络带宽使用率；

(3) 机器磁盘无法有效利用等。

13.2.3 Hadoop 集群大数据安全和隐私问题

Hadoop 和其他大数据系统一样，都需要深入考虑安全问题和数据隐私问题。我们可以这样认为，没有任何一个系统是完全安全的，特别在今天，当我们所有的系统和设备都通过互联网连接在一起的情况下。

安全问题的发生可能是人为恶意计划的，也可能是在无意中产生的。

我们举一个小的安全性例子。

社区版的 Hadoop 平台在安装的时候使用的是 root 用户安装，完全无法满足平台的安全需求。我们需要对 Hadoop 平台进行安全加固操作，统一用非 root 用户安装。

Hadoop 平台上有关大数据安全性和隐私性的问题如下。

(1) Hadoop 平台上的数据和传统的数据库系统相比其数据量要更大，数据类型更加复杂，更新的速度更加快。

(2) Hadoop 系统访问需要有严格的权限设置，否则用户的信息可以被任意能访问系统的人查询到。

(3) 在 Hadoop 系统之上，还有 HDFS、Pig、Yarn、Spark 等子系统访问其数据，因而数据安全性的设置就更加麻烦。

(4) Hadoop 的技术毕竟还是一个年轻的技术，商业化的时间就更加短，还没有经历过所有可用的应用场景，所以会时常遇到新的安全性需求。

在 Hadoop 系统中我们尤其需要考虑的隐私问题"敏感数据"。所谓"敏感数据"指的是可以通过它们找到某一个具体的人的数据，而"敏感数据"的另外一个词是 PII(personally identifiable information，可以用来识别出人的信息)。在过去的几年中，出现过多起 PII 被泄露的事件，因此对于系统中 PII 数据，我们需要有专门的防护。

对个人隐私的威胁主要来自当数据一旦被破译，导致数据挖掘方或者任何可以接近数据集的人，能够辨别特定的个体，便存在利益侵犯的可能性。例如保险公司可以透过访问医疗记录来筛选出那些有糖尿病或者严重心脏病的人，不允许他们加入保险计划或是大幅提高他们的保费，从而削减保险支出。

13.3 Hadoop 平台硬件故障的应对机制

针对在 13.2 节中讲述的一些 Hadoop 平台的风险和挑战，我们来看 Hadoop 平台可以有怎样不同的应对机制和措施。

13.3.1　监控软硬件故障的应对机制

对于软硬件可能发生的故障，我们首先要做的事情就是监控。我们需要有集群组件监控页面，可以查看所有服务的运行情况。

可以查看的服务及其多种性能参数：

(1)　Zookeeper，最大延时；

(2)　HDFS，实时读吞吐量；

(3)　YARN，实时运行的应用个数；

(4)　Hyperbase，实时读请求(TDH 独有的组件)；

(5)　Inceptor，实时运行的任务数(TDH 独有的组件)；

(6)　Stream，实时运行的任务数；

(7)　Kafka，实时发送吞吐量。

当硬件故障在一定范围内的时候，大数据平台需要设定机制，使得硬件的损坏不会影响整个集群的可靠性与可用性。

在星环科技 TDH 的管理界面上，集群的硬盘状态页面将服务状态和操作集中放置在一个页面上，方便用户监控和管理集群。

我们来看一些常见的硬盘故障和相关处理方法。

1．磁盘错误

可以使用丰富的图形界面快速展示硬盘、内存、CPU、HDFS、YARN 的状态。

在警报页面中集中展示 TDH 中的告警信息，方便用户第一时间发现问题并解决。在右边的告警信息出现的时候，即使没有浏览该页面，该"警报"也会有红色标示提醒，如图 13-2 所示。

图 13-2　磁盘错误警告

2. 电源或者内存问题导致的机器故障

这时系统会直接报警(见图13-3)，我们需要替换电源、内存，及时把这台计算机从集群中替换出来，在线下处理之后再把计算机重新换上线。发生这个故障时，并不需要我们终止 Hadoop 系统的运行，只需要替换发生故障的机器。

图 13-3 系统错误警告页面

3. CPU 导致的故障

按照我们的运维经验，CPU 出现故障的机会相对比较少，可以通过在 TDH 管理界面上下线和上线节点来应对。按照图 13-4 界面对应地删除节点，即可解决问题，在问题处理完成之后，再添加节点即可。

图 13-4 删除节点的页面

4. 操作系统导致的故障

我们在服务器的配置上，用了 2×450G SAS 硬盘来做 RADI1 的冗余备份，按照实际的运维经验来看，是完全能保障高可靠与高可用性的。

5. 交换机网络导致的故障

在服务器的配置上，用每台机器的 6*GE 网口来做备份，同时接入交换机和汇聚交换机都做了双备，按照实际的运维经验来看，是足够保障高可靠性与高可用性的。

13.3.2　断电处理

机柜断电甚至机房整体断电发生的概率虽小，可一旦发生，对于任何计算机系统都是致命的。[①]

对于机柜来说，HDFS 采用三副本机制：一份副本存储在写入客户端的节点上，一份副本存储在同一个机架(rack)的另外一个节点上，还有一份副本存在另外一个机架的一个节点上。

按照实际的运维经验来看，即便一个机柜出现故障，也是可以保障系统的安全性的。不过如果整个机房断电，则显然会导致整个集群出问题。因此其应对机制是为整个机房配置冗余电源 UPS，或者将蓄电池(多为铅酸免维护蓄电池)与主机相连接，通过主机逆变器等模块电路将直流电转换成市电，用于给单台计算机、计算机网络系统或其他电力电子设备如电磁阀、压力变送器等提供稳定、不间断的电力供应。

当市电输入正常时，UPS 将市电稳压后供应给负载使用，此时的 UPS 就是一台交流市电稳压器，同时它还向主机内电池充电；当市电中断(事故停电时)，UPS 立即将电池的直流电能，通过逆变零切换转换的方法向负载继续供应 220V 交流电，使负载维持正常工作并保护负载软、硬件不受损坏。UPS 设备通常对电压过高或电压过低都能提供保护。

一般来说，商业级别的 IDC(数据中心)都会有这方面的考量。在断电几个小时之内，系统是不会受到影响的。

当然，UPS 和备用电源能够支撑的时间是有限的。断电时间更长的话就需要考虑其他的解决方案了，比如做灾备和两地三中心的运维方案，不过这是另外一个高效运维的话题，我们在本书中就不讨论了。

13.4　Hadoop 平台如何真正做到高可用性

做到一般可用性是 Hadoop 平台早就完成的工作，而在这个基础之上要真正做到高可用性(4 个 9，或者 99.99%可用性)则不是一个简单的问题。

---

① 机房断电是国内外云服务商面临的一大问题，阿里云和青云在 2015 年都发生过机房整体断电的情况而导致系统整体故障。而国外包括亚马逊、Facebook 等企业都曾遇到过电力故障。

13.4.1　Hadoop 系统的高可用性冗余性保障

在系统上数据的一致性备份有强一致性和弱一致性两种方式。

1. 强一致性备份

在 HDFS 上，针对重要敏感数据，当数据从客户端写入 HDFS 中，同时向两个集群写入数据，当两个集群都完成写入后，再开始进行下个文件的写入，这就是进行强一致性备份。

2. 弱一致性备份

弱一致性备份的方案则是单位周期内基于 HDFS 的 distcp(Distributed Copy，用于大规模集群内部或者集群之间的高性能复制工具)机制，将写入的数据以增量备份的方式通过网络实现在异地机房的备份。

在 HDFS 上运行 discp 很简单：

```
%Hadoopdistcp hdfs://raymondnode/blah hdfs://ericnode/blahblah
```

在 distcp 上还可通过-overwrite 选项和-update 选项来选择是否覆盖已经存在的文件或者选择有改动的文件。

有趣的地方在于 distcp 本身就是作为一个 MapReduce 作业来实现的，distcp 会试图为每一个 map 分配差不多规模的数据量来进行复制。

以上的两种方式各有利弊。

(1) 基于强一致性的容灾方式对于集群的写入性能会受到外部网络延时的影响，写入性能会显著下降，但保证了 HDFS 的数据完整性。

(2) 基于弱一致性的容灾方式对于集群的运行效率几乎没有影响，数据备份也能得到保证，但是最后单位周期内写入的数据无法得到备份。

13.4.2　Facebook 的 Namenode HA 的方案

为了解决 Hadoop Namenode 设计上的单点故障问题，业内的很多专家设计出了各种不同的方案。无论这些方案的出发点和技术是怎样的，最根本的目的就是要使得 Namenode 不再是系统上的 SPOF(单一失败点)。

应用程序可以从 Primary Namenode(主 Namenode)或者 Standby Namenode(备用 Namenode)中的任何一个获取宏数据；同样，数据节点可以向 Primary Namenode 或者 Standby Namenode 发送数据块报告，其效果也是一样的，如图 13-5 所示。

我们来看一下 Facebook 的 Namenode HA 方案，这个方案的名称是 Avatarnode，如图 13-6 所示。

Avatarnode 的基本概念是这样的：

(1) 系统上有一个 Primary(主要的)Avatarnode 和一个 Standby(备用的)Avatarnode。

(2) 当前的主节点名字是保存在 Hadoop 的 Zookeeper 组件上的。

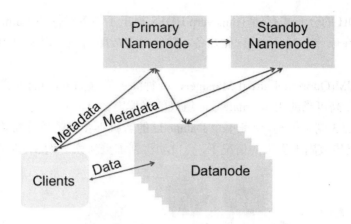

图 13-5　多 Namenode 高可用方案

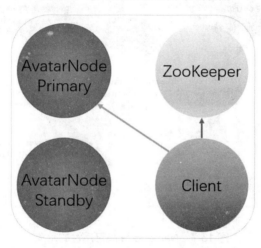

图 13-6　Facebook 的 Avatarnode 解决方案

(3)　数据节点会把数据报告同时发送给 Primary Avatarnode 和 Standby Avatarnode。

(4)　HDFS 应用在写动作开始之前和写动作进行中都会查 Zookeeper，确保即使一个 Avatarnode 失败，写动作依然能够完成。

如果读者有兴趣查看细节，可以在这里看到 Facebook 发表的关于 Avatarnode 的技术文章：

https://www.facebook.com/notes/facebook-engineering/under-the-hood-Hadoop-distributed-filesystem-reliability-with-Namenode-and-avata/10150888759153920。

13.4.3　TDH 的 Namenode 高可用性冗余解决方案

Hadoop 大数据集群能提供高可靠与高可用性保证，在任意节点宕机的情况下，集群都能稳定运行。

正如我们在 13.4 节开头所说的那样，完成真正的高可用性唯一需要担心的就是 Namenode 节点。

星环科技 TDH 的分布式存储 Transwarp HDFS 提出了高可靠性的 Namenode HA 方案，在方案中始终保持有一个 Namenode 做热备，防止单点故障问题，保证 HDFS 的高可靠性，如图 13-7 所示。

TDH 采用 QJM(Quorum Journal Manager，一种高可靠性的算法)的方式实现 HA，文件系统元数据存储在高可靠的由 JournalNode 组成的集群上。

通过 HDFS 的 3 副本机制，保证单个 Datanode 的宕机不会对整体分布式存储造成影响，HDFS 在节点宕机导致副本丢失的情况下，会自动将副本重新恢复为 3，并对上层应用透明。

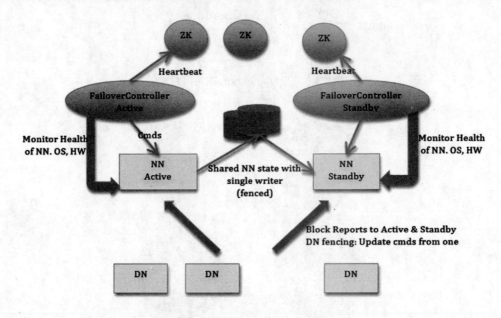

图 13-7   Namenode 高可用性的示意

TDH 上的 Transwarp Hyperbase 通过多个 HMaster 实现高可靠与高可用，多个 HMaster 中只有 1 个 HMaster 作为 Active HMaster，其余的 HMaster 作为热备的 HMaster。当活跃的 HMaster 宕机时，热备的 HMaster 通过 Zookeeper 选出新的活跃的 HMaster，实现秒级切换，保证服务的高可靠与高可用。

Transwarp YARN 采用两个 Resource Manager(资源管理器)保证集群资源调度管理的高可靠。一个 Resource Manager 作为 Active 的服务管理整个集群的 CPU 与内存资源调度，另一个作为热备的 Resource Manager 保证服务的高可靠。

同时，Transwarp Inceptor 通过重算机制，保证计算节点的宕机不会影响正在运行的作业的正确性，只需要将宕机节点的子任务进行重新计算，对整体作业的运行与正确性不会造成影响。

经过反复测试验证，在分布式存储角色 Namenode 宕机的情况下，热备 Standby Namenode 能在 1s 内完成切换，并对正在运行的作业的正确性不造成任何影响。在计算存储节点宕机的情况下，正在运行的作业将该宕机节点上的计算子任务进行了重算，最终能返回正确结果。

13.5　Hadoop 平台安全性和隐私性的应对机制

要完全解决大数据系统的安全和隐私问题不是一件容易的事情，也不是做了什么就可以一劳永逸的，因为安全性和隐私性是需要我们长期关注的两个方向。

13.5.1　关于安全和隐私问题的 7 个事项

在 Hadoop 系统的安全和隐私方面有 7 件需要考虑的事项。

(1)　在启动大数据项目之前就要考虑安全问题，不应该等到发生数据突破事件之后再采取保证数据安全的措施。在组织 IT 安全团队和参加大数据项目的其他人员向分布式 Hadoop 集群安装和发送大数据之前讨论安全问题。

(2)　考虑要存储的数据。在计划使用 Hadoop 存储和运行要提交给监管部门的数据时，需要遵守具体的安全要求。即使所存储的数据不受监管部门的管辖，也要进行风险评估，如果个人身份信息等数据丢失，造成的风险将包括信誉损失和收入损失。

(3)　考虑系统中数据安全的责任。在今天，企业的数据可能存在于多个机构的竖井之中，我们需要考虑数据安全的集中责任，以保证能够在所有这些竖井中强制执行一致的政策和访问控制。

(4)　考虑对静态和动态数据的加密。在文件层增加透明的数据加密。当数据在节点和应用程序之间移动时，可采用 SSL(安全套接层)加密，能够保护大数据。文件加密解决了绕过正常的应用安全控制的两种攻击方式。在恶意用户或者管理员获得数据节点的访问权限和直接检查文件的权限以及可能窃取文件或者不可读的磁盘镜像的情况下，加密可以起到保护作用。

(5)　考虑把密钥与加密的数据分开。把数据加密的密钥存储在加密数据所在的同一台服务器中等于是锁上大门，然后把钥匙悬挂在锁头上。密钥管理系统允许组织安全地存储加密密钥，把密钥与要保护的数据隔离开。

(6)　考虑使用 Kerberos 网络身份识别协议。企业需要管理能够访问存储在 Hadoop 中的数据的人和流程，这是避免流氓节点和应用进入集群的一种有效的方法，能够帮助保护网络控制接入，使管理功能很难被攻破。目前在各种系统中，Kerberos 协议是公认的最有效的安全控制措施。

(7)　考虑节点之间以及节点与应用之间采用安全通信。我们应当部署一个 SSL/TLS(安全套接层/传输层安全)协议保护企业的全部网络的通信安全，而不是仅仅保护一个子网。

13.5.2　星环的 4A 级统一安全管理解决方案

大数据平台通过安全通信协议和角色权限管理功能，在软件层面提供通信安全和数据安全的双重保障，有效地对来自外部和非信任角色的数据访问进行控制和安全管理，实现数据平台 4A 级统一安全管理解决方案。

这里的 4A 指的是：

(1) 认证 Authentication；

(2) 账号 Account；

(3) 授权 Authorization；

(4) 审计 Audit。

所以 4A 就是身份认证、授权、审计和账号。

在图 13-8 所示的用户认证管理体系中，我们用 Kerberos 作为用户身份认证 Identity Store，通过 LDAP 管理用户账号，同时大数据平台配合 LDAP 实现角色访问权限控制(Role Based Access Control)，最后所有的安全访问审计都会记录在数据平台的日志中。大数据平台中的各个组件都支持安全管理，包括 Zookeeper、HDFS、YARN、Hyperbase、Inceptor 以及 Stream。

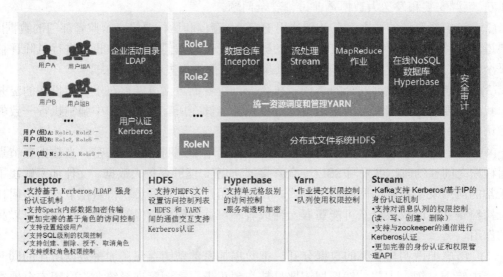

图 13-8 用户认证管理体系

(1) 结合权限的管控，通过统一的分布式存储 HDFS 的文件以及目录权限管控，实现数据隔离。

(2) 通过统一的计算资源调度管理框架 YARN 的作业与队列的权限管控，实现计算资源的隔离。

(3) 通过对数据仓库 Inceptor 的数据库、表、视图的权限管控，实现统计分析以及数据挖掘的管控。

(4) 通过对实时在线数据库 Hyperbase 的表、行、列、单元格的权限管控，实现数据检索以及即席查询的管控。

(5) 通过对实时数据流的创建、删除、读取以及写入的管控，实现实时流处理业务的数据隔离与管控。

(6) 同时，将所有组件的数据访问权限进行记录，并保证所有记录不能被修改或删除，通过完整的安全日志审计功能保证可追溯。对所有平台操作进行精细化管理，支持所有操作记录流水的记录、存储、查询与统计。

可以在管理界面用简单易行的切换节点来管理用户。在做一些重大操作，例如在格式化数据节点(删除数据)的时候，需要严格验证目录情况。

完全可以避免 HDFS 数据节点的初始化过程，并且给出明确的信息提醒用户，基本避免数据的丢失。

为了重要数据的安全考虑，Hadoop 平台可以通过 Kerberos 协议实现集群安全通信，如图 13-9 所示。

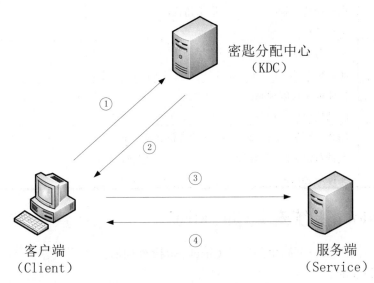

图 13-9　集群安全通道示意

步骤大致如下。

(1)　客户端将首次获得并解密的票据和请求的服务信息发送给密钥分配中心，密钥分配中心的授予票据服务将在客户端和服务端之间生成一个会话密钥(Session Key)，用于服务器与客户端的身份验证。

(2)　然后密钥分配中心将这个会话密钥和用户名、用户地址(IP)、服务名、有效期、时间戳一起包装成一个票据，转发给客户端。票据和会话密匙都是加密后反馈给客户端的。

(3)　客户端将收到的票据转发给服务端，同时将收到的会话密钥解压出来，然后将自己的用户名、用户地址(IP)打包成验证包用会话密钥加密后也发给服务端。

(4)　服务端收到票据后利用它与密钥分配中心之间的密钥将票据中的信息解密出来，从而获得会话密钥和用户名、用户地址(IP)、服务名、有效期；然后再用会话密钥将验证包解密从而获得用户名、用户地址(IP)，将其与之前从票据中解密出来的用户名、用户地址(IP)作比较，从而验证客户端的身份，如果服务端有返回结果，将其返回给客户端。

Hadoop 系统上各个产品组件对多租户的安全功能支持描述见表 13-2。

表 13-2　Hadoop 系统安全功能说明

产　品	多租户安全功能
Hadoop	支持基于 Kerberos/LDAP 强身份认证机制； 支持 Spark 内部数据加密传输； 支持设置超级用户； 支持 SQL 级别的权限控制； 支持创建、删除、授予、取消角色； 支持授权角色权限控制
HDFS	支持对 HDFS 文件设置访问控制列表； HDFS 和 YARN 间的通信交互支持 Kerberos 认证
Yarn	作业提交权限控制； 队列使用权限控制
Stream	Kafka 支持 Kerberos/基于 IP 的身份认证机制； 支持对消息队列的权限控制 (读、写、创建、删除)； 支持与 Zookeeper 的通信进行 Kerberos 认证

13.5.3　Hadoop 系统安全 Checklist

我们在此为读者做一个简单的安全 Checklist(检查列表)，这些内容是时时需要去检查或者通过系统来验证的。

(1) 管理员的账号和密码是否有合理的管理。

(2) 是否安装了防火墙。

(3) 防火墙是否配置合理。

(4) 底层系统是否安装了最新的安全补丁。

(5) 是否安装了最新的网络杀毒软件。

(6) 是否关闭了所有不需要的服务和端口。

(7) 是否对系统日志有监测和分析。

第 14 章

Hadoop 的未来

在本书前面的章节中，我们介绍了 Hadoop 在很多行业中的不同应用，而这些行业应用其实是不同领域面对大数据的需求而形成的实际应用。

以数据作为驱动的产品和企业运营才刚刚开始，希望通过我们对各种应用场景的描述能够为读者起到抛砖引玉的作用，在你所在的领域中开花结果。

在本书的最后一章，我们为读者介绍 Hadoop 的未来发展方向以及大数据和区块链技术可能结合的关系。

14.1 Hadoop 未来的发展趋势

在 2016 年 1 月，埃森哲在其发布的《埃森哲 2016 年技术展望》报告中提到，在针对全球 3100 多名业务与信息技术高管的调查中发现，全球经济的 33%受到了数字技术的影响。同时，86%的受访者认为未来三年，其所在行业的技术变革步伐将显著加快，甚至将以空前速度推进。

Hadoop 技术的发展伴随着大数据技术的发展，或者也可以这么说，Hadoop 的成功其实源于大数据的成功。

14.1.1 对数据系统的不断升级

数据量的不断提升和数据的加速使得应用程序对系统的要求也在不断升级。在本书前面的章节中，我们看到传统的 Hadoop 系统衍生出各种各样关于数据的应用，我们认为对数据系统的持续更新是 Hadoop 未来的一大发展方向。

比如在 2014 年成为 Apache 基金会顶级项目的 Apache Drill，它的目的就是把不同类型的数据源都能轻松整合在一起，如图 14-1 所示。

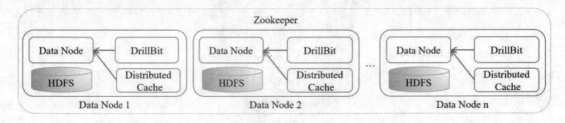

图 14-1 DrillBit

类似这样的项目我们认为在未来还会有很多，通过各种外部的系统让 Hadoop 系统在不同的场景中运行得更好。

14.1.2 机器学习

2016 年年初 Google 的 AlphaGo 挑战围棋天王巨星李世石的事情远比当年 IBM 和卡斯帕洛夫的国际象棋之争意义要深远得多(见图 14-2)。在今天，这个挑战告诉我们机器学习已经不再是一个研究者专用的领域了。

美国密歇根大学的教授梅俏竹先生曾说过 AlphaGo 选择围棋的原因如下。

(1) 围棋有简单的输赢规则 (explicit winning condition)。这一点非常重要，因为计算机需要对每一个决策的好坏作精确、量化的评估。把围棋下好可能需要十年，但初学者就能判断一盘下完的棋谁输谁赢。

(2) 围棋是信息对称的，或者说是信息完整的 (perfect information)。面对棋盘，计算机和其人类对手看到的是完全一样的信息。

（3）围棋广阔的搜索空间带来的挑战和诱惑是计算机无法抗拒的。人类下象棋和国际象棋早已沦为计算机的手下败将，而围棋至少还能期待柯洁。

图 14-2　AlphaGo 挑战围棋天王巨星李世石

AlphaGo 基于蒙特卡洛树，巧妙地用了两个深度学习模型，一个预测下一手，一个判断形势。预测的结果，降低了搜索宽度；而形势判断，则减小了搜索深度。深度学习从人类的经验中学来了棋感与大局观，而谷歌的工程师们有效地把复杂的算法并行化，游刃有余地用"云计算"解决着计算力的瓶颈。

AlphaGo 的胜利带给我们无穷的兴奋，而同时也带给我们思考。人工智能如果充分应用到商业领域，那么我们可以极大提高现有系统的效率，机器学习算法的提升将为人类提供更好的服务。我们认为，机器学习和 Hadoop 的结合在未来将是非常有前景的。

而在前言中我们提到的区块链技术和大数据结合在一起也会有长足的发展。

14.2　Hadoop 和区块链

在区块链领域，研究者的共识是 POC(概念验证)和 MVP(最小化可行性产品)是"区块链即服务"方案的一部分。 这个观点我们并不认同，我们认为所有的技术都必须要能够真正应用才有价值，而"一切不以实际应用为目的的技术都是耍流氓"。

因此，我们认为真正的区块链系统的实现是需要和大数据结合在一起的。如果一个系统只能作概念证明，那么它离实际的应用距离实在是太远了。即使证明了系统可行，但真正商用化的系统是需要更换底层系统的，那么这个概念证明又有什么意义呢？

在今天区块链系统能够承载的信息数量是有限的，离我们用大数据的标准来衡量的地步还差得很远。

如果要让区块链承载大数据，那么目前现有的和正在开发的区块链系统都还不具备这个能力。

区块链系统和大数据有三个矛盾：

(1) 分布式的；

(2) 有隐私的；

(3) 安全的。

区块链系统强调的是分布式[1]的，而大数据讲究的是可规模化的、可量化的数据；区块链系统是匿名的、有隐私的，而大数据在意的是个性化；区块链系统是安全的，信息是相对独立的，而大数据在意的是信息的整合分析。

区块链系统本身就是一个大型的分布式数据库系统，而我们所说的大数据指的是对数据的深度分析和挖掘，也就是说，数据分析和数据挖掘需要构建在区块链系统之上，把数据的价值发挥出来。

如果要做到以数据为基础来作决策，那么大数据的应用是区块链系统必须要完成的一个步骤。

大数据领域的技术员们早就关注了区块链系统的发展，R 语言是大数据领域的一个重要的编程语言，早在 2014 年 9 月，Jan Gorecki 就编写了一个可以用来分析比特币区块链的程序库——Rbitcoin。该库的相关细节：https://cran.r-project.org/web/packages/Rbitcoin/ ，研究大数据的同学可以引用这个库来对比特币区块链中的交易数据历史记录作分析。

区块链是一个诞生还不久的分布式数据存储系统，它不同于以往数据存储系统的一个有趣特点是无法对系统上的数据作随意的篡改，而这是其他的数据系统所不具备的。

在区块链技术出现之初，笔者就在想这个问题，是否能够在大数据的系统上添加区块链的原理，从而使得原有的大数据系统中的数据不能被随意添加、修改和删除呢？

如果我们考虑的是数据的全部内容，那么把数据集中所有的数据都放到区块链系统上是不现实的，在相当长的时间内也是很难做到的，可以参照下面的作法。

(1) 对于存放进来的历史数据源，因为它们是不能被修改的，我们可以对大块的数据作 Hash 处理，并加上时间戳，存进区块链中。未来某一时刻，当我们需要验证原始数据的真实性时，可以对对应的数据作同样的 Hash 处理，如果得出的答案是相同的，说明数据是没有被篡改过的。

(2) 只对汇总数据和结果作处理。这样，我们只需要处理增量数据，那么应对的数据量级和吞吐量级可能是今天的区块链或者改善过的系统可以处理的。

---

① 这里的分布式指的是物理位置上的区域性分布，和本书中谈的分布式概念是不一样的。

附录 A

专业词汇表

A/B Test：又称为对比实验，用来比较两个(或多个)策略的优劣。

ACID：Atomicity Consistency Isolation Durability，关系数据库的一致性原则。

Ambari：Hadoop 系统管理工具。

ARPU：Average Revenue Per User，每用户平均收入。

Avro：Hadoop 系统下的序列化系统。

availability：系统可用性，也就是系统正常运行时间的百分比。在业内用 N 个 9 来量化可用性。

B2C：Business-to-Consumer，其中文含义为企业对消费者。

BASE：Basically Available Soft State Eventually Consistent，新型数据库的基本原则。

贝叶斯分析方法(Bayesian Analysis)：提供了一种计算假设概率的方法，这种方法是基于假设的先验概率、给定假设下观察到不同数据的概率以及观察到的数据本身而得出的。

BI：Business Intelligence，商业智能，即采用数据库或数据仓库技术进行商业信息的收集、集成、分析和报告以帮助作决策的应用与实践系统。

BTC：BitCoin，比特币，一种虚拟货币。

Caching Managenment：缓存管理，对中间计算结果进行缓存管理以加快整体的处理速度。

CDH：Cloudera's Distributed Including Apache Hadoop，Cloudera 公司发布的 Apache Hadoop。

CDR：Call Detail Record，通话详单。

CLC：Container Launch Context，容器启动上下文。

Clickstream：点击流。

Cluster(类或簇的英文)：一个数据对象的集合。

context independent data warehouse：上下文无关的数据仓库。

CNNIC：China Internet Network Information Center，中国互联网络信息中心。

CRAN：Comprehensive R Archive Network，R 语言综合典藏网。

CRM(Customer Relationship Management，用户关系管理)指的是公司对客户和潜在客户的管理模式。

Data lake：数据湖，企业级数据中心。

database federation：数据库联邦，跨多种数据源，把结构化数据和非结构化数据统一处理。

Dataset：数据集。

Distcp：Distributed Copy，用于大规模集群内部或者集群之间的高性能复制工具。

DML：Data Manipulation Language，数据操纵语言。

DSS：Decision Support System，决策支持系统，是辅助决策者通过数据、模型和知识，进行半结构化或非结构化决策的计算机应用系统。

EB：计算机存储单位，1EB=1024PB=1 048 576TB=1 152 921 504 606 846 976Bytes(字节)，或是 2 的 60 次方字节。

EDM：Email Direct Marketing，电子邮件营销。

ETL：Extract Transform Load，是指数据的提取、转换、加载。

分布式数据库(Distributed Database)：用计算机网络将物理上分散的多个数据库单元连接起来组成一个逻辑统一的数据库。

分流：在 A/B Test 中，分流指通过一定的随机策略，将等量的访问 IP 分配给不同策略。

Flume：Hadoop 下的数据流集合工具。

GGSN：Gateway GPRS Support Node，网关 GPRS 支持节点。

关联规则(Association rules)：是形如 X→Y 的蕴含式，其中 X 和 Y 分别称为关联规则的先导(antecedent 或 Left-Hand-Side，LHS)和后继(consequent 或 Right-Hand-Side，RHS)。

Hadoop Common：一组支持 Hadoop 子项目的工具。

Hadooponomics：基于 Hadoop 的经济，Forrester 报告造出来的词。

HBase：Hadoop 专属数据库。

HDFS：Hadoop 上的分布式文件系统。

Hive：在 Hadoop 上的数据仓库工具。

后验概率(Posterior Probability)：当根据经验及有关材料推测出主观概率后，对其是否准确没有充分把握时，可采用概率论中的贝叶斯公式进行修正，修正前的概率称为先验概率，修正后的概率称为后验概率。

HQL：Hive Query Language，Hive 上的查询语言。

Hue：在 Hadoop 系统上基于网络浏览器的图形化用户接口框架。

回归分析(regression analysis)：是确定两种或两种以上变数间相互依赖的定量关系的一种统计分析方法。

IDC：Internet Data Center，互联网数据中心，或者简称数据中心。

计量经济学(Econometrics)：是以经济学和数理统计学为方法论作为基础，对经济问题试图用数量和经验两者进行综合的经济学分支。

机器学习(Machine Learning)：研究计算机怎样模拟或实现人类的学习行为，以获取新的知识或技能，重新组织已有的知识结构使之不断改善自身的性能。

交叉验证(Cross-validation)：主要用于建模应用中，在给定的建模样本中，拿出大部分样本进行建模，留小部分样本用刚建立的模型进行预报，并求出这小部分样本的预报误差，记录它们的平方和。

Job：作业，一个 Job 可能包含多个 RDD。

JSON：JavaScript Object Notation，是一种轻量级的数据交换格式。

聚类(Clustering)：将物理或抽象对象的集合分成由类似的对象组成的多个类的过程。由聚类所生成的簇是一组数据对象的集合，这些对象与同一个簇中的对象彼此相似，与其他簇中的对象相异。

Mahout：Hadoop 系统下的机器学习和数据挖掘算法。

MapReduce：Hadoop 上的并行数据处理框架。

Mesos：Apache 基金会下的开源分布式资源管理框架。

敏感数据：PII，指的是可以通过它们找到某一个具体的人的数据。

MLib：Spark 的机器学习算法。

MPI：Message Passing Interface，消息传递接口。

Nginx：开源的高性能 HTTP 服务器。

ODS：Operational Data Store，操作数据存储。

OLAP：On-Line Analytical Processing，联机分析处理。

OLTP：On-Line Transaction Processing，联机事务处理系统，也称为面向交易的处理系统。

Oozie：Hadoop 上的一个作业工作流组件。

Operational Data Warehouse：运营式数据仓库。

Partition：数据分区。

P2P：Peer-to-peer，或者 Person-to-person，意为个人对个人。

PB：计算机存储单位，1PB=1024TB=1 048 576GB=1 125 899 906 842 624Bytes(字节)，或是 2 的 50 次方字节。

Phoenix：Hadoop 上基于 HBase 的数据库系统。

Pig：Hadoop 上的数据流语言和编译器。

PII：personally identifiable information，可以用来识别出人的信息。

PLMN：Public Land Mobile Network，公共陆地移动网络，指的是由政府或它所批准的经营者，为公众提供陆地移动通信业务目的而建立和经营的网络。

Puppet：一个开源的软件自动化配置和部署工具。

QJM：Quorum Journal Manager，一种高可靠性的算法。

RDBMS：Relational Database Management System，关系型数据库。

RDD：Resilient Distributed Dataset，弹性数据集。

SAN：Storage Area Network，存储区域网络。

时间序列(Time Series)：是指将某种现象某一个统计指标在不同时间上的各个数值，按时间先后顺序排列而形成的序列。

数据可视化(Data Visualization)：多维度数据通过图形的方式来作的展现。

数据仓库：是决策支持系统(DSS)和联机分析应用数据源的结构化数据环境。数据仓库研究和解决从数据库中获取信息的问题，其特征在于面向主题、集成性、稳定性和时变性。

数据清洗(data cleaning)：过滤那些不符合要求的数据，将结果交给业务主管部门，确认是否过滤掉还是由业务单位修正之后再进行抽取。

数据挖掘(Data Mining)：从存放在数据库、数据仓库或其他信息库中的大量的数据中获取有效的、新颖的、潜在有用的、最终可理解的模式的过程。

SNS：Social Services Networks，社会化媒体服务。

Spark：Apache基金会开发的一个通用计算框架。

Split：MapReduce框架的输入数据分片。

SPOF：single point of failure，单一失败点。

SQL：Structured Query Language，在数据库上结构化的查询语言。

Sqoop：Hadoop系统下的数据库工具。

Stage：阶段，一个作业(Job)会分为多个阶段。

Storm：Apache基金会开发的一个实时计算框架。

Tez：Apache基金会开发的一个实时运算框架，设计目标是秒级的响应速度。

虚拟货币：非实体的货币。

Yarn：Hadoop上的资源管理平台。

ZB：计算机存储单位。1ZB=1024EB=1 180 591 620 717 411 303 424Bytes(字节)，或者是2的70次方字节。

征信：是通过独立的第三方机构为个人建立的信用档案，采集、记录其与信用相关的信息，并提供信用数据信息服务的一种活动。

支持向量机(Support Vector Machine，SVM)：是Corinna Cortes和Vapnik8等在1995年首先提出的，它在解决小样本、非线性及高维模式识别中表现出许多特有的优势，并能够推广应用到函数拟合等其他机器学习问题中。

转化率(Conversion Rate)：指的是产生实际消费的用户和来到用户网页的总用户数量的比值，是将流量转化为实际的销售额的一种衡量方式。

Zookeeper：Hadoop系统下的协调服务工具。

附录 B

引用文献

1. Advanced Analytics with Spark: Patterns for Learning from Data at Scale，1st Edition，Sandy Ryza, Uri Laserson, Sean Owen and Josh Wills，O'Reilly Media，2015.

2. Apache Hadoop YARN: Moving beyond MapReduce and Batch Processing with Apache Hadoop 2 by Arun Murthy, Jeffrey Markham, Vinod Vavilapalli, and Doug Eadline，Addison-Wesley Professional，2014.

3. Apache Sqoop Cookbook: Unlocking Hadoop for Your Relational Database, Kathleen Ting, Jarek Jarcec Cecho, O'Reilly Media, 2013.

4. Big Data Beyond the Hype: A Guide to Conversations for Today's Data Center Paperback, Paul Zikopoulos, Dirk Deroos, Christopher Bienko, McGraw-Hill Education, Nov. 2014.

5. An Efficient Mobile Data Mining Model：Parallel and Distributed Processing and Applications，Goh, Jen and Taniar, David，Springer Berlin，2005.

6. The Forrester Wave™: Big Data Hadoop Distributions, Q1 2016，Forrester Research，2016.

7. 国家邮政局公布 2015 年邮政行业运行情况. 中华人民共和国国家邮政局，2016.

8. Hadoop: The Definitive Guide, 4th edition, Tom White, O'Reilly Press, 2015.

9. Hadoop Real-World Solutions Cookbook- Second Edition，Tanmay Deshpande，Packt Publishing，2016.

10. Hadoop Security: Protecting Your Big Data Platform，Ben Spivey, Joey Echeverria，O'Reilly Media，2015.

11. Introducing Microsoft Azure HDInsight，Avkash Chauhan, Valentine Fontama, Michele Hart, Wee-Hyong Tok, Buck Woody，Microsoft Press，2014.

12. An introduction to database systems, DATE, C.J. , Addison-Wesley Publishing Company, 1986.

13. [土]阿培丁著. 机器学习导论. 北京：机械工业出版社，2009.

14. Learning Hadoop 2，Garry Turkington, Gabriele Modena，Packt Publishing，2015.

15. Learning YARN，Akhil Arora, Shrey Mehrotra，Packt Publishing，2015.

16. Learning Spark: Lightning-Fast Big Data Analysis, Holden Karau, Andy Konwinski, Patrick Wendell，O'Reilly Media，2015.

17. Machine Learning，Tom Mitchell，McGraw Hill, 1996.

18. Market Guide for Hadoop Distributions，Nick Heudecker et al., Gartner Research，2015.

19. Practical Hadoop Security, Bhushan Lakhe, Apress, 2014.

20. Programming Hive，Edward Capriolo, Dean Wampler, and Jason Rutherglen，O'Reilly Media，2012.

21. Scaling Big Data with Hadoop and Solr，Hrishikesh Karambelkar，Packt Publishing，2013.

22. [美]荫蒙(Inmon,W.H)著 数据仓库. 4 版. 王志海等译. 北京：机械工业出版社，2006.

23. [美]Richard J.Roiger，[美]Michael W.Geatz. 数据挖掘教程. 翁敬农译. 北京：清华大学出版社，2003.

24. 段云峰，等. 数据仓库及其在电信领域中的应用. 北京：电子工业出版社，2003.

25. [美]Lou Agosta. 数据仓库技术指南. 潇湘工作室译. 北京：人民邮电出版社，2000.

26. [美]Olivia Parr Rud. 数据挖掘实践. 朱扬勇等译. 北京：机械工业出版，2003.

27. 夏火松. 数据仓库与数据挖掘技术. 北京：科学出版社，2004.

28. 陈京民. 数据仓库原理、设计与应用. 北京：中国水利水电出版社，2004.

附录 C

参考网站一览

1. http://ambari.apache.org/，Ambari 官方网站。
2. http://avro.apache.org/，Avro 官方网站。
3. http://flume.apache.org/，Flume 官方网站。
4. http://Hadoop.apache.org/common/release.html，Hadoop 在 Apache 软件基金会上的下载页面。
5. http://Hadoop.apache.org/zookeeper，Zookeeper 下载页面。
6. http://HBase.apache.org/book.html#schema.casestudies，HBase 的官方参考书。
7. https://mahout.apache.org/，Mahout 官方网站。
8. http://mesos.apache.org/，Mesos 官方网站。
9. http://oozie.apache.org/，Oozie 官方网站。
10. http://spark.apache.org/，Spark 官方网站。
11. http://sqoop.apache.org ，Sqoop 官方网站。
12. http://storm.apache.org/，Storm 官方网站。
13. http://tez.apache.org/，Tez 官方网站。
14. http://zeppelin.apache.org/，Zeppelin 官方网站。
15. http://bigdatauniversity.com，大数据学院网站。
16. http://www.cloudera.com/downloads，Cloudera 的 CDH 下载地址。
17. http://www.bitcoin.org，比特币官方网站。
18. http://db-engines.com，专注于数据库底层信息共享的网站。
19. http://spark.csdn.net/，CSDN 上关于 Spark 的专属论坛。
20. http://www.csdn.net，中国最大的 IT 论坛，有不少关于 Hadoop 的文章和讨论。
21. https://databricks.com/blog，Databricks 的论坛。
22. http://www.dataminingblog.com/，数据挖掘研究博客。
23. https://github.com/apache/Hadoop，github 上关于 Apache Hadoop 的开源代码镜像。
24. https://github.com/cloudera/hue，github 上关于 Apache Hue 的开源代码。
25. http://research.google.com/archive/gfs.html，关于 GFS 的 Google 研究论文。
26. http://research.google.com/archive/MapReduce.html，关于 MapReduce 框架的 Google 研究论文。
27. http://research.google.com/archive/bigtable.html，关于 BigTable 的 Google 研究论文。

28. http://www.hbr.org，哈佛商业评论。

29. http://hortonworks.com/apache/Hadoop/，Hortonworks 的 Hadoop 产品页面。

30. http://www.infoworld.com/，关注 IT 信息领域前沿技术的网站。

31. http://insidebigdata.com，关于机器学习信息资料的网站。

32. http://www.iresearch.com.cn，艾瑞咨询公司官方网站。

33. http://www.kdnuggets.com，国外数据挖掘社区，由数据挖掘知名学者 Gregory Piatetsky 主持。

34. https://www.mapr.com/products/apache-Hadoop，MapR 的 Hadoop 产品主页。

35. http://www.planetbigdata.com/，汇总大数据博客的网站。

36. http://www.premise.com，数据分析公司 Premise 的官方网站。

37. http://www.prosper.com/，美国著名的 P2P 借贷公司网站。

38. https://www.quora.com/topic/Apache-Hadoop，quora 上的 Apache Hadoop 主页。

39. http://cran.r-project.org/，R 语言综合典藏网，它除了收藏了 R 语言的执行档下载版、源代码和说明文件，也收录了各种用户撰写的软件包。

40. http://www.simafore.com/，一家做数据分析的公司，Sima Fore 的官方网站。

41. http://www.spb.gov.cn/，中国国家邮政局官网。

42. http://www.tableau.com/，Tableau Software 的官方网站。

43. http://en.wikipedia.org/wiki/Apache_Hadoop，关于 Hadoop 的维基百科。

附录 D

HDFS 命令行列表

在这里我们列举了在 HDFS 上用户可能用到的大部分命令行。

cat：把内容复制到输出上。

    用法：hdfs dfs -cat URI [URI …]

    示例：hdfs dfs -cat hdfs://<path>/file1

*chgrp：改变文件的关联组。如果使用 –R 选项，可以递归改变整个目录下的文件。

    用法：hdfs dfs -chgrp [-R] GROUP URI [URI …]

    示例：hdfs dfs –chgrp hdfs://<path>/file1

 *chmod：改变文件的权限。如果使用 –R 选项，可以递归改变整个目录下的文件。

    用法：hdfs dfs -chmod [-R] <MODE[,MODE]... | OCTALMODE> URI [URI …]

    示例：hdfs dfs -chmod 777 test.txt

*chown：改变文件的权限。如果使用 –R 选项，可以递归改变整个目录下的文件。

    用法：hdfs dfs -chown [-R] [OWNER][:[GROUP]] URI [URI]

    示例：hdfs dfs -chown -R hduser1 /opt/Hadoop/logs

copyFromLocal：把文件从本地复制到目标文件系统。

    用法：hdfs dfs -copyFromLocal <localsrc> URI

    示例：hdfs dfs -copyFromLocal test.txt hdfs://localhost/user/raymond/data.txt

copyToLocal：把文件复制到本地的文件系统。

    用法：hdfs dfs -copyToLocal [-ignorecrc] [-crc] URI <localdst>

    示例：hdfs dfs -copyToLocal data2.txt data2.copy.txt

count：统计符合目标格式的目录和文件。

    用法：hdfs dfs -count [-q] <paths>

    示例：hdfs dfs -count hdfs://node.test.com/file1 hdfs://node2.test.com/file2

  cp：把一个或者多个文件从原始地址复制到目标地址，如果选择了多个原始地址，那么目标地址必须是一个目录。

　　　　用法：hdfs dfs -cp URI [URI …] <dest>

　　　　示例：hdfs dfs -cp /user/Hadoop/file1 /user/Hadoop/file2 /user/Hadoop/dir

　　du：显示指定文件或者目录的大小。如果选择了-s 选项，那么所有文件大小的总和会被显示而不单独显示每个文件的大小；如果选择了-h 选项，那么文件的大小会以易读的方式展示出来。

　　　　用法：hdfs dfs -du [-s] [-h] URI [URI …]

　　　　示例：hdfs dfs -du /user/Hadoop/dir1 /user/Hadoop/file1

　　dus：显示指定文件或者目录的大小。

　　　　用法：hdfs dfs -dus <args>

　　expunge：清空垃圾箱。

　　　　用法：hdfs dfs –expunge

　　get：把文件复制到本地的文件系统。

　　　　用法：hdfs dfs -get [-ignorecrc] [-crc] <src> <localdst>

　　　　示例：hdfs dfs -get /user/Hadoop/file1 file1

　　getmerge：把<src>中指定的文件拼接起来，并把结果写到指定的本地文件中。如果选择 addnl 选项，那么在每个文件的最后会有换行。

　　　　用法：hdfs dfs -getmerge <src> <localdst> [addnl]

　　　　示例：hdfs dfs -getmerge /user/Hadoop/mydir/ ～/merged_file addnl

　　ls：显示指定文件或者目录的统计数据。

　　　　用法：hdfs dfs -ls <args>

　　　　示例：hdfs dfs -ls /user/Hadoop/file1

　　lsr：用递归的方式显示指定文件或者目录的统计数据。

　　　　用法：hdfs dfs -lsr <args>

　　　　示例：hdfs dfs -lsr /user/Hadoop

　　mkdir：在一个或者更多个指定的路径上创建目录。

　　　　用法：hdfs dfs -mkdir <paths>

　　　　示例：hdfs dfs -mkdir /user/Hadoop/dir1/temp

　　moveFromLocal：把文件从本地移动到目标文件系统，并从本地删除。

　　　　用法：hdfs dfs -moveFromLocal <localsrc> <dest>

　　　　示例：hdfs dfs -moveFromLocal localfile1 localfile2 /user/Hadoop/Hadoopdir

　　mv：把文件从原始地址移动到目标地址，并从原始地址删除。

　　　　用法：hdfs dfs -mv URI [URI …] <dest>

　　　　示例：hdfs dfs -mv /user/Hadoop/file1 /user/Hadoop/file2

　　put：把文件从本地复制到目标文件系统。

　　　　用法：hdfs dfs -put <localsrc> ... <dest>

　　　　示例：hdfs dfs -put localfile1 /user/Hadoop/Hadoopdir

　　rm：删除一个或者多个文件，但并不删除空目录或者空文件。

　　　　　　用法：hdfs dfs -rm [-skipTrash] URI [URI …]

　　　　　　示例：hdfs dfs -rm hdfs://node.test.com/file1

　　rmr：递归删除一个或者多个文件。

　　　　　　用法：hdfs dfs -rmr [-skipTrash] URI [URI …]

　　　　　　示例：hdfs dfs -rmr /user/Hadoop/dir

　　setrep：改变指定文件或者目录的重复备份系数。如果使用-R 选项，那么将对整个目录做递归的改变操作。

　　　　　　用法：hdfs dfs -setrep <rep> [-R] <path>

　　　　　　示例：hdfs dfs -setrep 3 -R /user/Hadoop/dir1

　　stat：显示指定路径的信息。

　　　　　　用法：hdfs dfs -stat URI [URI …]

　　　　　　示例：hdfs dfs -stat /user/Hadoop/dir1

　　tail：把一个指定文件的最后 1K 字节显示出来。

　　　　　　用法：hdfs dfs -tail [-f] URI

　　　　　　示例：hdfs dfs -tail /user/Hadoop/dir1/test.txt

　　test：返回指定文件或者地址的属性。如果选择了-e 选项，那么会判断文件或者目录是否存在；如果选择-z 选项，那么会判断文件或者目录是否为空；如果选择-d 选项，那么会判断指定的路径是否是一个目录。

　　　　　　用法：hdfs dfs -test -[ezd] URI

　　　　　　示例：hdfs dfs -test /user/Hadoop/dir1

　　text：把源文件用文字格式输出。

　　　　　　用法：hdfs dfs -text <src>

　　　　　　示例：hdfs dfs -text /user/Hadoop/file8.zip

　　touchz：在指定路径上创建一个全新的空文件。

　　　　　　用法：hdfs dfs -touchz <path>

　　　　　　示例：hdfs dfs -touchz /user/Hadoop/file12

　　*：如果在上面的命令行之前有*标志，那么使用这条命令的用户必须是文件的所有者或者是超级用户。

附录 E

本书引用案例索引

在本书中引用了大量实际案例和场景。下面这些内容有些是完整的案例，而有些只是部分案例，是对场景的描述。在本书的前半部分讲述概念的时候，可能是以场景为主，而后半部分是以案例为主。